浙江省普通高校"十三五"新形态教材

高等教育"十三五"系列教材
高等教育新形态一体化教材
高等教育应用型本科系列教材

模拟电子技术基础

卢 飒 主 编

卢江丽 张国琴 潘兰芳 施 阁 副主编

电子工业出版社·
Publishing House of Electronics Industry
北京·BEIJING

内 容 简 介

本书根据教育部高等学校电子电气基础课程教学指导分委员会制定的"模拟电子技术基础"课程教学基本要求编写。本书的体系结构合理、语言通俗易懂、例题和习题丰富、联系实际、突出应用,内容符合应用型本科院校人才培养和教学的基本要求。

全书共 9 章,内容包括半导体二极管及其应用、晶体管及放大电路基础、场效应管及其放大电路、集成运算放大器、负反馈放大电路、信号的运算与处理、信号产生电路、功率放大电路、直流稳压电源。

本书最大的特点是所有的知识点都配有教学视频、电子课件,每节配有在线测试题,每章配有小结视频、小结课件、综合测试题和测试题讲解视频。通过扫描二维码就可以观看视频、课件,完成在线测试并实时查看测试结果。

本书可以作为高等院校电气自动化类、电子信息类及其他相近专业本、专科学生"模拟电子技术基础"课程的教材,也可以作为工程技术人员的参考书。

图书在版编目(CIP)数据

模拟电子技术基础 / 卢飒主编. —北京:电子工业出版社,2020.6

ISBN 978-7-121-39128-6

Ⅰ. ①模… Ⅱ. ①卢… Ⅲ. ①模拟电路－电子技术－高等学校－教材 Ⅳ. ①TN710

中国版本图书馆 CIP 数据核字(2020)第 103182 号

责任编辑:贺志洪   特约编辑:田学清
印   刷:三河市良远印务有限公司
装   订:三河市良远印务有限公司
出版发行:电子工业出版社
         北京市海淀区万寿路 173 信箱   邮编:100036
开   本:787×1092   1/16   印张:18.75   字数:480 千字
版   次:2020 年 6 月第 1 版
印   次:2024 年 6 月第 11 次印刷
定   价:49.00 元

凡所购买电子工业出版社图书有缺损问题,请向购买书店调换。若书店售缺,请与本社发行部联系,联系及邮购电话:(010)88254888,88258888。

质量投诉请发邮件至 zlts@phei.com.cn,盗版侵权举报请发邮件至 dbqq@phei.com.cn。

本书咨询联系方式:(010)88254609,hzh@phei.com.cn。

前　言

  本书紧跟电子技术的发展趋势，根据应用型人才培养的要求，参照教育部高等学校电子电气基础课程教学指导分委员会制定的"模拟电子技术基础"课程教学基本要求，在"先器件后电路，先基础后应用"的体系下安排内容，对模拟电子技术的基本概念、基本电路和基本分析方法进行了系统、精炼的叙述。本书在编写过程中遵循器件、电路、应用相结合的原则，保证基础，面向更新，从工程实际应用的需要出发，强调器件的外部特征和工程应用。

  本书定位为新形态教材，它以纸质教材为基础，将多种类型的数字化教学资源（视频、课件、题库、在线测试等）通过二维码技术与文本紧密关联，支持学生通过移动终端随时随地进行学习。本书内容丰富、资源充足。书中的所有知识点都配有教学视频、电子课件，每节都配有在线测试题，每章都配有小结视频、小结课件、综合测试题和测试题讲解视频。本书既突出了相关知识点的叙述，又兼顾了课程内容的完整性和系统性，在不增加纸质篇幅和成本的同时，大大丰富和提升了内涵。因此，本书不仅适用于传统教学模式，还特别适用于翻转课堂、混合式教学等新型教学模式。

  本书由卢飒主编并负责全书的编写、策划和定稿，张国琴、卢江丽、潘兰芳和施阁参与编写。其中，第1章、第2章、第5章、第6章、第7章、第8章由卢飒编写；第3章由张国琴编写；第4章由卢江丽编写；第9章由潘兰芳和施阁共同编写，卢江丽负责本书题库的设计与习题解析，卢江丽和潘兰芳共同参与本书所有章节的校对工作。本书在编写过程中，参考了许多资料，这些资料均在参考文献中列出，在此对这些图书的作者表示衷心的感谢。

  由于编者水平和能力有限，书中难免有不足之处，敬请读者不吝赐教，批评指正。

编者著

2020 年 5 月

目　录

第1章　半导体二极管及其应用

半导体器件是近代电子技术的重要组成部分，由于它具有体积小、重量轻、使用寿命长、输入功率小和功率转换效率高等优点，所以得到了广泛的应用。本章首先介绍半导体基础知识、PN 结及其单向导电性，然后重点介绍半导体二极管的伏安特性、主要参数、模型及半导体二极管的应用，最后介绍几种特殊二极管。

 ## 1.1　半导体基础知识

半导体基础知识视频　　半导体基础知识课件

1.1.1　半导体材料的特性

自然界的物质，根据导电能力的不同可分为导体、绝缘体和半导体三大类。导电能力很强的物质为导体，金属一般都是导体，如铜、铝、银等；导电能力很弱的物质为绝缘体，如橡皮、陶瓷、塑料等；导电能力介于导体和绝缘体之间的物质为半导体，如锗、硅、硒、砷化镓等。

半导体材料之所以受到人们的高度重视，并获得如此广泛的应用，是因为很多半导体的导电能力在不同条件下有很大的差别。温度、光照及掺杂等因素都会改变半导体材料的导电能力。半导体材料具有以下 3 个方面的重要特性。

1．热敏特性

金属的电阻率受温度的影响很小，而半导体的电阻率对温度的变化反应灵敏。温度升高，半导体材料的电阻率下降。以硅为例，温度每升高 10ºC，其电阻率下降一半，即导电能力提高 1 倍。利用此特性可以制作各种热敏元件，如热敏电阻，可用于温度的检测、控制或者补偿等。但是，半导体器件的导电性能随温度变化过大的特性对电子电路的稳定性有很大影响。

2．光敏特性

金属的导电性能不受光照的影响，但是大多数半导体材料在光照的作用下，其电阻率将下降。利用此特性可以制作各种光敏元件，如光敏电阻、光敏二极管等，可用于光的检测、传输及控制等。

3．掺杂特性

当金属中掺入少量杂质时，其电阻率没有明显变化。但是，若在纯净的半导体中掺入微量杂质，其导电能力可增加几十万倍乃至几百万倍。例如，在纯硅材料中掺入百万分之一的硼元素后，其电阻率就从 $2×10^3\Omega\cdot m$ 减小到 $4×10^{-3}\Omega\cdot m$ 左右。利用此特性可制作各种半导体器件，如半导体二极管、双极型晶体管、场效应晶体管及晶闸管等。

1.1.2　本征半导体

完全纯净的半导体称为本征半导体。常用的半导体材料硅和锗均为四价元素，在硅或锗的单晶体结构中,原子在空间排列成很有规律的空间点阵(称为晶格),晶格结构如图 1.1.1 所示。由于晶格中原子之间的距离很近，所以价电子不仅会受到所属原子核的作用，还会受到相邻原子核的吸引，使得一个价电子为相邻的原子核所共有，形成共价键。晶体中共价键的结构示意图如图 1.1.2 所示。

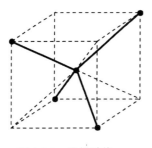

图 1.1.1　晶格结构

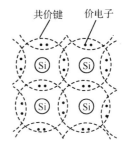

图 1.1.2　晶体中共价键的结构示意图

本征半导体在绝对零度（约-273℃）时，共价键中的价电子不能脱离共价键的束缚，所以半导体中没有能够自由移动的带电粒子，即没有载流子，此时半导体与绝缘体一样没有导电能力。当外界给半导体施加能量时（如光照或升温），一些共价键中的价电子会挣脱共价键的束缚成为**自由电子**，这样在共价键中就留下一个空位，称为**空穴**，这种现象称为**本征激发**。由于电子带负电荷，空穴表示缺少一个负电荷，所以可把空穴看成是一个带正电的粒子。

在自由电子和空穴成对产生的同时，运动中的自由电子也有可能去填补空穴，使自由电子和空穴成对消失，这种现象称为复合。在一定温度下，自由电子和空穴的产生与复合都在不停地进行，最终处于一种动态平衡状态，此时半导体中的自由电子和空穴的浓度不再变化。注意，在任何时候，本征半导体中的自由电子和空穴的数目总是相等的，所以称它们为电子-空穴对。**空穴的出现是半导体区别于导体的一个重要特性。**

在外电场的作用下，一方面，带负电荷的自由电子做定向移动，形成电子电流；另一方面，价电子填补空穴，产生空穴的定向移动，形成空穴电流，因此**半导体中有两种载流子：自由电子和空穴**。载流子数量的多少是衡量半导体导电能力的标志。温度升高，本征半导体的载流子数量增多，导电能力增强。

1.1.3 杂质半导体

在常温下，本征半导体中载流子的浓度很低，因此本征半导体的导电能力很弱，而且其导电能力与温度密切相关，无法满足电路正常工作的需求。为了改善本征半导体的导电性能并使其具有可控性，需要在本征半导体中掺入微量的其他元素，如磷、砷、硼、铟等，这种**掺有杂质的半导体称为杂质半导体**。根据掺入杂质性质的不同，可分为 N 型半导体与 P 型半导体。

1. N 型半导体

在本征半导体中，掺入微量的五价元素（如磷），可得 N 型半导体，N 型半导体示意图如图 1.1.3 所示。五价磷原子取代晶体中某些位置上的四价硅原子后，多出一个价电子不受共价键的束缚。在常温下这个价电子很容易摆脱磷原子核的束缚成为自由电子，而磷原子因失去电子成为不能移动的正离子。由于掺入的磷原子能提供自由电子，所以称其为施主杂质。尽管杂质的含量很低，但每个杂质原子都可以提供一个自由电子，由此产生的自由电子的数量要比本征激发产生的电子-空穴对要多得多。因此，**在 N 型半导体中，自由电子为多数载流子，简称多子；空穴为少数载流子，简称少子**。自由电子导电成为这种半导体的主要导电方式，由于自由电子带负电，故称其为 N 型半导体。通过控制掺入杂质的多少，就可以方便地控制自由电子的数量。

2. P 型半导体

在本征半导体中，掺入微量的三价元素（如硼），可得 P 型半导体，P 型半导体示意图如图 1.1.4 所示。三价硼原子取代晶体中某些位置上的四价硅原子后，在形成共价键时出现了空穴。在室温下，这些空穴能够吸引邻近的价电子来填充，硼原子因获得电子成为不能移动的负离子。由于掺入的硼原子能接受电子，所以称其为受主杂质。尽管杂质的含量很低，但每个杂质原子都能产生一个空穴，由此产生的空穴的数量要比本征激发产生的电子-空穴对要多得多。所以，**在 P 型半导体中，空穴是多子，自由电子是少子**。空穴导电成为这种半导体的主要导电方式，由于空穴带正电，故称其为 P 型半导体。

综上所述，无论是 P 型半导体还是 N 型半导体，主要由掺杂引起的多子的浓度远大于本征激发产生的少子的浓度，所以在显著提高导电能力的同时，也减小了温度带来的影响。要注意，无论哪一种杂质半导体，对外都呈现电中性。

当在 N 型半导体中掺入三价杂质元素，且其浓度大于原掺入的五价杂质元素时，N 型半导体可转型为 P 型半导体；反之，P 型半导体也可通过掺入足够的五价杂质元素而转型为 N 型半导体。这种通过杂质的相互作用改变半导体类型的过程，称为杂质半导体的相互转换，它在半导体器件的制造中获得了广泛的应用。

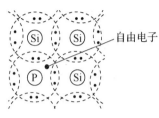

图 1.1.3　N 型半导体示意图

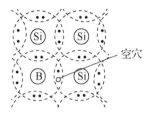

图 1.1.4　P 型半导体示意图

1.1.4　PN 结及其单向导电性

在一块本征硅上，采用不同的掺杂工艺使其一边形成 N 型半导体，另一边形成 P 型半导体，那么在两种半导体的交界面附近将形成极薄的空间电荷区，称为 PN 结。PN 结是构成半导体器件的基础。

1．PN 结的形成

当 P 型半导体和 N 型半导体结合在一起时，由于交界面两侧多子和少子的浓度有很大的差别，所以 N 区的自由电子必然向 P 区扩散，而 P 区的空穴也要向 N 区扩散。在扩散运动的过程中，自由电子与空穴复合。这样在交界面附近，多子的浓度骤然下降，出现了由不能移动的带电离子组成的空间电荷区。在 N 区一侧出现正离子区，在 P 区一侧出现负离子区，如图 1.1.5 所示。在空间电荷区内，多子已扩散到对方区域并且被复合掉了，或者说消耗尽了，所以空间电荷区又称耗尽层。

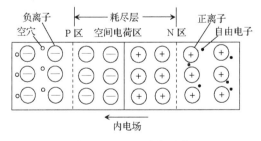

图 1.1.5　PN 结的形成

在空间电荷区形成了一个由 N 区指向 P 区的电场，称之为内电场。随着扩散的进行，空间电荷区加宽，内电场加强。显然，内电场会阻止多子的扩散运动，但对少子（P 区的自由电子和 N 区的空穴）越过空间电荷区进入对方区域起着推动作用。这种少子在内电场的作用下有规则的运动称为漂移运动。少子漂移运动的方向正好与多子扩散运动的方向相反。从 N 区漂移到 P 区的空穴填补了原来交界面上 P 区失去的空穴，而从 P 区漂移到 N 区的自由电子填补了原来交界面上 N 区失去的电子，所以漂移运动使空间电荷区变窄。

由此可见，PN 结的形成过程中存在两种运动：一种是多子因浓度差产生的扩散运动，另一种是少子在内电场的作用下产生的漂移运动，这两种运动相互制约。最终，当从 P 区扩散到 N 区的空穴数和从 N 区漂移到 P 区的空穴数相等、从 N 区扩散到 P 区的自由电子数和从 P 区漂移到 N 区的自由电子数相等时，**扩散运动和漂移运动达到动态平衡，空间电荷区的宽度将保持不变，这个空间电荷区就是 PN 结。**

2．PN 结的单向导电性

PN 结在没有外加电压时，其内部的扩散运动和漂移运动处于动态平衡，PN 结内无电流流过。PN 结的基本特性——单向导电性只有在外加电压时才会显示出来。

1）外加正向电压

当外加电压使 P 区电位高于 N 区电位时，称 PN 结外加正向电压（或称正向偏置，简称正偏），如图 1.1.6 所示。此时外电场与内电场方向相反，在外电场的作用下，多子被推向耗尽层，从而使耗尽层变窄，内电场被削弱，有利于多子的扩散而不利于少子的漂移。随着电源电压值的上升，外电场从小于内电场到等于内电场，最后大于内电场，此时由多子的扩散运动形成较大的正向电流。在正常工作范围内，只要稍微增大 PN 结外加的正向电压，便会引起正向电流迅速上升，说明 PN 结呈现的正向电阻很小，即 PN 结导通。

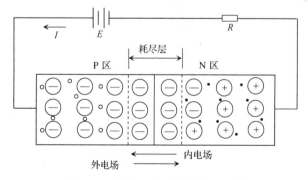

图 1.1.6　外加正向电压时的 PN 结

2）外加反向电压

当外加电压使 P 区电位低于 N 区电位时，称 PN 结外加反向电压（或称反向偏置，简称反偏），如图 1.1.7 所示。此时外电场方向与内电场方向一致，使耗尽层变宽，阻止多子的扩散，但有助于少子的漂移。少子的漂移形成了反向电流。由于少子的浓度很低，所以反向电流很小，一般为 μA 数量级。这表明 PN 结外加反向电压时呈现的反向电阻很大，所以可近似认为 PN 结外加反向电压时不导电，即 PN 结截止。

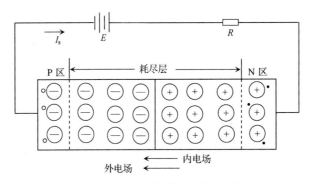

图 1.1.7　外加反向电压时的 PN 结

因为少子是由本征激发产生的，所以其数量取决于温度，几乎与外加电压无关。在一定温度下，由本征激发产生的少子的数量是一定的，所以反向电流的值也趋于恒定，又称反向饱和电流。

综上所述，**当 PN 结正偏时，PN 结导通，形成较大的正向电流；当 PN 结反偏时，PN 结截止，电流几乎为零，这种特性称为 PN 结的单向导电性。**二极管、晶体管及其他各种半导体器件的工作特性都是以 PN 结的单向导电性为基础的。

3．PN 结的电压与电流的关系

PN 结的单向导电性说明了 PN 结的电压和电流具有非线性关系，这种关系可以用下式表示：

$$i = I_\mathrm{S}(\mathrm{e}^{\frac{u}{U_\mathrm{T}}} - 1) \tag{1.1.1}$$

式中，i 为流过 PN 结的电流，将其方向定义为由 P 区流向 N 区；u 为 PN 结两端的外加电压，将其方向定义为 P 区为"+"、N 区为"−"；I_S 为反向饱和电流；U_T 为温度的电压当量，$U_\mathrm{T} = \dfrac{kT}{q}$，其值与 PN 结的绝对温度 T 和玻尔兹曼常数 k 成正比，与电子电量 q 成反比。在室温（27℃，即 300K）时，$U_\mathrm{T} \approx 26\mathrm{mV}$。PN 结的伏安特性曲线如图 1.1.8 所示。

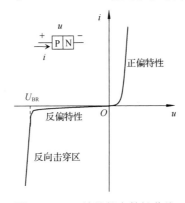

图 1.1.8　PN 结的伏安特性曲线

对于式（1.1.1）可解释如下。

（1）当 $u=0$ 时，$i=0$。

（2）当 $u>0$，且 $u>>U_T$ 时，$e^{\frac{u}{U_T}}>>1$，故 $i \approx I_S e^{\frac{u}{U_T}}$。即 PN 结正偏时，$i$ 和 u 基本成指数关系。

（3）当 $u<0$，且 $|u|>>U_T$ 时，$e^{\frac{u}{U_T}}<<1$，故 $i \approx -I_S$。即反向电流近似为常量，与反向电压几乎无关。

注意，式（1.1.1）只描述了 PN 结正偏和反偏两种状态，并不包括下面描述的反向击穿状态。

4．PN 结的反向击穿

当 PN 结外加的反向电压超过某一数值时，流过 PN 结的反向电流会急剧增加，将这种现象称为 PN 结的反向击穿。发生击穿时所需的反向电压 U_{BR} 称为反向击穿电压。反向击穿电压的大小与 PN 结的制造参数有关。

当 PN 结反向击穿后，若反向电流和反向电压的乘积没有超过 PN 结允许的耗散功率，则这种击穿是可逆的，称为电击穿，当反向电压降低后，PN 结仍可恢复原来的状态。但是，如果反向电流和反向电压的乘积超过 PN 结允许的耗散功率，则会造成 PN 结因过热而烧毁。这种击穿称为热击穿，它会造成器件的永久损坏，所以是不可逆的。电击穿可以被人们利用（如稳压二极管），而热击穿则必须避免。

产生击穿的机理通常有以下两种。

1）齐纳击穿

对于掺杂浓度高的 PN 结，其空间电荷区的宽度很薄，所以较小的反向电压（一般为几伏）就可以在耗尽层形成很强的电场。它能够直接破坏共价键，把价电子从共价键中激发出来，产生电子-空穴对，引起反向电流急剧增加，出现击穿，将这种击穿称为齐纳击穿。当击穿电压小于 4V 时，击穿主要是由齐纳击穿造成的。

2）雪崩击穿

对于掺杂浓度低的 PN 结，其空间电荷区的宽度很厚，需要更高的电压才能在空间电荷区形成较强的电场，使进行漂移运动的少子加速，能量加大。加速的少子与价电子相互碰撞时把价电子"撞"出共价键，从而产生电子-空穴对，新产生的自由电子、空穴被电场加速后又可能"撞"出其他的价电子。载流子雪崩式的倍增引起了电流的急剧增加，将这种击穿称为雪崩击穿。

一般二极管发生的击穿都是雪崩击穿，只有在特殊制作的二极管中，才有可能发生齐纳击穿，如稳压二极管。

5．PN 结的电容效应

电容是一个存储电荷的元件，当它两端的电压发生变化时，其存储的电荷也会发生变化，于是就出现了充放电现象。PN 结也具有电容的这个特性，因此 PN 结具有电容效应。根据产生原因的不同，可将电容分为扩散电容和势垒电容。

1）扩散电容 C_D

扩散电容 C_D 是由载流子在扩散运动中的积累形成的。当 PN 结正偏时，P 区的空穴将穿过 PN 结向 N 区扩散。由于刚进入 N 区，空穴与自由电子复合的概率较小，随着空穴在 N 区的继续移动，其复合概率增加。N 区的自由电子向 P 区扩散的情况与上述情况类似。所以靠近 PN 结边缘的载流子浓度最大，距离 PN 结越远，载流子的浓度越低。PN 结附近的高载流子浓度可以看作是电荷存储到了 PN 结的附近。当外加电压增大时，PN 结边缘的多子浓度增加，存储的电荷也增加，相当于电容充电；当外加电压减小时，PN 结边缘的多子浓度降低，存储的电荷减少，相当于电容放电。这种电容称为扩散电容。

当 PN 结反偏时，由于少子的浓度本身就很低，所以当外加电压发生变化时，PN 结边缘载流子的浓度变化不大，此时扩散电容很小，一般可以忽略。

2）势垒电容 C_B

势垒电容 C_B 是由空间电荷区中电荷量的变化形成的。当 PN 结反偏时，反向电压增大使空间电荷区变宽，反向电压减小使空间电荷区变窄，相当于 PN 结内存储的正负离子电荷数随着外加电压变化，即电容的充放电。此时 PN 结呈现出来的电容称为势垒电容。

当 PN 结正偏时，空间电荷区很窄，势垒电容可以忽略，所以势垒电容效应主要发生在 PN 结反偏时。

扩散电容 C_D 和势垒电容 C_B 的大小都随着外加电压的改变而改变，属于非线性电容。不难理解，扩散电容 C_D 和势垒电容 C_B 是并联的，所以 PN 结的结电容 C_j 为两者之和，即 $C_j=C_D+C_B$。当 PN 结正偏时，因为 $C_D>>C_B$，所以 C_j 以扩散电容 C_D 为主，其值较大，通常为几十至几百皮法；当 PN 结反偏时，$C_B>>C_D$，所以 C_j 以势垒电容 C_B 为主，其值较小，通常为几至几十皮法。在高频情况下，PN 结可以等效为一个电阻和一个结电容并联的形式，PN 结的高频等效电路如图 1.1.9（a）所示。

（a）PN结的高频等效电路 （b）PN结的低频等效电路

图 1.1.9　PN 结的等效电路

由于结电容的存在，而电容的容抗又随着工作频率的增大而减小，所以在高频时，电流将从结电容通过，这就破坏了 PN 结的单向导电性。因此，当工作频率很高时需要考虑结电容的作用，或者说 PN 结的工作频率受到一定的限制。在低频情况下，PN 结的电容效应可以忽略，PN 结可以等效为一个电阻的形式，PN 结的低频等效电路如图 1.1.9（b）所示。

1.1 测试题

 1.2　半导体二极管

半导体二极管视频　半导体二极管课件

1.2.1　半导体二极管的结构与类型

半导体二极管是利用 PN 结的单向导电性制造的一种重要的半导体器件。在 PN 结的两端引出两个电极，并将其封装在金属或塑料管壳内就构成了二极管（后面正文用二极管表示半导体二极管）。从 P 区引出的电极为阳极（a），从 N 区引出的电极为阴极（k）。二极管一般用字母 D 表示，其电路符号如图 1.2.1（a）所示。

二极管的种类有很多，分类方法也有很多。根据所用材料不同，可分为硅二极管和锗二极管；根据用途不同，可分为普通二极管、稳压二极管、变容二极管、发光二极管等；根据结构不同，可分为点接触型二极管、面接触型二极管和平面型二极管。

点接触型二极管结构如图 1.2.1（b）所示。其特点是结面积小，不能通过很大的电流；结电容小，一般在 1pF 以下，所以常用于高频电路、小功率整流电路、开关元件等。例如，2AP1 是点接触型锗二极管，其最大整流电流为 16mA，最高工作频率为 150MHz。

面接触型二极管结构如图 1.2.1（c）所示，其特点是结面积较大，所以能通过较大的电流；结电容也大，只能在较低的频率下工作，所以常用于低频整流电路。例如，2CP1 为面接触型硅二极管，其最大整流电流为 400mA，最高工作频率只有 3kHz。

平面型二极管结构如图 1.2.1（d）所示，采用集成电路中最常见的平面扩散工艺制成。结面积可大可小，结面积大的可通过较大电流，适用于大功率整流电路；结面积小的结电容小，适合在脉冲数字电路中作开关管。

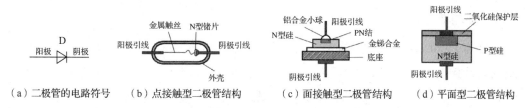

（a）二极管的电路符号　（b）点接触型二极管结构　（c）面接触型二极管结构　（d）平面型二极管结构

图 1.2.1　二极管的电路符号和几种常见结构

1.2.2　半导体二极管的伏安特性

二极管的伏安特性是指二极管两端的电压 u_D 与流过二极管的电流 i_D 之间的关系，可以用 u-i 平面上的一条曲线来描述，如图 1.2.2 所示。由图 1.2.2 可以看出，二极管的伏安特性曲线与 PN 结的伏安特性曲线相似。由于二极管存在引线电阻，所以二极管正偏时流过的电流比 PN 结正偏时流过的电流小；又由于表面漏电流的影响使二极管反偏时流过的电流比 PN 结反偏时流过的电流大。但两者的差别很小，在本书中不进行区分，所以可以用式（1.2.1）近似描述二极管的伏安特性。

$$i_D = I_S(e^{\frac{u_D}{U_T}} - 1) \tag{1.2.1}$$

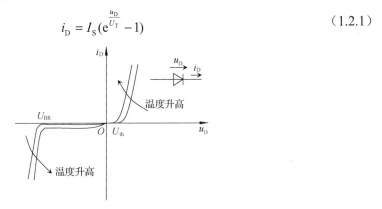

图 1.2.2　二极管的伏安特性曲线

1．正向特性

由图 1.2.2 可知，当二极管的外加正向电压小于 U_{th} 时，外电场不足以克服内电场，多子的扩散仍受较大阻碍，所以二极管的正向电流很小，几乎为零。当正向电压大于 U_{th} 时，二极管才开始导通，所以 U_{th} 称为**死区电压**或**开启电压**。在常温下，硅二极管的 $U_{th} \approx 0.5V$，锗二极管的 $U_{th} \approx 0.1V$。

当正向电压超过 U_{th} 后，二极管的电流随着正向电压的增大按指数规律增长，二极管呈现很小的电阻。二极管导通后其端电压几乎不变，称之为正向导通压降。**硅二极管的正向导通压降约为 0.6~0.8V（通常取 0.7V）；锗二极管的正向导通压降约为 0.2~0.3V（通常取 0.3V）。**

2．反向特性

由图 1.2.2 可知，当二极管外加反向电压时，反向电流很小。当反向电压在一定范围内变化时，反向电流基本不变，称为反向饱和电流 I_S。小功率硅二极管的反向饱和电流一般小于 0.1μA，锗二极管的反向饱和电流比硅二极管大，通常为数十微安。反向饱和电流越小，说明二极管的单向导电性越好。

当二极管外加的反向电压达到击穿电压 U_{BR} 时，反向电流会急剧增大，此时二极管被**反向击穿**。各类二极管的反向击穿电压大小不同，一般为几十伏到几百伏。

二极管的伏安特性受温度影响较大，当温度升高时，正向特性曲线向左移，反向特性曲线向下移，如图 1.2.2 所示。在室温附近，温度每升高 1℃，正向导通压降减小 2~2.5mV；温度每升高 10℃，反向饱和电流约增大 1 倍。

1.2.3　半导体二极管的主要参数

器件的参数是对器件特性的定量描述，掌握器件的主要参数是正确使用和合理选择器件的必要条件。二极管的主要参数如下。

1）最大整流电流 I_F

最大整流电流 I_F 是指二极管在长时间工作时允许通过的最大正向平均电流。在实际使用时通过二极管的正向平均电流不允许超过此值，并且要保证规定的散热条件，否则二极管会因过热而烧毁。

2）最高反向工作电压 U_{RM}

最高反向工作电压 U_{RM} 是指二极管在使用时允许施加的最高反向电压，一般取反向击穿电压的一半作为 U_{RM}。在使用时加在二极管上的反向电压不能超过此值，否则有反向击穿的危险。

3）反向电流 I_R

反向电流 I_R 是指二极管反偏（未击穿）时的反向电流值。反向电流越小，二极管的单向导电性越好。反向电流与温度有关，在高温运行时此值较大，应加以注意。

4）最高工作频率 f_M

最高工作频率 f_M 是指保证二极管具有单向导电性的最高工作频率，其大小由结电容决定。当工作频率超过此值时，二极管的单向导电性将明显变差。

上述是二极管的主要参数，其他参数可根据二极管的型号查阅产品手册或通用的手册。

（1）2AP1、2AP4、2AP7 检波二极管（点接触型锗二极管，在电子设备中用于检波和小电流整流）的参数如表 1.2.1 所示。

表 1.2.1　2AP1、2AP4、2AP7 检波二极管的参数

参数\型号	最大整流电流	最高反向工作电压（峰值）	反向击穿电压（反向电流为 400μA）	正向电流（正向电压为 1V）	反向电流（反向电压分别为 10V，50V，100V）	最高工作频率	极间电容
	mA	V	V	mA	μA	MHz	pF
2AP1	16	20	≥40	≥2.5	≤250	150	≤1
2AP4	16	50	≥75	≥5.0	≤250	150	≤1
2AP7	12	100	≥150	≥5.0	≤250	150	≤1

（2）2CZ52、2CZ54、2CZ57 整流二极管（用于电子设备的整流电路）的参数如表 1.2.2

所示。

表 1.2.2　2CZ52、2CZ54、2CZ57 整流二极管的参数

参数 型号	最大整流电流	最高反向工作电压（峰值）	最高反向工作电压下的反向电流（25℃）	正向压降（平均值）（25℃）	最高工作频率
	A	V	μA	V	kHz
2CZ52	0.1	25, 50, 100, 200, 300, 400, 500, 600, 700, 800, 900, 1000, 1200, 1400, 1600, 1800, 2000, 2200, 2400, 2600, 2800, 3000	5	≤1	3
2CZ54	0.5		10	≤1	3
2CZ57	5		20	≤0.8	3

根据二极管的主要参数和结构类型，我们概括出在使用二极管时的一般选择原则。

（1）若需要二极管导通后的管压降低一些，应选择锗二极管；

（2）若在高频场合使用，应选择点接触型二极管；

（3）若要求反向电流小一些，应选择硅二极管；

（4）所选二极管的最大整流电流应大于在工作中流过二极管的正向平均电流，并留有一定的余量；

（5）所选二极管的最高反向工作电压应大于工作中加在二极管上的反向工作电压的最大值；

（6）注意不同型号、不同封装的二极管的使用环境温度，选择满足工作环境要求的二极管。

二极管电路分析视频　二极管电路分析课件

1.2.4　半导体二极管的模型

二极管的伏安特性是非线性的，这给实际电路的分析计算带来许多不便。因此，在工程上常常先将其分段线性化，建立线性模型或者线性等效电路，然后再用线性电路的分析方法分析二极管电路。在工程应用中，根据二极管在实际电路中的工作状态和对分析精度的要求，可以为二极管建立以下几种常用的线性模型。

1. 理想二极管模型

理想二极管的伏安特性曲线如图 1.2.3（a）所示，即忽略二极管的正向导通压降、死区电压和反向电流，把它们都当作零处理。理想二极管的电路模型如图 1.2.3（b）所示。显然，**理想二极管在正偏时，因其管压降为零，可视为短路；在反偏时因其电流为零，可视为开路**，所以**理想二极管可等效为一个开关**，理想二极管的等效电路如图 1.2.3（c）所示。

在实际电路中，当电源电压远大于二极管的正向导通压降时，利用此模型近似分析是可行的。

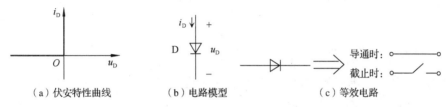

（a）伏安特性曲线　　　　（b）电路模型　　　　（c）等效电路

图 1.2.3　理想二极管的伏安特性曲线、电路模型及等效电路

2．恒压降模型

当二极管导通后，其正向导通压降变化不大，即几乎不随电流变化，所以在近似计算时用恒定电压降代替可以得到比用理想模型更高的分析精度。恒压降模型的伏安特性曲线、电路模型及等效电路如图 1.2.4 所示。

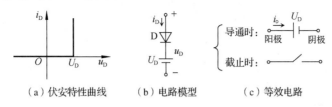

（a）伏安特性曲线　　　（b）电路模型　　　（c）等效电路

图 1.2.4　恒压降模型的伏安特性曲线、电路模型及等效电路

由图 1.2.4 可知，当加在二极管上的正向电压大于正向导通压降 U_D 时，二极管导通。导通后管压降恒定，始终为 U_D，且不随电流变化，所以可将二极管等效成电压为 U_D 的恒压源。硅二极管的 $U_D \approx 0.7\text{V}$；锗二极管的 $U_D \approx 0.3\text{V}$。当加在二极管上的正向电压小于正向导通压降 U_D 时，二极管截止，相当于开关断开。

3．折线模型

为了较真实地描述二极管的伏安特性，在恒压降模型的基础上再进行一定的修正，即认为二极管的正向导通压降不是恒定的，而是随着电流的增大而增大的，所以用一个理想二极管 D、一个电压为 U_{th} 的恒压源（硅二极管为 0.5V；锗二极管为 0.1V）和一个电阻 r_D（$r_D = \Delta u_D / \Delta i_D$）进行进一步的近似。折线模型的伏安特性曲线和电路模型如图 1.2.5 所示。

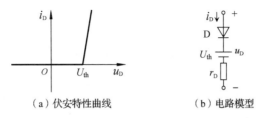

（a）伏安特性曲线　　　　　　（b）电路模型

图 1.2.5　折线模型的伏安特性曲线和电路模型

以上 3 种模型都是将二极管的伏安特性曲线近似为两段直线，这样只要判断出二极管工作于哪段直线，就可以用线性电路的分析方法来分析二极管电路了。这 3 种模型都属于二极管大信号模型。注意，反向击穿状态在这里被认为是非正常工作状态，所以没有包括在上述 3 种模型中。

4. 二极管小信号模型

在如图 1.2.6（a）所示的二极管电路中，不仅含有直流激励，还含有交流小信号激励，此时二极管始终导通，流过二极管的电流及管压降既有直流量，又有交流量（小幅度交流信号叠加在直流信号之上）。二极管的工作状态将在静态工作点 Q 附近进行微小的变动，此时可用二极管小信号模型进行分析。图 1.2.6（b）中标出了这种微小的变化 Δu_D 和 Δi_D。在这微小变化的范围内，二极管的伏安特性可近似为一条以 Q 点为切点的直线，其斜率的倒数就是小信号模型的动态电阻 r_D，如图 1.2.6（c）所示。

$$r_D = \frac{\Delta u_D}{\Delta i_D} \tag{1.2.2}$$

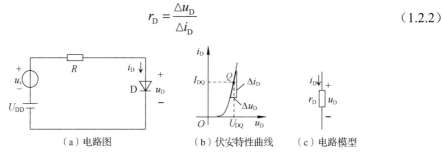

（a）电路图　　　　　（b）伏安特性曲线　　　（c）电路模型

图 1.2.6　二极管小信号模型的电路图、伏安特性曲线及电路模型

r_D 的值也可由二极管的伏安特性，即由式（1.2.1）求导得出：

$$\frac{\mathrm{d}i_D}{\mathrm{d}u_D} \approx I_S \mathrm{e}^{\frac{u_D}{U_T}} \frac{1}{U_T} \approx \frac{I_{DQ}}{U_T} \tag{1.2.3}$$

$$r_D = \frac{1}{\dfrac{\mathrm{d}i_D}{\mathrm{d}u_D}} \approx \frac{U_T}{I_{DQ}} \tag{1.2.4}$$

在室温（27℃，即 300K）时，$U_T \approx 26\mathrm{mV}$，由此可求得 r_D 的值。例如，当 Q 点的 $I_{DQ}=2\mathrm{mA}$ 时，$r_D=13\Omega$。由式（1.2.4）可知，当温度一定时，r_D 的值与静态工作点 Q 的位置有关，Q 点越高，r_D 越小。

例 1.2.1　某硅二极管电路如图 1.2.7 所示，分别用合适的二极管模型计算 3 个电路中的电压 U_{AB}。

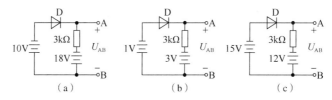

图 1.2.7　例 1.2.1 图

解： 在分析二极管电路时，首先要判断二极管的工作状态。具体方法是将二极管断开，计算二极管的正向电压（设参考方向阳极为+，阴极为-）。若正向电压>死区电压，则二极管导通；反之，则二极管截止。

（1）在图 1.2.7（a）的电路中，当二极管断开后，外加的正向电压为 18-10=8V，远大于硅二极管的死区电压（约 0.5V），故二极管导通。此时可以用理想二极管模型分析该电路。二极管导通，其在电路中相当于短路，等效电路如图 1.2.8（a）所示，由此求得 U_{AB}=-10V。

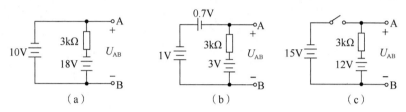

图 1.2.8　等效电路

（2）在图 1.2.7（b）的电路中，当二极管断开后，外加的正向电压为 3-1=2V，大于硅二极管的死区电压（约 0.5V），故二极管导通。由于回路的等效电压源（2V）还不到硅二极管正向导通压降（0.7V）的 3 倍，采用理想二极管模型会产生较大误差，所以采用恒压降模型。等效电路如图 1.2.8（b）所示，由此求得 U_{AB}= -1.7V。

（3）在图 1.2.7（c）的电路中，当二极管断开后，外加的正向电压为 12-15=-3V，此时二极管因反偏而截止。当二极管截止时，反向电流近似为 0，相当于开关断开。等效电路如图 1.2.8（c）所示，由此求得 U_{AB}=-12V。

例 1.2.2　理想二极管电路如图 1.2.9（a）所示，试判断这两个二极管的工作状态，并求电压 U_{AB} 的值。

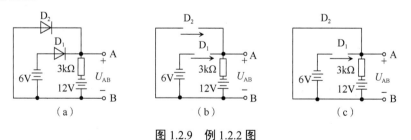

图 1.2.9　例 1.2.2 图

解： 当电路中有两个或两个以上的二极管时，先将所有二极管断开，计算每个二极管的正向电压。正向电压大的二极管优先导通，然后在此基础上判断其余的二极管是否导通。

将图 1.2.9（a）中的两个二极管断开后，如图 1.2.9（b）所示，由此求得 D_1 上的正向电压为-6+12=6V；D_2 上的正向电压为 12V。

因为 D_2 上承受的正向电压大，所以 D_2 导通。理想二极管的正向导通压降为 0，所以 D_2 导通后可以用短路代替，其等效电路如图 1.2.9（c）所示。此时 D_1 上的正向电压变为-6V，所以 D_1 截止，由此求得 U_{AB}=0。

1.2 测试题

1.3 半导体二极管的应用

二极管应用电路视频　二极管应用电路课件

二极管的应用范围很广，利用二极管的单向导电性可以组成各种应用电路，如整流电路、限幅电路、开关电路等。

1.3.1 整流电路

所谓整流，就是将交流电压变成单方向的脉动直流电压的过程，下面举例说明。

例 1.3.1 理想二极管电路如图 1.3.1（a）所示，已知输入电压 u_i=10sinωtV，试画出输出电压 u_o 的波形。

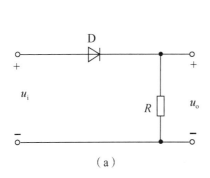 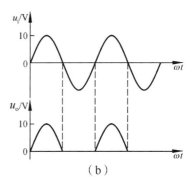

图 1.3.1　例 1.3.1 图

解：图 1.3.1（a）中的二极管为理想二极管，其死区电压和正向导通压降都为零，故可得：

当 u_i>0 时，二极管处于正偏导通状态，可视为短路，此时 u_o=u_i；

当 u_i<0 时，二极管处于反偏截止状态，可视为开路，此时 u_o=0。

由此可得输出电压 u_o 的波形，如图 1.3.1（b）所示。显然，输出电压为单向的脉动直流电压，实现了整流。由于负载 R 上只获得了半个周期的正弦波，所以称该电路为半波整流电路。利用二极管还可以组成桥式整流电路，负载 R 上可获得整个周期的正弦波，这部分内容将在第 9 章详细介绍。

1.3.2　限幅电路

在电子技术中，经常用限幅电路对各种信号进行处理。**所谓限幅就是让信号在预置的电平范围内有选择地传输一部分**，下面举例说明。

例 1.3.2　限幅电路如图 1.3.2 所示，已知 u_i=4sinωtV，U_{REF}=2V，二极管的正向导通压降为 0.7V，要求画出输出电压 u_o 的波形及电压传输特性曲线 u_o=$f(u_i)$。

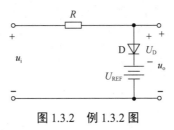

图 1.3.2　例 1.3.2 图

解：由图 1.3.2 可知：

当 u_i>2.7V 时，二极管正向导通，相当于 0.7V 的电压源，故 u_o=2.7V；当 u_i<2.7V 时，二极管反偏截止，可视为开路，故 u_o=u_i。

由此可得输出电压 u_o 的波形，如图 1.3.3（a）所示；电压传输特性曲线如图 1.3.3（b）所示。此电路将输出电压限制在小于 2.7V 的范围。图 1.3.2 中若再并联一条与二极管和 U_{REF} 方向均相反的支路，则可实现波形的双向限幅，即将输出电压幅度限制在-2.7~2.7V（见本章习题 1.6）。

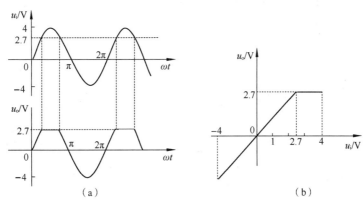

图 1.3.3　输出电压 u_o 的波形及电压传输特性曲线

1.3.3　开关电路

在开关电路中，可利用二极管的单向导电性接通或断开电路。二极管的这种工作方式在数字电路中得到了广泛应用，下面举例说明。

例 1.3.3 硅二极管构成的开关电路如图 1.3.4 所示。当 u_{i1} 和 u_{i2} 分别为 0 或 5V 时，求在 u_{i1}、u_{i2} 的不同输入组合下，输出电压 u_o 的值。

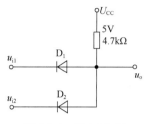

图 1.3.4 例 1.3.3 图

解： 当 u_{i1}=0，u_{i2}=5V 时，D_1 正偏导通；D_2 反偏截止，所以 u_o =0.7V。依此类推，u_{i1} 和 u_{i2} 的所有输入组合及对应的输出电压 u_o 如表 1.3.1 所示。

表 1.3.1 u_{i1} 和 u_{i2} 的所有输入组合及对应的输出电压 u_o

u_{i1}/V	u_{i2}/V	二极管工作状态		u_o/V
		D_1	D_2	
0	0	导通	导通	0.7
0	5	导通	截止	0.7
5	0	截止	导通	0.7
5	5	截止	截止	5

由表 1.3.1 可知，在输入电压 u_{i1} 和 u_{i2} 中，只要有 1 个为低电平（0），则输出为低电平（0.7V）；只有当两个输入电压均为高电平（5V）时，输出才为高电平（5V）。这种关系在数字电路中称为"与"逻辑。

 # 1.4 特殊二极管

1.3 测试题

特殊二极管视频　　特殊二极管课件

1.4.1 稳压二极管

稳压二极管是用特殊工艺制造的面接触型硅二极管，它利用二极管的反向击穿特性实现稳压。稳压二极管的符号和伏安特性曲线如图 1.4.1 所示。稳压二极管具有很陡的反向击穿特性，所以击穿后反向电流在很大的范围内变化时，其两端的电压几乎不变，这就是它的"稳压"特性。在稳压二极管中发生的击穿多为齐纳击穿，故稳压二极管又称齐纳二极管。

普通二极管在使用时要避免出现反向击穿，而**稳压二极管正是利用二极管在反向击穿时产生的"稳压"特点制成的特殊二极管**。稳压二极管工作于反向击穿状态时，只要采取措施控制反向击穿电流，就能避免稳压二极管因过热而烧毁。

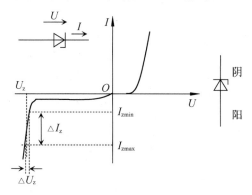

图 1.4.1　稳压二极管的符号和伏安特性曲线

1．稳压二极管的主要参数

1）稳定电压 U_Z

稳定电压 U_Z 是指稳压二极管在规定电流下的反向击穿电压。制造工艺不同，使得同一型号的稳压二极管的 U_Z 值不尽相同。所以在手册中，该值会以一个小的范围给出。例如，2CW11 给出的稳定电压为 3.2~4.5V。

2）最小稳定电流 I_{Zmin}

最小稳定电流 I_{Zmin} 是指稳压二极管在电压稳定范围内的最小电流。当小于此电流时，稳压二极管工作于反向截止状态，没有稳压作用。

3）最大稳定电流 I_{Zmax}

最大稳定电流 I_{Zmax} 是指稳压二极管允许的最大工作电流。超过此值，稳压二极管将从电击穿转变为热击穿而烧毁。

4）动态电阻 r_z

由于稳压二极管反向击穿的特性曲线并非与纵轴完全平行，定义动态电阻 r_z 用于衡量反向击穿曲线与纵轴的平行程度，其表达式为

$$r_z = \frac{\Delta U_Z}{\Delta I_Z}$$

由图 1.4.1 可知，r_z 越小，则由 ΔI_Z 引起的 ΔU_Z 越小，即稳压效果越好。一般稳压二极管的 r_z 为几欧到几十欧。

5）最大允许耗散功率 P_{ZM}

最大允许耗散功率 P_{ZM} 可用稳定电压 U_Z 与最大稳定电流 I_{Zmax} 的乘积表示，即

$$P_{ZM}=U_Z I_{Zmax}$$

在正常工作时，稳压二极管的功率不应该超过此值，否则会损坏稳压二极管。

2．稳压电路

最简单的稳压电路如图 1.4.2 所示，图中 U_i 为稳压电路的输入电压，一般由整流滤波电路提供（详见第 9 章），R_L 为负载电阻，U_o 为输出电压，R 为限流电阻。由于稳压二极管正常工作的条件有两个，**一是工作于反向击穿状态，二是稳压二极管中的电流要满足** $I_{Zmin} \leqslant I_Z \leqslant I_{Zmax}$，所以图 1.4.2 中的限流电阻 R 就是为了保证稳压二极管正常工作才接入的。在实际电路中，这个限流电阻的选择非常重要，下面举例说明。

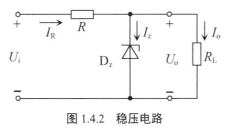

图 1.4.2　稳压电路

例 1.4.1　如图 1.4.2 所示的稳压电路，已知输入电压 U_i=10V，限流电阻 R=2kΩ，负载电阻 R_L=2kΩ，稳压二极管的稳定电压 U_Z=6V，最小稳定电流 I_{Zmin}=5mA，最大允许耗散功率 P_{ZM}=90mW。（1）请问此时稳压二极管能否稳压，并求输出电压 U_o；（2）求稳压二极管正常稳压时，限流电阻 R 的取值范围。

解：（1）先求出稳压二极管的最大稳定电流：$I_{Zmax}=P_{ZM}/U_Z$=15mA。

当稳压二极管正常工作时，其工作电流要满足 $I_{Zmin} \leqslant I_Z \leqslant I_{Zmax}$，即 5mA$\leqslant I_Z \leqslant$15mA。假设稳压二极管能正常稳压，则 $U_o= U_Z$ =6V，此时 $I_o=U_Z/R_L$=3mA；$I_R=(U_i-U_o)/R$=2mA。

由 KCL 求得稳压二极管的电流：$I_Z= I_R-I_o$=-1mA。显然不满足 5mA$\leqslant I_Z \leqslant$15mA，因此假设错误，说明此时稳压二极管不能稳压，它工作于截止状态，可视为断路。输出电压 U_o 可由电阻的串联分压求得，即

$$U_o = \frac{R_L}{R + R_L}U_i = \frac{2}{2+2} \times 10 = 5V$$

显然，要使该电路能够稳压，应减小限流电阻的值。

（2）当稳压二极管正常工作时，其工作电流要满足 5mA$\leqslant I_Z \leqslant$15mA。此时 $U_o= U_Z$=6V，$I_o=U_Z/R_L$=3mA。

由 KCL（基尔霍夫电流定律）可知 $I_R= I_Z +I_o$，所以

$$8mA \leqslant I_R \leqslant 18mA$$

又因为 $I_R=(U_i-U_o)/R$=4/ R，可得限流电阻的取值范围为

$$222\Omega \leqslant R \leqslant 500\Omega$$

1.4.2　发光二极管

发光二极管（LED）是一种将电信号转换成光信号的半导体器件。它的基本结构是一个 PN 结，采用碳化硅、砷化镓与磷砷化镓等半导体材料制造而成。当发光二极管正向导通时，会发出一定波长与颜色的光束。其发光的颜色由所用的材料决定，有红、黄、绿、橙等颜色。目前许多仪器的数字显示器、公共场所的广告牌均由发光二极管制成。

发光二极管的电路符号如图 1.4.3 所示，其伏安特性和普通二极管相似，但是正向导通压降较大，约为 1.5~2V。

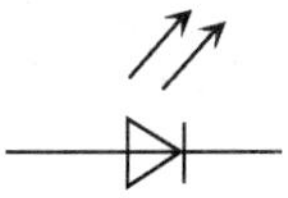

图 1.4.3　发光二极管的电路符号

1.4.3　光电二极管

光电二极管是一种将光信号转换为电信号的器件。它的基本结构也是一个 PN 结，但是该 PN 结工作于反向偏置状态。光电二极管的管壳上有一个窗口，可以使光线照射到 PN 结上，反向电流随光照强度的增大而增大。利用该特性可以进行光照强度的测量，光电二极管的电路符号如图 1.4.4 所示。

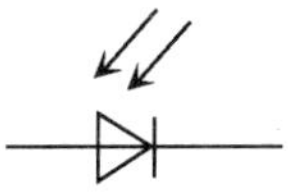

图 1.4.4　光电二极管的电路符号

1.4.4　变容二极管

变容二极管是利用 PN 结的势垒电容随外加反向电压变化的特性制成的，主要用于高频电路中的振荡器、调谐电路等。变容二极管的电路符号如图 1.4.5 所示。

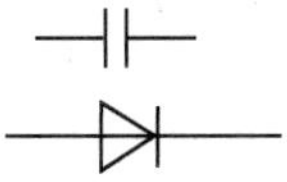

图 1.4.5　变容二极管的电路符号

1.4 测试题

模拟电子技术基础

本章小结

第1章小结视频　　第1章小结课件

1．半导体基础知识

在本征半导体中掺入杂质，一方面可以显著提高半导体的导电性能，另一方面可以减小温度对半导体导电性能的影响。此时，半导体的导电能力主要取决于掺杂浓度。

掺入五价元素，可形成 N 型半导体，它的多子是自由电子，少子是空穴。

掺入三价元素，可形成 P 型半导体，它的多子是空穴，少子是自由电子。

半导体中两种载流子共同参与导电，这是半导体区别于导体的重要特点。

2．PN 结的单向导电性

PN 结是构成半导体器件的基础。PN 结具有单向导电性：当 PN 结正偏时导通，具有较大的正向电流；当 PN 结反偏时截止，具有很小的反向电流。

3．半导体二极管

二极管是非线性器件，它的伏安特性包括正向特性和反向特性。

正向特性：当二极管外加的正向电压小于死区电压时，正向电流近似为零。硅二极管的死区电压约为 0.5V；锗二极管的死区电压约为 0.1V。当外加正向电压大于死区电压时，二极管导通。二极管的正向导通压降近似为常数，硅二极管的正向导通压降约为 0.7V，锗二极管的正向导通压降约为 0.3V。

反向特性：当二极管外加的反向电压小于击穿电压时，二极管处于反向截止状态，其反向电流很小，称之为反向饱和电流。当二极管外加的反向电压大于击穿电压时，二极管被击穿，反向电流急剧上升，此时二极管失去单向导电性。如果反向电流过大，会造成二极管的永久损坏。

二极管的应用很广泛，可用于整流电路、限幅电路、开关电路等。

4．特殊二极管

特殊二极管有稳压二极管、发光二极管、光电二极管、变容二极管等。

稳压二极管利用二极管的反向击穿特性实现稳压，在设计电路时，应使稳压二极管工作于反向电击穿状态。

习题 1

第1章综合测试题　第1章测试题讲解视频　第1章测试题讲解课件

1.1　能否将 1.5V 的干电池以正向接法接到二极管两端？为什么？

1.2 如何使用万用表判断二极管的极性与好坏？

1.3 硅二极管电路如题 1.3 图所示，试判断图中二极管是导通的还是截止的？并计算电压 U_{AO} 的值。

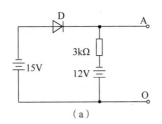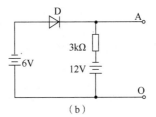

（a） （b）

题 1.3 图

1.4 理想二极管电路如题 1.4 图所示，试判断图中二极管是导通的还是截止的？并计算电压 U_{AO} 的值。

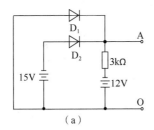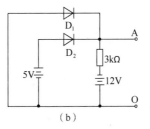

（a） （b）

题 1.4 图

1.5 在如题 1.5 图所示的电路中，已知输入电压 $u_i=10\sin\omega t$（V），试画出输出电压 u_o 的波形及电压传输特性曲线 $u_o=f(u_i)$，假设图中二极管均为理想二极管。

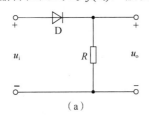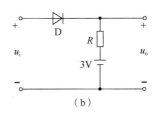

（a） （b）

题 1.5 图

1.6 在如题 1.6 图所示的电路中，已知 $u_i=8\sin\omega t$（V），二极管的正向导通压降 $U_D=$ 0.7V。试画出输出电压 u_o 的波形及电压传输特性曲线 $u_o=f(u_i)$。

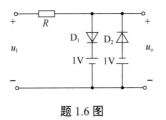

题 1.6 图

1.7 在如题 1.7 图（a）所示的电路中，其输入电压 u_{i1} 和 u_{i2} 的波形如题 1.7 图（b）所示，二极管的正向导通压降 U_D＝0.7V。试画出输出电压 u_o 的波形，并标出幅值。

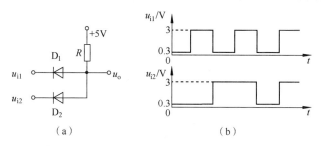

（a） （b）

题 1.7 图

1.8 电路如题 1.8 图所示，假设各二极管的正向导通压降可以忽略不计，反向饱和电流为 0.1μA，反向击穿电压为 25V，且击穿后电压基本不随着电流变化，求题 1.8 图中各电路的电流 I。

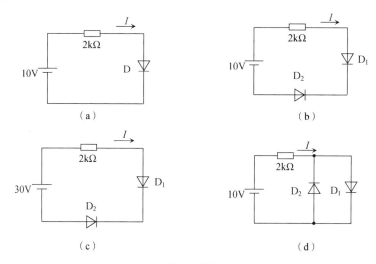

题 1.8 图

1.9 电路如题 1.9 图所示，已知稳压二极管的稳定电压 U_Z＝6V，最小稳定电流 I_{Zmin}＝5mA，最大允许耗散功率 P_{ZM}＝150mW，负载电阻 R_L＝600Ω。试求限流电阻 R 的取值范围。

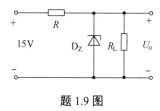

题 1.9 图

1.10 稳压二极管构成的稳压电路如题 1.10 图所示。已知稳压二极管的稳压值为 6V，最小稳定电流为 10mA，额定功耗为 200mW，限流电阻为 0.5kΩ。试问：

（1）当 U_I=20V，R_L=1kΩ 时，U_o=？

（2）当 U_I=20V，R_L=100Ω 时，U_o=？

（3）当 U_I=20V，R_L 开路时，稳压二极管能否稳压？

（4）当 U_I=7V，R_L 变化时，稳压二极管能否稳压？

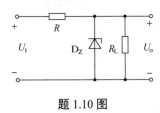

题 1.10 图

1.11　将两个稳压值分别为 6V 和 9V 的稳压二极管串联和并联，共有几种连接方式？其稳压值各为多少？设稳压二极管的正向导通压降为 0.7V。

1.12　电路如题 1.12 图所示，已知 U_I=40V，硅稳压二极管 D_{Z1}、D_{Z2} 的稳压值分别为 7V 和 13V，求各电路的输出电压 U_o。

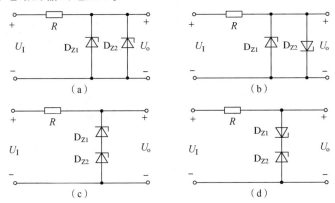

题 1.12 图

第 2 章 晶体管及放大电路基础

本章从放大电路的核心器件——双极型晶体管的结构、工作原理、特性曲线及主要参数入手，重点讨论由晶体管组成的共发射极放大电路的工作原理、分析方法及静态工作点的稳定问题，并介绍共集电极放大电路、共基极放大电路、多级放大电路和放大电路的频率响应。

2.1 双极型晶体管

一个 PN 结可构成具有单向导电性的二极管，两个 PN 结可构成具有电流控制作用的双极型晶体管（Bipolar Junction Transistor，BJT）或具有电压控制作用的单极型晶体管。在工程应用中，经常把双极型晶体管称为半导体三极管或晶体管，把单极型晶体管称为场效应管（Field Effect Transistor，FET）。

双极型晶体管（以下统称为晶体管）因其内部有两种极性的载流子——自由电子和空穴同时参与导电而得名，它具有电流放大作用，是组成各种电子电路的核心器件。

2.1.1 晶体管的结构与特点

晶体管是在一块半导体材料上通过氧化、扩散、光刻等半导体加工工艺形成两个 PN 结，并引出 3 根引线制成的。根据结构不同，晶体管可以分成两种类型：NPN 型晶体管和 PNP 型晶体管。图 2.1.1（a）为在一块 N 型硅片上制造而成的 NPN 型晶体管，图 2.1.1（b）为其结构示意图。由图 2.1.1（b）可知，**一个晶体管有 3 个区，分别为发射区、基区与集电区；有 3 个电极，分别为发射极 e、基极 b 与集电极 c；有 2 个 PN 结，分别为发射结与集电结。**NPN 型晶体管的电路符号如图 2.1.1（c）所示，其中，箭头表示当发射结加上正向电压时发射极电流的实际方向，即箭头方向由 P 指向 N。

当然，采用不同的掺杂方式也可获得如图 2.1.2（a）所示结构的晶体管，因为它的发射区和集电区是 P 型半导体，基区是 N 型半导体，3 个区的半导体性质与 NPN 型晶体管正好相反，所以电流流动的方向也相反，这种晶体管为 PNP 型晶体管。PNP 型晶体管的电路符号如图 2.1.2（b）所示。

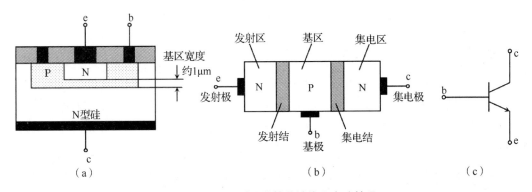

图 2.1.1　NPN 型晶体管的结构和电路符号

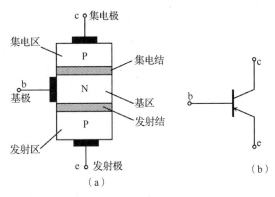

图 2.1.2　PNP 型晶体管的结构与电路符号

常用的半导体材料有硅和锗，因此晶体管共有 4 种类型，分别为 3A（PNP 型锗晶体管）、3B（NPN 型锗晶体管）、3C（PNP 型硅晶体管）、3D（NPN 型硅晶体管）。由于 NPN 型硅晶体管的应用最广，所以若无特殊说明，本书均以硅 NPN 型晶体管为例。

晶体管在制造工艺上还具有以下特点：

（1）发射区的掺杂浓度远高于基区和集电区的掺杂浓度；

（2）基区很薄（通常只有零点几微米到几微米）；

（3）集电结面积大于发射结面积。

这些特点是保证晶体管具有电流放大作用的内在条件。由此可以看出，集电极与发射极是不能互换的。

2.1.2　晶体管的电流放大原理

晶体管电流放大实验电路如图 2.1.3 所示，其中，$U_{BB}>1.5V$，$U_{CC}>U_{BB}$，并选择合适的电阻 R_b 和 R_c，以保证发射结正偏（$U_{BE}>0$）、集电结反偏（$U_{BC}<0$）。当改变 R_b 的大小时，I_B 随之改变，同时 I_C 也随之改变，并且 I_C/I_B 近似等于一个常数（其数值远大于 1）。也就是说，I_C 具有放大 I_B 的作用，这就是晶体管的电流放大作用。

1．晶体管内部载流子的运动

晶体管的电流放大作用是通过其内部载流子的运动形成的。晶体管内部载流子运动与电流分配如图 2.1.4 所示。载流子的运动包括以下 3 个过程。

1）发射区向基区注入电子

由于发射结正偏，所以载流子的运动以多子的扩散运动为主。发射区的多子（电子）源源不断地越过发射结注入基区，形成电流 I_{NE}，同时基区的空穴也会扩散到发射区，形成电流 I_{PE}。这两种多子的扩散运动形成的电流之和即为发射极电流 I_E。由于发射区的掺杂浓度远高于基区，所以 I_E 以电子电流 I_{NE} 为主，I_{PE} 可忽略不计。

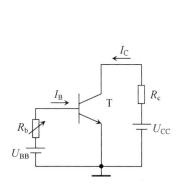

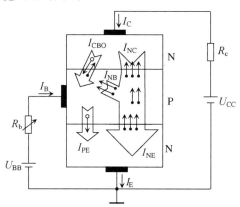

图 2.1.3　晶体管电流放大实验电路　　　图 2.1.4　晶体管内部载流子运动与电流分配

2）电子在基区的扩散和复合

电子从发射区注入基区后，由于靠近发射结一侧的电子浓度高于集电结一侧的电子浓度，所以电子将继续向集电结扩散。由于基区很薄，掺杂浓度很低，所以在扩散过程中只有很少一部分电子与基区中的空穴复合形成电流 I_{NB}，而绝大部分电子将扩散到集电结的边缘。

3）集电区收集电子

由于集电结反偏，从发射区注入基区的电子不断向集电结扩散，在集电结电场的作用下很容易从基区漂移到集电区，形成电流 I_{NC}。同时，由于集电结反偏，所以集电区的少子（空穴）和基区原有的少子（电子）在集电结的电场作用下形成反向饱和电流 I_{CBO}。I_{CBO} 的数值很小，可以忽略不计，但它受温度的影响较大。

2．晶体管各电极电流之间的关系

由以上分析可知，晶体管 3 个电极的电流 I_B、I_C、I_E 分别为

$$I_B=I_{NB}-I_{CBO} \tag{2.1.1}$$

$$I_C=I_{NC}+I_{CBO} \tag{2.1.2}$$

$$I_E=I_{NB}+I_{NC}=(I_{NB}-I_{CBO})+(I_{NC}+I_{CBO})=I_C+I_B \tag{2.1.3}$$

在这些电流中，I_{NC} 与 I_{NB} 有一定的比例关系，可定义为

$$\bar{\beta} = \frac{I_{NC}}{I_{NB}} \tag{2.1.4}$$

称 $\bar{\beta}$ 为共发射极直流电流放大系数。一般 NPN 型晶体管的 $\bar{\beta}$ 为几十到几百。

根据式（2.1.1）、式（2.1.2）和式（2.1.4），可得

$$I_C = \bar{\beta} I_B + (1+\bar{\beta}) I_{CBO} = \bar{\beta} I_B + I_{CEO} \tag{2.1.5}$$

$(1+\bar{\beta}) I_{CBO}$ 又称为穿透电流，用 I_{CEO} 表示，即基极开路时流过集电极和发射极的电流。硅晶体管的 I_{CBO} 和 I_{CEO} 均很小，在近似计算中一般可以忽略。故式（2.1.5）可写为

$$I_C \approx \bar{\beta} I_B \tag{2.1.6}$$

又根据式（2.1.3）可得

$$I_E \approx (1+\bar{\beta}) I_B \tag{2.1.7}$$

式（2.1.6）和式（2.1.7）十分重要，是以后估算共发射极放大电路中静态工作电流时常用的公式。式（2.1.6）与我们前面在实验中观察到的现象一致，它表明了**晶体管具有利用较小的基极电流 I_B 控制较大的集电极电流 I_C 的功能，这就是晶体管的"电流放大"作用**，其需要的能量由为晶体管提供偏置的直流电源提供（能量不能放大只能转换）。因此，晶体管仅是一个电流控制器件，并不会为电路提供电能。

现在我们将图 2.1.3 所示电路改为图 2.1.5 所示电路，即在 U_{BB}、R_b 串联的支路中再增加一个电压源 ΔU_i。显然，ΔU_i 引起了基极电流的变化，即产生了 ΔI_B；而基极电流的变化必然引起集电极电流的变化，即产生了 ΔI_C。ΔI_C 与 ΔI_B 的比值称为共发射极交流电流放大系数，用 β 表示

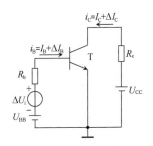

图 2.1.5 动态交流放大

$$\beta = \Delta I_C / \Delta I_B \tag{2.1.8}$$

β 与 $\bar{\beta}$ 的含义不同，但两者非常接近，所以在实际应用中不再加以区别，本书也不加以区别。

2.1.3 晶体管的共射特性曲线

晶体管的共射特性曲
线视频　晶体管的共射特性曲
线课件

在如图 2.1.3 所示电路中，I_B 所在的回路称为输入回路，I_C 所在的回路称为输出回路，显然**发射极是输入回路和输出回路的公共端，因此该电路称为共发射极放大电路，简称共射电路**。此外还有共集电极放大电路和共基极放大电路。

晶体管的共射特性曲线是指在共发射极接法下各电极的电压与电流之间的关系曲线。

通常把 I_B 与 U_{BE} 之间的关系曲线称为输入特性曲线；把 I_C 与 U_{CE} 之间的关系曲线称为输出特性曲线。下面讨论 NPN 型晶体管的共射特性曲线。

1．输入特性曲线

输入特性曲线是指当 U_{CE} 一定时，I_B 和 U_{BE} 之间的关系曲线，即 $I_B = f\left(U_{BE}\right)\big|_{U_{CE}=常数}$，如图 2.1.6 所示。当 $U_{CE}=0$ 时，相当于两个 PN 结并联，此时输入特性曲线与二极管的伏安特性曲线相似。当 U_{CE} 增大时，输入特性曲线向右移，但当 $U_{CE}\geqslant1V$ 后输入特性曲线基本重合。这是因为 U_{CE} 从 0 开始增大时，集电结电场对发射区注入基区的电子的吸引力也逐渐增强，使基区内和空穴复合的电子数减少，表现为在相同的 U_{BE} 下对应的 I_B 减小。当 $U_{CE}>1V$ 后，集电结电场已足以将发射区注入基区的电子基本上都收集到集电区，因此即使再增大 U_{CE}，对 I_B 也不再有明显影响，所以输入特性曲线基本重合。因为晶体管工作于放大区时 U_{CE} 通常大于 1V，所以一般只需要画出 $U_{CE}\geqslant1V$ 的输入特性曲线。

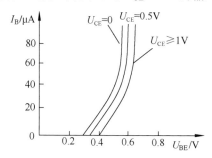

图 2.1.6　晶体管的输入特性曲线

2．输出特性曲线

输出特性曲线是指当 I_B 为常数时，I_C 和 U_{CE} 之间的关系曲线，即 $I_C = f\left(U_{CE}\right)\big|_{I_B=常数}$。一个确定的 I_B 对应一条输出特性曲线，所以晶体管的输出特性曲线是一组曲线，如图 2.1.7 所示。通常把输出特性曲线分成以下 3 个区域。

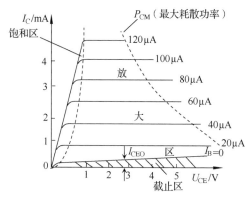

图 2.1.7　晶体管的输出特性曲线

1）截止区

$I_B=0$ 所对应的输出特性曲线以下的区域为截止区。在截止区，U_{BE} 小于死区电压，发射结处于反偏，$I_B \approx 0$。此时发射区不再向基区注入载流子，不论 U_{CE} 的大小如何变化，集电极电流 $I_C \approx 0$，晶体管处于截止状态，c-e 极之间相当于一个断开的开关。但实际上，在集电结反向电压的作用下，少子的漂移运动使 c-e 极之间有一个很小的穿透电流 I_{CEO} 流过。由于该电流极小，所以一般可以忽略不计。

晶体管工作于截止区的外部条件是发射结和集电结均反偏，此时各电极的电流近似为零。

2）饱和区

$U_{CE}<U_{BE}$ 的区域为饱和区，此时发射结和集电结均正偏。尽管发射结正偏，但是 U_{CE} 很小，削弱了集电结吸收电子的能力，因此 I_B 增大，I_C 却增大不多，晶体管失去了电流控制作用，将这一现象称为饱和。此时 I_C 取决于电源电压和电阻，所以输出特性曲线几乎重合。将饱和时集电极和发射极之间的电压称为晶体管的饱和压降，用 U_{CES} 表示。硅晶体管的 U_{CES} 约为 0.3V；锗晶体管的 U_{CES} 约为 0.1V。若忽略饱和压降，此时晶体管的 c-e 极之间相当于一个闭合的开关。

晶体管工作于饱和区的外部条件是发射结和集电结均正偏，此时晶体管失去了电流放大作用，即 $I_C<\beta I_B$。

3）放大区

在输出特性曲线上近似水平的部分为放大区。在放大区，I_C 与 I_B 基本上成正比关系，即 $I_C \approx \overline{\beta} I_B$，因此放大区也称线性区。此时 I_C 几乎不受 U_{CE} 的影响，晶体管的输出回路可等效为一个电流控制的受控电流源。

晶体管工作于放大区的外部条件是发射结正偏，集电结反偏，此时晶体管具有电流放大作用，即 $I_C=\beta I_B$。对于 NPN 型晶体管，发射结正偏应满足 $V_B>V_E$，集电结反偏应满足 $V_B<V_C$，所以 NPN 型晶体管工作于放大区时，各电极电位应满足 $V_C>V_B>V_E$；而当 PNP 型晶体管工作于放大区时，3 个电极的电位应满足 $V_C<V_B<V_E$。

综上所述，晶体管有 3 种工作状态：放大状态、饱和状态、截止状态。晶体管只有工作于放大状态时具有电流放大作用，因此在信号放大电路中，晶体管通常工作于放大状态。当晶体管工作于饱和状态时，因为电压 $U_{CE} \approx 0$，相当于开关"闭合"；当晶体管工作于截止状态时，因为电流 $I_C \approx 0$，相当于开关"断开"，所以将饱和状态与截止状态统称为开关状态。开关状态主要用于数字电路。

例 2.1.1　在电路中测得 3 个晶体管各电极的电位，如图 2.1.8 所示，试判断这 3 个晶体管的工作状态。

解：图 2.1.8（a）为 NPN 型晶体管，满足发射结正偏、集电结反偏，故此晶体管工作于放大状态；

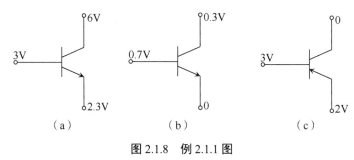

图 2.1.8　例 2.1.1 图

图 2.1.8（b）为 NPN 型晶体管，满足发射结正偏、集电结正偏，故此晶体管工作于饱和状态；

图 2.1.8（c）为 PNP 型晶体管，满足发射结反偏、集电结反偏，故此晶体管工作于截止状态。

例 2.1.2　已知工作于放大状态的晶体管各引脚的电位如图 2.1.9 所示，试判断晶体管的类型、材料及各引脚所属的电极。

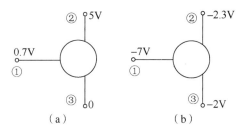

图 2.1.9　例 2.1.2 图

解：（1）确定材料：在放大状态下，硅晶体管发射结的导通电压 U_{BE} 约为 0.7V，锗晶体管发射结的导通电压 U_{BE} 约为 0.3V。显然图 2.1.9（a）为硅晶体管，图 2.1.9（b）为锗晶体管。

（2）找出集电极，并判断晶体管类型：图 2.1.9（a）中引脚 1 和引脚 3 相差 0.7V，说明引脚 2 为集电极（发射极和基极的电位相差 0.7V 或 0.3V 左右）。因为集电极电位最高，所以图 2.1.9（a）为 NPN 型晶体管。同理，图 2.1.9（b）中引脚 2 和引脚 3 相差 0.3V，说明引脚 1 为集电极。因为集电极电位最低，所以图 2.1.9（b）为 PNP 型晶体管。

（3）最后确定基极和发射极。因为在放大状态下 NPN 型晶体管满足 $V_C > V_B > V_E$；而 PNP 型晶体管则满足 $V_C < V_B < V_E$。由此可判断图 2.1.9（a）中引脚 1 为基极，引脚 3 为发射极；图 2.1.9（b）中引脚 2 为基极，引脚 3 为发射极。

2.1.4　晶体管的主要参数

晶体管的参数视频　　晶体管的参数课件

1．共发射极电流放大系数

$\overline{\beta}$ 和 β 分别表示共发射极直流电流放大系数与共发射极交流电流放大系数。它们之间
的区别可通过如图 2.1.10 所示的输出特性曲线说明。$\overline{\beta}$ 是放大区中输出特性曲线上的某点（如 Q_1 或 Q_2）的直流（静态）电流 I_C 与 I_B 之比；β 则是在同一 U_{CE} 条件下电流变化量 ΔI_C 与 ΔI_B 之比。当 I_{CEO} 可以忽略不计、输出特性曲线平行等距时，二者大小相等。

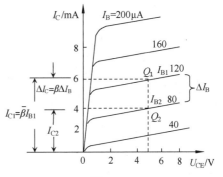

图 2.1.10　$\overline{\beta}$ 与 β 的不同定义

由于制造工艺的分散性，即使同一型号的晶体管的 β 值也有差异，常用晶体管的 β 值通常为 30~100。β 值太小则电流放大能力差，但 β 值太大也易使晶体管的性能不稳定，一般放大电路采用 β 值为 50~100 的晶体管为宜。

2．极间反向电流

1）集电极-基极反向饱和电流 I_{CBO}

I_{CBO} 是指发射极开路，集电结加规定的反向电压时，由基区和集电区的少子形成的集电极反向饱和电流。在常温下，小功率硅晶体管的 $I_{CBO}<1\mu A$，锗晶体管的 I_{CBO} 为几微安到几十微安。I_{CBO} 易受温度影响，**I_{CBO} 越小，表明晶体管的温度稳定性越好**。显然，**硅晶体管的温度稳定性优于锗晶体管**，所以在温度变化范围较大的工作环境中应选用硅晶体管。测量 I_{CBO} 的电路如图 2.1.11 所示。

2）集电极-发射极穿透电流 I_{CEO}

I_{CEO} 是指基极开路，集电极与发射极外加一定电压（$U_{CE}>0$）时的集电极电流。因为 $I_{CEO}=(1+\beta)I_{CBO}$，所以 I_{CBO} 和 β 值越大，晶体管的温度稳定性越差。测量 I_{CEO} 的电路如图 2.1.12 所示。

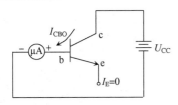

图 2.1.11　测量 I_{CBO} 的电路

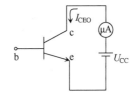

图 2.1.12　测量 I_{CEO} 的电路

3．极限参数

晶体管的极限参数是指晶体管正常工作时的最大允许值，超过这些极限参数，晶体管

的性能就会变差，甚至烧毁。

1）集电极最大允许电流 I_{CM}

当集电极电流超过某一定值时，晶体管的参数会发生变化，尤其是 β 值将开始下降。β 值下降到其最大值的 2/3 或 1/2 时的集电极电流称为集电极最大允许电流 I_{CM}。如果集电极电流 I_C 稍大于 I_{CM}，虽然不会损坏晶体管，但会使电流放大性能显著降低。

2）集电极-发射极击穿电压 $U_{(BR)CEO}$

$U_{(BR)CEO}$ 是指当基极开路时，集电极与发射极之间的击穿电压。由于集电结和发射结为串联形式，所以在 U_{CE} 的作用下，集电结处于反偏状态，当 U_{CE} 超过 $U_{(BR)CEO}$ 时，集电结将发生击穿，I_{CEO} 会急剧上升。在实际运用中 $U_{(BR)CEO}$ 通常为电源电压的 1.5~2 倍。

3）集电极最大允许耗散功率 P_{CM}

晶体管在工作时，集电结加有反向电压，并有一定的集电极电流流过，因此，在集电结上存在一定的功率损耗。功率损耗的计算公式为

$$P_C = U_{CE} \times I_C \tag{2.1.9}$$

集电极最大允许耗散功率 P_{CM} 是指因温度上升而引起晶体管参数发生变化，但是不超过规定允许值的集电极最大耗散功率。在正常使用时，P_C 必须小于集电极最大允许耗散功率 P_{CM}，若超过这个数值，则晶体管会因过热而烧毁。

综上所述，**晶体管在正常工作时应满足 $I_C \leqslant I_{CM}$、$U_{CE} \leqslant U_{(BR)CEO}$ 及 $U_{CE} \times I_C \leqslant P_{CM}$。**$I_{CM}$、$U_{(BR)CEO}$、$P_{CM}$ 这 3 个极限参数共同界定了晶体管的安全工作区，如图 2.1.13 所示。

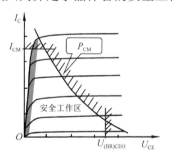

图 2.1.13　晶体管的安全工作区

2.1 测试题

2.2　共发射极放大电路的组成和工作原理

2.2.1　放大电路的概念及性能指标

放大电路概述视频　　放大电路概述课件

1. 放大电路的概念

放大电路是指可以将电信号（电压、电流）不失真地进行放大的电路。各种电子仪器、

设备都需要将信号放大，以便推动执行元件工作。例如，将传声器传送出的微弱的电压信号放大之后可以使扬声器还原出比较大的声音；将传感器传送出的微弱电信号放大以后经过处理能够实现自动控制等。因此放大电路是电子设备中最重要而基本的组成部分。

从表面上看，放大电路是将输入信号的幅度由小变大，但实质上是**实现能量的控制和转换**。即**在输入信号的作用下，通过放大电路将直流电源的能量转换成负载获得的能量，从而使负载获得的能量大于信号源提供的能量**。因此，电路放大的基本特征是功率放大，即负载上总是可以获得比输入信号大得多的电压或电流，有时兼而有之。

能够控制能量的器件称为有源器件，因此放大电路中必须包含有源器件才能实现信号的放大。晶体管和场效应管就是这种有源器件，它们是构成放大电路的核心器件。

2．放大电路的性能指标

一个放大电路质量的优劣需要用若干项性能指标来衡量。在测试指标时，一般在放大电路的输入端加上一个正弦测试电压，如图 2.2.1（a）所示。放大电路的主要技术指标有以下几项。

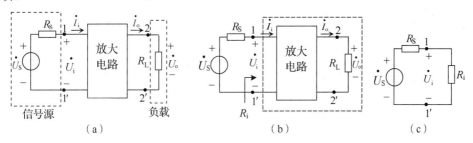

图 2.2.1　放大电路输入回路的等效模型

1）放大倍数

将放大倍数定义为输出信号与输入信号之比，又分为电压放大倍数和电流放大倍数。

将电压放大倍数定义为

$$A_u = \frac{\dot{U}_o}{\dot{U}_i} \tag{2.2.1}$$

其中，$\dot{U}_o$ 是输出电压 u_o 的有效值相量；$\dot{U}_i$ 是输入电压 u_i 的有效值相量。

将电流放大倍数定义为

$$A_i = \frac{\dot{I}_o}{\dot{I}_i} \tag{2.2.2}$$

其中，$\dot{I}_o$ 是输出电流 i_o 的有效值相量，$\dot{I}_i$ 是输入电流 i_i 的有效值相量。

放大倍数是衡量一个放大电路放大能力的指标。放大倍数越大，则电路的放大能力越强。

2）输入电阻

从放大电路的输入端口（1-1'）看进去，包括负载在内，整个电路可等效为一个电阻，这个电阻就是放大电路的输入电阻 R_i，如图 2.2.1（b）所示。R_i 等于输入电压和输入电流之比，即

$$R_i = \frac{U_i}{I_i} \text{ 或 } R_i = \frac{\dot{U}_i}{\dot{I}_i} \tag{2.2.3}$$

因此，放大电路的输入回路可等效为图 2.2.1（c）。根据电阻的串联分压，可得输入电压与信号源电压之间满足 $\dot{U}_i = \frac{R_i}{R_S + R_i}\dot{U}_S$。

输入电阻是衡量一个放大电路向信号源索取信号大小的指标。输入电阻越大，放大电路向信号源索取的电流就越小，信号源内阻 R_S 上的电压降就越小，因此放大电路的输入端得到的电压 $\dot{U}_i$ 与信号源电压 $\dot{U}_S$ 越接近。在理想情况下，$R_i=\infty$，则 $\dot{U}_i = \dot{U}_S$。

3）输出电阻

任何放大电路从负载端（2-2'）看进去就是一个线性有源二端网络，如图 2.2.2（a）所示，可利用戴维南定理将其等效为一个实际电压源。因此，放大电路的输出回路可等效为图 2.2.2（b）所示电路。其中，A_{uo} 为负载开路时的电压放大倍数；$A_{uo}\dot{U}_i$ 为放大电路的开路电压；R_o 为从放大电路输出端看进去的戴维南等效电阻，即放大电路的输出电阻。

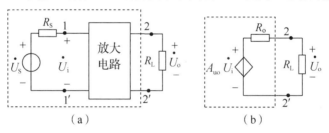

图 2.2.2　放大电路输出回路的等效模型

输出电阻 R_o 可通过外加电压法求得，即将信号源用短路代替（保留其内阻 R_S），将负载 R_L 断开，在输出端外加端口电压 $\dot{U}_o$，得到相应的端口电流 $\dot{I}_o$，端口电压与端口电流之比就是输出电阻，即

$$R_o = \left.\frac{\dot{U}_o}{\dot{I}_o}\right|_{\dot{U}_S=0} \tag{2.2.4}$$

由图 2.2.2（b）可知，接上负载 R_L 时，输出电压 $\dot{U}_o = \frac{R_L}{R_o + R_L}A_{uo}\dot{U}_i$。显然，由于输出电阻 R_o 的存在，接上负载后，输出电压会下降。在开路电压和负载电阻都相同的情况下，R_o 越小，输出电压下降的幅度就越小，输出电流就越大，即可以带更多的负载。因此，**输**

出电阻是衡量一个放大电路带负载能力的指标。**输出电阻越小，放大电路的输出电压越稳定，带负载能力越强**。在理想情况下，$R_o=0$，此时放大电路就等效为一个理想电压源，输出电压最稳定。

综上所述，放大电路的等效电路模型如图 2.2.3 所示。

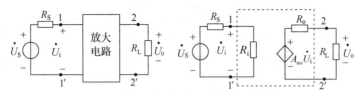

图 2.2.3　放大电路的等效电路模型

4）通频带

通频带是衡量一个放大电路对不同频率信号的放大能力的指标。通常放大电路的输入信号不是单一频率的正弦信号。在放大电路中，耦合电容、晶体管极间电容及其他电抗元件的存在，使得电压放大倍数在信号频率较高和较低时，不但数值会下降，还会产生相移。可见，**放大倍数是频率的函数，将这种特性称为放大电路的频率特性**。其中，电压放大倍数的模$|A_u|$与频率的关系称为幅频特性，单级阻容耦合共射放大电路的幅频特性如图 2.2.4 所示。

由图 2.2.4 可知，在中频段，电压放大倍数的模最大，且不随频率变化，用 A_{um} 表示。随着频率的升高或降低，电压放大倍数都会减小。当$|A_u|$下降到 $A_{um}/\sqrt{2}$ 时，对应的两个频率分别称为下限截止频率 f_L 和上限截止频率 f_H。将 f_L 和 f_H 之间的频率范围称为通频带 f_{bw}。通频带越宽，表示放大电路能在更大的信号频率范围内对信号进行不失真的放大。

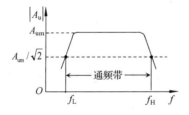

图 2.2.4　放大电路通频带

放大电路的组成视频　放大电路的组成课件

2.2.2　共发射极放大电路的组成

基本放大电路是指由一个放大管构成的简单放大电路，又称单管放大电路，它是构成多级放大电路的基础。下面以 NPN 型晶体管构成的单管共射放大电路为例，阐述放大电路的组成及工作原理。

为了保证放大电路具备正常的信号放大作用，在组成上必须满足下述条件。

（1）晶体管必须工作于放大状态，即满足发射结正偏，集电结反偏。

（2）输入信号、输出信号要有耦合通路。即输入信号能够送至放大电路的输入端；放大后的信号能够输出至负载。

根据以上条件可得单管共射放大电路，如图 2.2.5 所示。图 2.2.5（a）是完整画法，图 2.2.5（b）是简化画法，即不画出电源符号，只标出其正极性端对地的电位。u_i 是待放大的交流输入信号，u_o 是负载上获得的放大后的交流输出信号。图 2.2.5 中各元件的作用如下所示。

（1）晶体管 T：起电流放大作用，是放大电路的核心器件。

（2）直流电源 U_{CC}：起两个作用，一方面与 R_b、R_c 配合，为晶体管提供合适的直流偏置电压，保证晶体管工作于放大状态；另一方面为输出提供所需能量。U_{CC} 的数值一般为几伏到十几伏。若改用 PNP 型晶体管，则 U_{CC} 的极性与图 2.2.5 中相反。

（3）基极偏置电阻 R_b：基极偏置电阻 R_b 和直流电源 U_{CC} 配合，决定了放大电路基极静态偏置电流的大小，这个电流的大小直接影响晶体管的工作状况。R_b 的值一般为几十千欧到几百千欧。

（4）集电极电阻 R_c：它的作用是将晶体管集电极电流的变化量转换为电压的变化量，以实现电压放大。R_c 的值一般为几千欧到几十千欧。

（5）电容 C_1、C_2：起"隔直流""通交流"的作用，又称隔直电容或耦合电容。在低频放大电路中，输入信号的频率较低，为了降低电容的容抗，其电容量通常都较大，一般都采用电解电容，它们的电容量在几微法到几十微法。电解电容在连接时要注意极性。由于在放大状态下，NPN 型晶体管基极 b 的电位总高于发射极 e 的电位，所以电容 C_1 的右侧为正极，左侧为负极；同时集电极 c 的电位总高于发射极 e 的电位，所以电容 C_2 的左侧为正极，右侧为负极。对于 PNP 型晶体管，电容 C_1、C_2 的极性刚好相反。

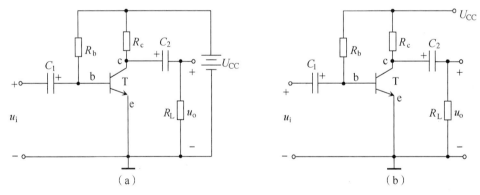

图 2.2.5　单管共射放大电路

放大电路在工作时既存在直流量又存在交流量，即交流量、直流量共存。为了便于区分，将它们的代表符号与下标进行如下规定。

U_{BE}、I_B——大写字母，大写下标，表示直流量；

u_{be}、i_b ——小写字母，小写下标，表示交流量的瞬时值；

u_{BE}、i_B ——小写字母，大写下标，表示交流、直流混合量，即 $u_{BE}=U_{BE}+u_{be}$，$i_B=I_B+i_b$；

U_{be}、I_b ——大写字母，小写下标，表示交流量的有效值。

放大电路的工作原理视频　放大电路的工作原理课件

2.2.3　共发射极放大电路的工作原理

对于如图 2.2.5 所示的放大电路，当未加输入信号，即 $u_i=0$ 时，只有直流电源作用，电路中各处的电压、电流都是不变的直流，故称电路处于静态。**这些电压、电流的静态值（I_B、U_{BE}、I_C 和 U_{CE}）与晶体管共射特性曲线上一个确定的点对应，称为静态工作点，用 Q 表示。**所以静态工作点也可以用 I_{BQ}、U_{BEQ}、I_{CQ} 和 U_{CEQ} 这 4 个物理量表示。由于电容 C_2 具有隔直作用，所以负载 R_L 上没有电压输出，即 $u_o=0$。

当输入端加交流信号 u_i 时，电路中各处的电压、电流便处于变动状态，故称电路处于动态。交流信号 u_i 通过电容 C_1 耦合到晶体管的发射结上，使发射结的电压在 U_{BE} 的基础上叠加了 u_i，即 $u_{be}=U_{BE}+u_i$。根据晶体管的输入特性，当发射结的电压发生变化时，基极电流将随之改变。此时基极电流在原来静态值 I_{BQ} 的基础上叠加了一个交流信号 i_b（i_b 为 u_i 引起的变化量），即 $i_B=I_{BQ}+i_b$。由于晶体管的电流放大作用，i_b 的变化会引起 i_c 的更大变化，即 $i_c=\beta i_b$，所以集电极电流同样在原来静态值 I_{CQ} 的基础上叠加了一个交流信号 i_c，即 $i_C=I_{CQ}+i_c$。i_c 的变化会引起电阻 R_c 上电压的变化，u_{CE} 也在原来静态值 U_{CEQ} 的基础上叠加了一个交流信号 u_{ce}。因为 $u_{CE}=U_{CC}-i_cR_c$，所以 u_{ce} 和 i_c 是反相的。动态时各电压、电流的波形如图 2.2.6 所示。由于电容 C_2 具有隔直作用，所以输出电压 u_o 为 u_{CE} 的交流量，即 $u_o=u_{ce}$。显然，输出电压 u_o 与输入电压 u_i 是反相的，即共发射极放大电路实现了反相放大。

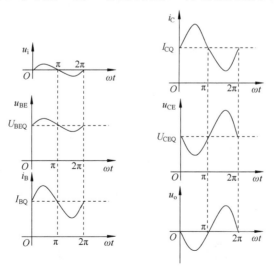

图 2.2.6　动态时各电压、电流的波形

综上所述，当没有输入信号时，晶体管各电极的电流和电压都是恒定值（I_{BQ}、U_{BEQ}、

I_{CQ}、U_{CEQ}）。当加上输入信号 u_i 后，u_{BE}、i_B、i_C、u_{CE} 都在静态直流量的基础上叠加了一个交流量，即

$$\begin{cases} u_{BE} = U_{BEQ} + u_{be} \\ i_B = I_{BQ} + i_b \\ i_C = I_{CQ} + i_c \\ u_{CE} = U_{CEQ} + u_{ce} \end{cases} \quad (2.2.5)$$

因此，放大电路中的电压、电流包含两个分量：一个是由静态工作情况决定的直流量 U_{BEQ}、I_{BQ}、I_{CQ} 和 U_{CEQ}；另一个是由输入信号 u_i 引起的交流量 u_{be}、i_b、i_c 和 u_{ce}。虽然这些电流、电压的瞬时值是变化的，但它们的方向始终是不变的。

2.2.4 直流通路和交流通路

由前面的分析可知，放大电路中各电压、电流都是在原来静态值的基础上叠加了一个交流量，直流量与交流量共存于放大电路中。其中，直流量是直流电源 U_{CC} 作用的结果；交流量是输入信号 u_i 作用的结果。由于电容对交流、直流的作用不同，所以直流量和交流量流经的通路也不同。为了分析方便，通常将放大电路分为直流通路和交流通路。

所谓直流通路，就是由直流电源 U_{CC} 作用形成的电流通路。此时输入信号 $u_i=0$，电容可视为开路。图 2.2.5 中的单管共射放大电路的直流通路如图 2.2.7（a）所示。直流通路通常用于计算静态工作点 Q（I_{BQ}，U_{BEQ}，I_{CQ}，U_{CEQ}）。

所谓交流通路，就是由输入信号 u_i 作用形成的电流通路。此时耦合电容 C_1、C_2 因容抗很小可视为短路，直流电源因内阻近似为零可用短路代替。图 2.2.5 中单管共射放大电路的交流通路如图 2.2.7（b）所示，可进一步等效为图 2.2.7（c）所示电路。交流通路通常用于分析放大电路的动态。

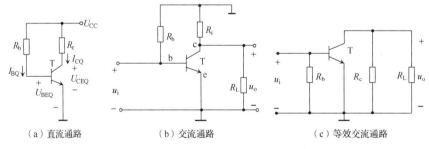

（a）直流通路　　　　　（b）交流通路　　　　　（c）等效交流通路

图 2.2.7　单管共射放大电路的直流通路和交流通路

2.2 测试题　　　　2.2 测试题讲解视频　　　　2.2 测试题讲解课件

2.3　放大电路的分析

分析放大电路就是在理解放大电路的组成原则和工作原理的基础上，求解放大电路的静态工作点和动态参数。

放大电路的静态分析视频　放大电路的静态分析课件

2.3.1　静态分析

静态分析就是求解放大电路的静态工作点 Q，实际上就是求解晶体管的基极电流 I_{BQ}、基极到发射极的电压 U_{BEQ}、集电极电流 I_{CQ} 和集电极到发射极的电压 U_{CEQ} 这 4 个物理量。

1. 静态工作点的估算法

在图 2.2.7（a）中的单管共射放大电路的直流通路中，各直流量及其参考方向均已标出。对输入回路列 KVL 方程：

$$I_{BQ}R_b + U_{BEQ} = U_{CC}$$

可得基极电流：

$$I_{BQ} = \frac{U_{CC} - U_{BEQ}}{R_b} \tag{2.3.1}$$

当晶体管导通后，U_{BEQ} 的变化很小，可视为常数。硅晶体管的 $U_{BEQ} \approx 0.7V$；锗晶体管的 $U_{BEQ} \approx 0.3V$。

根据晶体管的电流放大作用，可得集电极电流：

$$I_{CQ} = \beta I_{BQ} \tag{2.3.2}$$

对输出回路列 KVL 方程：

$$U_{CEQ} = U_{CC} - I_{CQ}R_c \tag{2.3.3}$$

可见，电路中偏置电阻 R_b、R_c 和电源电压 U_{CC} 一旦确定，晶体管的静态工作点就不再改变，所以图 2.2.5 为固定偏置电路。由于使用估算法时将 U_{BEQ} 视为常数，所以求解静态工作点时只需求解 I_{BQ}、I_{CQ} 和 U_{CEQ}，可表示为 Q（I_{BQ}，I_{CQ}，U_{CEQ}）。

例 2.3.1　放大电路如图 2.3.1（a）所示，已知 U_{CC}=12V，R_b=300kΩ，R_c=3kΩ，晶体管为硅晶体管，β=50。试求：（1）放大电路的静态工作点 Q，并判断晶体管的工作区域；（2）当 R_b=100kΩ 时，重新计算放大电路的静态工作点 Q，此时晶体管工作于哪个区域？

解：（1）画出放大电路的直流通路，如图 2.3.1（b）所示，由图 2.3.1（b）可得

$$I_{BQ} = \frac{U_{CC} - U_{BEQ}}{R_b} = \frac{12 - 0.7}{300} = 0.038\text{mA}$$

$$I_{CQ} = \beta I_{BQ} = 50 \times 0.038 = 1.9\text{mA}$$

$$U_{CEQ} = U_{CC} - I_{CQ}R_c = 12 - 1.9 \times 3 = 6.3\text{V}$$

静态工作点为 Q（0.038mA，1.9mA，6.3V），此时晶体管工作于放大区。

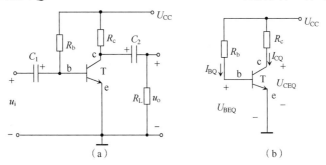

图 2.3.1　例 2.3.1 图

（2）当 R_b=100kΩ 时，根据直流通路可得

$$I_{BQ} = \frac{U_{CC} - U_{BEQ}}{R_b} = \frac{12 - 0.7}{100} = 0.11\text{mA}$$

$$I_{CQ} = \beta I_{BQ} = 50 \times 0.11 = 5.5\text{mA}$$

$$U_{CEQ} = U_{CC} - I_{CQ}R_c = 12 - 5.5 \times 3 = -4.5\text{V}$$

U_{CEQ} 不可能为负值，说明此时晶体管没有工作于放大区，而是工作于饱和区。通常硅晶体管的饱和压降为 0.3V，所以 U_{CEQ}=0.3V，再根据输出回路的 KVL 方程求得

$$I_{CQ} = \frac{U_{CC} - U_{CEQ}}{R_c} = \frac{12 - 0.3}{3} = 3.9\text{mA}$$

由此可得静态工作点为 $Q(0.11\text{mA}, 3.9\text{mA}, 0.3\text{V})$，晶体管工作于饱和区，此时 $I_{CQ} < \beta I_{BQ}$。

2．静态工作点的图解法

图解法就是利用晶体管的共射特性曲线，通过作图的方法确定静态工作点的分析方法。

对输入回路列 KVL 方程，可得 I_B 与 U_{BE} 的关系为

$$I_B = -\frac{1}{R_b}U_{BE} + \frac{U_{CC}}{R_b}$$

上式代表一条斜率为-1/R_b 的直线，称之为基极偏置线，如图 2.3.2（a）所示。同时 I_B 与 U_{BE} 又要满足晶体管的输入伏安特性。显然，基极偏置线与输入特性曲线的交点就是输入回路的静态工作点 Q，其坐标为(U_{BEQ},I_{BQ})。

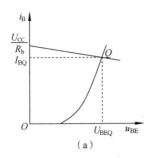 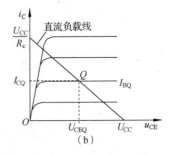

图 2.3.2　静态工作点的图解分析

对输出回路列 KVL 方程，可得 I_C 与 U_{CE} 的关系为

$$I_C = -\frac{1}{R_c}U_{CE} + \frac{U_{CC}}{R_c}$$

上式代表一条斜率为 $-1/R_c$ 的直线，称之为直流负载线，如图 2.3.2（b）所示。同时 I_C 与 U_{CE} 又要满足晶体管的输出伏安特性。显然，直流负载线与对应于 I_{BQ} 的那条输出特性曲线的交点就是输出回路的静态工作点 Q，其坐标为(U_{CEQ},I_{CQ})。

由上述可知，**晶体管的输入特性曲线、输出特性曲线与外电路的伏安特性曲线的交点就是静态工作点 Q**。

图解法分析放大电路的动态视频　　图解法分析放大电路的动态课件

2.3.2　动态分析

放大电路动态分析的目的是求解放大电路的各项动态参数，如电压放大倍数 A_u、输入电阻 R_i、输出电阻 R_o。动态分析可采用图解法，也可采用微变等效电路分析法。放大电路的动态图解分析如图 2.3.3 所示。

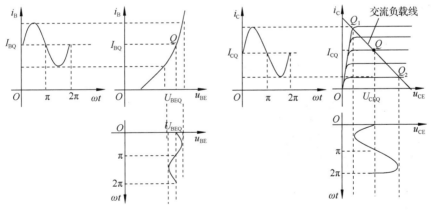

图 2.3.3　放大电路的动态图解分析

1. 图解法分析动态

由图 2.2.7（c）中的交流通路可得 $u_o = u_{ce} = -i_c(R_c /\!/ R_L)$。

将 $u_{ce}=u_{CE}-U_{CEQ}$，$i_c=i_C-I_{CQ}$ 代入上式，可得

$$i_C - I_{CQ} = -\frac{1}{R_c // R_L}(u_{CE} - U_{CEQ}) \tag{2.3.4}$$

这是一条经过 Q 点(U_{CEQ},I_{CQ})且斜率为$-1/(R_c//R_L)$的直线，它表示加了交流信号后工作点的运动轨迹，故称之为交流负载线。交流负载线和直流负载线都经过 Q 点，但是斜率不同（交流负载线更陡），作用也不同。**直流负载线用于确定静态工作点，而交流负载线则表示动态时工作点的运动轨迹。**

在放大电路中加交流信号 u_i（设 u_i 为正弦电压）后，晶体管的 u_{BE}、i_B、i_C 和 u_{CE} 都在静态直流量的基础上附加了小的交流信号。此时 $u_{BE}=U_{BEQ}+u_i$，u_{BE} 的变化会引起 i_B 的变化，i_B 的变化会引起 i_C 的更大变化，工作点沿着交流负载线在 Q_1 和 Q_2 之间移动，会引起 u_{CE} 的变化，输出电压 u_o 为 u_{CE} 的交流量。各电压、电流的波形如图 2.3.3 所示。

通过图解分析可以发现，当输入信号有一个较小的变化量时，经过放大后，在输出端可以得到一个较大的变化量，且输出电压 u_o 和输入电压 u_i 是反相的。交流信号的传输过程为

$$|u_i|增大 \rightarrow u_{BE}增大 \rightarrow i_B 增大 \rightarrow i_C 增大 \rightarrow u_{CE}减小 \rightarrow |{-}u_o|增大。$$

2．静态工作点的位置对输出波形的影响

对一个放大电路最基本的要求就是要保证输出信号能正确反映输入信号的变化，也就是要求输出波形不失真。如果静态工作点设置不当，就可能使动态工作范围进入非线性区而产生严重的非线性失真。

如果放大电路的静态工作点设置过低，靠近截止区，则在输入信号的负半周，工作点会进入特性曲线的截止区引起**截止失真**。对于 NPN 型晶体管，当发生截止失真时，输出电压的波形将呈现正半周被削平的顶部失真，如图 2.3.4（a）所示。

反之，若静态工作点设置过高，靠近饱和区，则在输入信号的正半周，工作点会进入特性曲线的饱和区引起**饱和失真**。对于 NPN 型晶体管，当发生饱和失真时，输出电压的波形将呈现负半周被削平的底部失真，如图 2.3.4（b）所示。

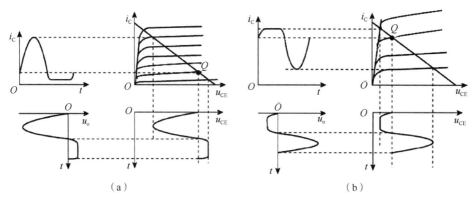

（a）   （b）

图 2.3.4　静态工作点对输出电压波形的影响

截止失真和饱和失真统称为非线性失真。对于 PNP 型晶体管，当发生截止失真或饱和失真时，输出电压波形的失真情况与 NPN 型晶体管相反。

放大电路输出电压波形不失真的条件是晶体管始终工作于放大状态。由图 2.3.5 可以看出，输出信号 u_{ce} 的线性动态范围是从 U_{CES} 到 $U_{CEQ}+I_{CQ}(R_C//R_L)$，所以输出电压的最大不失真幅度为

$$U_{om(max)}=\min\{U_{CEQ}-U_{CES}，I_{CQ}(R_C//R_L)\} \tag{2.3.5}$$

即（$U_{CEQ}-U_{CES}$）和 $I_{CQ}(R_C//R_L)$ 中较小的值。

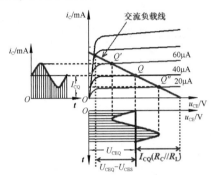

图 2.3.5　输出电压波形最大不失真幅度的确定

由以上分析可知，放大电路要想获得尽可能大的不失真的输出电压幅度，静态工作点应设置在输出特性曲线放大区的中间位置，并且要有合适的交流负载线。

上面所说的静态工作点设置"过高""过低"不是绝对的，它是相对于输入信号而言的。在输入信号大时出现的失真现象，有可能在输入信号小时不存在。图 2.3.4 设置的静态工作点，不论是靠近截止区还是靠近饱和区，只要输入信号很小，仍然可以得到不失真的输出信号。反之，即使 Q 点设置合适，如果输入信号幅度过大，可能会同时产生截止失真和饱和失真，输出电压的波形将呈现正半周、负半周都被削平的现象。

3．微变等效电路法分析动态

若交流信号幅值较小，则放大电路在动态时工作点仅在静态工作点附近有微小的变化，因此晶体管始终工作于输入特性曲线、输出特性曲线的线性区域，可以用一个线性等效电路代替非线性的晶体管，然后再对等效后的线性电路进行动态分析。这种分析方法称为放大电路的微变等效电路法。

1）晶体管的微变等效电路

由图 2.3.6（a）可知，当输入信号很小时，晶体管在静态工作点 Q 附近的工作区域可认为是直线，即 Δi_B 和 Δu_{BE} 成正比。因此可以用一个线性电阻 r_{be} 表示输入电压和输入电流之间的关系，如图 2.3.6（d）所示。$r_{be}=\dfrac{\Delta u_{BE}}{\Delta i_B}$，称为晶体管的交流输入电阻（或动态输入

电阻）。低频小功率晶体管的交流输入电阻可根据下式进行估算：

$$r_{be} = r_{bb'} + (1+\beta)\frac{26(mV)}{I_{EQ}(mA)} \qquad (2.3.6)$$

式中，$r_{bb'}$ 为基区体电阻，与晶体管的型号、规格及生产工艺有关。对于小功率晶体管，$r_{bb'}$ 在几十欧至三百欧，一旦晶体管制成，$r_{bb'}$ 就确定了。为了分析方便，如果不是特别指出，本书中取 $r_{bb'}=300\Omega$；I_{EQ} 为静态发射极电流（$I_{EQ}=I_{CQ}+I_{BQ}$）。由式（2.3.6）可知，r_{be} 与晶体管的 Q 点有关，当 I_{EQ} 改变时，r_{be} 也改变，所以它是一个非线性交流电阻。r_{be} 的典型值为几百欧至几千欧。

由图 2.3.6（b）中的晶体管输出特性曲线可以看出，在 Q 点附近的微小范围内，晶体管输出特性曲线基本上是水平的，而且相互之间平行等距，说明 Δi_C 仅由 Δi_B 决定，而与 u_{CE} 无关，即满足 $\Delta i_C = \beta \Delta i_B$。所以晶体管的 c、e 之间可以等效为一个大小为 $\beta \Delta i_B$（或 βi_b）的受控电流源，如图 2.3.6（e）所示。实际上 i_C 不仅与 i_B 有关，当 u_{CE} 增大时，i_C 也会稍有增大。这种关系可以通过在输出端并联一个电阻 r_{ce} 表示，$r_{ce} = \dfrac{\Delta u_{CE}}{\Delta i_C}\Big|_{i_B=常数}$，此时如图 2.3.6（c）所示晶体管可等效为图 2.3.6（d）。通常晶体管输出特性曲线较为平坦，r_{ce} 较大（大于几十千欧），在多数情况下可不考虑 r_{ce}（认为 $r_{ce}\to\infty$），故晶体管的线性等效电路通常采用如图 2.3.6（e）所示电路。

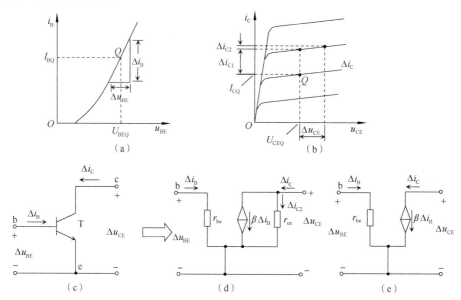

图 2.3.6　晶体管的输出特性曲线与线性等效电路

2）动态参数计算

用图 2.3.6（e）中的电路代替图 2.2.7（b）中的晶体管，就可以得到单管共射放大电路的微变等效电路，如图 2.3.7 所示。图 2.3.7 中的电流与电压均改用正弦量的有效值相量表示。

a．计算电压放大倍数 A_u

由图 2.3.7 可知：

$$\dot{U}_i = \dot{I}_b \, r_{be}$$

$$\dot{U}_o = -\dot{I}_c (R_c /\!/ R_L) = -\beta \dot{I}_b (R_c /\!/ R_L)$$

可得电压放大倍数：

$$A_u = \frac{\dot{U}_o}{\dot{U}_i} = -\frac{\beta \dot{I}_b (R_c /\!/ R_L)}{\dot{I}_b \, r_{be}} = -\beta \frac{(R_c /\!/ R_L)}{r_{be}} \tag{2.3.7}$$

式（2.3.7）中的负号表示输出电压与输入电压的相位相反。

b．计算输入电阻 R_i

输入电阻 R_i 是从放大电路的输入端 1-1′ 看进去的等效电阻，即 $R_i = \dfrac{\dot{U}_i}{\dot{I}_i}$ 。

由图 2.3.7 可得：$\dot{U}_i = (R_b /\!/ r_{be}) \dot{I}_i$ ，故可得输入电阻：

$$R_i = R_b /\!/ r_{be} \tag{2.3.8}$$

c．计算输出电阻 R_o

将信号源用短路代替（保留其内阻 R_s），将负载 R_L 开路，在 2-2′ 两端外加电压 $\dot{U}$ ，

如图 2.3.8 所示，求出流入放大电路的电流 $\dot{I}$ ，则放大电路的输出电阻 $R_o = \dfrac{\dot{U}}{\dot{I}}$ 。

因为此时 $\dot{U}_s = 0$ ，所以 $\dot{I}_b = 0$ ，$\dot{I}_c = \beta \dot{I}_b = 0$ ，可得输出电阻：

$$R_o = \frac{\dot{U}}{\dot{I}} = R_c \tag{2.3.9}$$

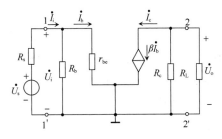

图 2.3.7　微变等效电路

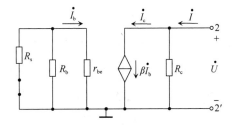

图 2.3.8　放大电路输出电阻的计算电路

例 2.3.2　单管共射放大电路如图 2.3.9（a）所示，已知 U_{CC}=12V，R_b=560kΩ，R_s=1kΩ，R_c=6kΩ，R_L=3kΩ，晶体管为硅晶体管，β=50。（1）画出直流通路，计算静态工作点 Q；（2）画出微变等效电路，计算电压放大倍数 A_u、输入电阻 R_i 和输出电阻 R_o。

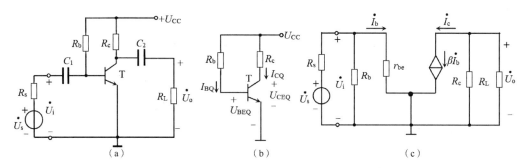

图 2.3.9 例 2.3.2 图

解：（1）直流通路如图 2.3.9（b）所示，静态工作点 Q 的计算过程如下所示：

$$I_{\text{BQ}} = \frac{U_{\text{CC}} - U_{\text{BEQ}}}{R_{\text{b}}} = \frac{12 - 0.7}{560} = 0.02\text{mA}$$

$$I_{\text{CQ}} = \beta I_{\text{BQ}} = 50 \times 0.02 = 1\text{mA}$$

$$U_{\text{CEQ}} = U_{\text{CC}} - I_{\text{CQ}} R_{\text{c}} = 12 - 1 \times 6 = 6\text{V}$$

（2）微变等效电路如图 2.3.9（c）所示。先计算 r_{be}，由式（2.3.6）可得

$$r_{\text{be}} = 300 + (1 + \beta)\frac{26}{I_{\text{E}}} = 300 + (1 + 50) \times \frac{26}{1 + 0.02} = 1600\Omega = 1.6\text{k}\Omega$$

由式（2.3.7）可得

$$A_{\text{u}} = -\frac{\beta(R_{\text{c}} /\!/ R_{\text{L}})}{r_{\text{be}}} = -\frac{50 \times (6 /\!/ 3)}{1.6} = -62.5$$

由式（2.3.8）可得

$$R_{\text{i}} = R_{\text{b}} /\!/ r_{\text{be}} = 560 /\!/ 1.6 \approx 1.6\text{k}\Omega$$

由式（2.3.9）可得

$$R_{\text{o}} = R_{\text{c}} = 6\text{k}\Omega$$

例 2.3.3 放大电路如图 2.3.10（a）所示，电容 C_1、C_2 与 C_3 在信号频率范围内的容抗均可忽略不计。（1）画出直流通路，写出静态工作点 Q 的计算式；（2）画出交流通路与微变等效电路，写出电压放大倍数 A_{u}、输入电阻 R_{i} 和输出电阻 R_{o} 的计算式。

解：（1）放大电路的直流通路如图 2.3.10（b）所示，电容 C_1、C_2、C_3 均视为开路。对输入回路列 KVL 方程，可得

$$U_{\text{CC}} = R_{\text{c}}(I_{\text{BQ}} + I_{\text{CQ}}) + (R_1 + R_2)I_{\text{BQ}} + U_{\text{BEQ}}$$

将 $I_{\text{CQ}} = \beta I_{\text{BQ}}$ 代入上式，整理可得

$$I_{\text{BQ}} = \frac{U_{\text{CC}} - U_{\text{BEQ}}}{R_1 + R_2 + (1 + \beta)R_{\text{c}}}$$

其中，$U_{\text{BEQ}} = 0.7\text{V}$（硅晶体管）或 $U_{\text{BEQ}} = 0.3\text{V}$（锗晶体管）。

根据晶体管的电流放大作用，可得

$$I_{CQ} = \beta I_{BQ}$$

对输出回路列 KVL 方程，可得

$$U_{CEQ} = U_{CC} - (I_{CQ} + I_{BQ})\, R_c$$

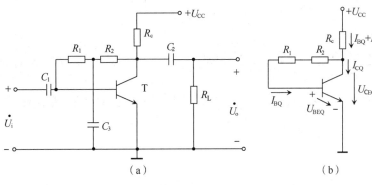

（a）　　　　　　　　　　　（b）

图 2.3.10　例 2.3.3 图

（2）将电容 C_1、C_2、C_3 视为短路，并将直流电源 U_{CC} 用短路代替，可得放大电路的交流通路，如图 2.3.11（a）所示。再将晶体管用线性等效电路代替，可得放大电路的微变等效电路，如图 2.3.11（b）所示。各动态参数的计算式如下所示。

$$A_u = \frac{\dot{U}_o}{\dot{U}_i} = -\frac{\dot{I}_c (R_2 /\!/ R_c /\!/ R_L)}{\dot{I}_b\, r_{be}} = -\frac{\beta (R_2 /\!/ R_c /\!/ R_L)}{r_{be}}$$

2.3 测试题

$$R_i = \frac{\dot{U}_i}{\dot{I}_i} = R_1 /\!/ r_{be}$$

$$R_o = R_2 /\!/ R_c$$

2.3 测试题讲解视频　　2.3 测试题讲解课件

（a）　　　　　　　　　　　　　（b）

图 2.3.11　交流通路与微变等效电路

 # 2.4　放大电路静态工作点的稳定

静态工作点的稳定视频　静态工作点的稳定课件

通过前面的讨论可知，静态工作点的位置对放大电路来说非常重要。它不仅关系到波形失真，而且对电压放大倍数也有较大影响，所以在设计或调试放大电路时，为了获得较好的性能，必须先设置一个合适的 Q 点。

但是放大电路的静态工作点常因外界条件的变化而发生变动，如温度变化、电源电压波动、管子老化等，其中影响最大的是温度变化。本节讨论温度对静态工作点的影响，以及具有稳定静态工作点作用的分压偏置放大电路。

2.4.1　温度对静态工作点的影响

晶体管是对温度非常敏感的器件，温度变化会影响晶体管内部载流子的运动，从而使晶体管的参数（u_{BE}、I_{CBO} 和 β）发生变化。

1．温度对 u_{BE} 的影响

基极电流 i_B 不变，当温度升高时，发射结电压 u_{BE} 减小。通常温度每升高 1℃，u_{BE} 减小 2~2.5mV，即发射结电压 u_{BE} 具有负温度系数。当温度升高时，晶体管的输入特性曲线左移。

2．温度对 I_{CBO} 的影响

I_{CBO} 是指集电结反偏时，由少子的漂移运动形成的电流。I_{CBO} 随温度升高按指数规律迅速增大，通常温度每升高 10℃，I_{CBO} 约增大一倍。

3．温度对 β 的影响

当温度升高时，晶体管内部载流子的扩散运动加强，扩散速度加快，多子在基区的复合机会减小，在 i_B 减小的同时 i_C 增大，所以 β 随之增大。通常温度每升高 1℃，β 约增大 0.5%~1.0%。

在如图 2.2.5 所示的固定偏置放大电路中，由于 $I_{BQ} = \dfrac{U_{CC} - U_{BE}}{R_b}$，当温度升高时，$U_{BE}$ 减小，所以 I_{BQ} 将增大。同时，$I_{CQ}=\beta I_{BQ} +(1+\beta)I_{CBO}$，当温度升高时，$I_{CBO}$ 和 β 都增大，所以 I_{CQ} 增大，导致静态工作点上移，靠近饱和区。同理，当温度降低时，I_{CQ} 减小，静态工作点下移，靠近截止区。

由以上分析可知，当温度变化导致静态工作点变动太大时，晶体管就有可能到达饱和区或截止区，使输出电压波形出现失真，同时还会影响放大电路的动态性能。因此在实际电路中必须采取措施稳定静态工作点，也就是要设法使 I_{CQ} 维持稳定。

稳定静态工作点的主要途径如下所示。

1）从元器件入手

尽量选择温度性能好的元器件，如选用硅晶体管和温度系数小的电阻、电容等元器件。

2）从环境入手

采取恒温措施，将晶体管及其他对温度敏感的元器件置于恒温槽内，保持温度恒定，从而使元器件的参数不变。当然，这种方法需要较高的成本，只有在对精度要求较高的电路中才会使用。

3）从电路入手

采用新的电路结构，如采用负反馈技术或补偿技术。下面介绍的分压偏置放大电路就是一种常用的利用负反馈技术稳定静态工作点的共发射极放大电路。

2.4.2　分压偏置放大电路

1．电路组成

为了减少或消除温度升高对 I_{CQ} 的影响，必须设计一个电路，对 I_{CQ} 的增大产生一个控制作用，使 I_{CQ} 的增加值被抵消或减小，从而实现静态工作点的基本稳定。具有稳定静态工作点作用的分压偏置放大电路如图 2.4.1（a）所示，它的直流通路如图 2.4.1（b）所示。与图 2.2.5 所示的固定偏置放大电路相比，分压偏置放大电路有两个不同点。

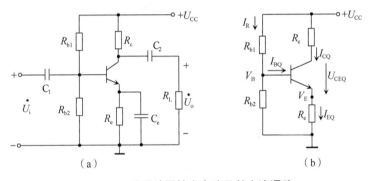

图 2.4.1　分压偏置放大电路及其直流通路

其一，在晶体管的基极上接入两个分压电阻 R_{b1} 与 R_{b2}，当电路设计使 $I_R \gg I_{BQ}$ 时，R_{b1} 与 R_{b2} 可近似看作串联，使得基极的电位 V_B 由这两个电阻对 U_{CC} 的分压决定，几乎不受温度变化的影响，所以该电路称为分压偏置放大电路。

其二，在发射极串联一个电阻 R_e，使发射极的电位 V_E（R_e 上的电压 U_{Re}）随 I_E（$I_E \approx I_C$）的变化而变化。因为 V_B 基本稳定，由 $U_{BE}=V_B-V_E$ 可知，当 I_C 因温度升高而增大时，I_E 增大，V_E 也随之增大，就会使 U_{BE} 减小。显然，U_{BE} 的减小将导致 I_B 的减小，I_B 又控制着 I_C，使之朝减小的方向变化，从而抑制了 I_C 的增大使 I_C 基本保持稳定（会略有增大）。这个由 R_e 产生的控制过程，可表示为

$$温度上升 \rightarrow I_C(I_E)\uparrow \rightarrow V_E(V_E=I_ER_e)\uparrow \rightarrow U_{BE}(U_{BE}=V_B-V_E)\downarrow$$
$$I_C\downarrow \longleftarrow I_B\downarrow \longleftarrow$$

可见这个过程的实质是将输出回路的电流变化，经发射极电阻 R_e 转换为电压变化，再反馈到输入回路控制基射电压 U_{BE} 的变化。这个将电路输出量引回电路输入环节的过程称为反馈。输出电流 I_C 的增大会导致输入电压 U_{BE} 的减小，从而牵制输出电流的增大，故称之为负反馈。

综上所述，V_B 的稳定与负反馈的引入是静态工作点稳定的关键。若 V_B 的稳定性越好，负反馈的作用越强，则静态工作点对温度的稳定性就越好。必须指出，当放大电路加入交流信号时，R_e 的负反馈作用会使电压放大倍数大大下降。为此，通常在 R_e 两端并联一个大电容 C_e（其值约为 50~200μF）。由于 C_e 对交流相当于短路，它消除了 R_e 对交流量的影响，所以称之为旁路电容。加了旁路电容 C_e 后，负反馈只对直流量起作用，对交流量不起作用，这种反馈称为直流反馈。直流反馈只影响放大电路的静态，不直接影响放大电路的动态性能指标。

2. 分压偏置放大电路的分析

1）静态工作点计算

分压偏置放大电路的直流通路，如图 2.4.1（b）所示。通常电路设计使 $I_R>>I_B$，所以电阻 R_{b1} 与 R_{b2} 可近似看作串联，根据分压公式可得基极 b 的电位

$$V_B \approx \frac{R_{b2}}{R_{b1}+R_{b2}}U_{CC} \tag{2.4.1}$$

发射极电流（近似等于集电极电流）为

$$I_{CQ} \approx I_{EQ} = \frac{V_B - U_{BEQ}}{R_e} \tag{2.4.2}$$

根据晶体管的电流放大作用，可得

$$I_{BQ} = \frac{I_{CQ}}{\beta} \tag{2.4.3}$$

对输出回路列 KVL 方程，可得

$$U_{CEQ} = U_{CC} - I_{CQ}R_c - I_{EQ}R_e \approx U_{CC} - I_{CQ}(R_c + R_e) \tag{2.4.4}$$

2）动态参数计算

分压偏置放大电路的微变等效电路如图 2.4.2 所示。

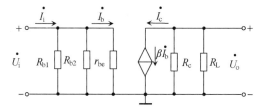

图 2.4.2　分压偏置放大电路的微变等效电路

（1）电压放大倍数 A_u：

$$A_u = \frac{\dot{U}_o}{\dot{U}_i} = \frac{-\dot{I}_c (R_c /\!/ R_L)}{\dot{I}_b r_{be}} = -\beta \frac{R_c /\!/ R_L}{r_{be}} \qquad (2.4.5)$$

（2）输入电阻 R_i：

$$R_i = \frac{\dot{U}_i}{\dot{I}_i} = R_{b1} /\!/ R_{b2} /\!/ r_{be} \qquad (2.4.6)$$

（3）输出电阻 R_o：

$$R_o = R_c \qquad (2.4.7)$$

例 2.4.1　在图 2.4.1 的电路中，已知 $R_{b1}=8.0\text{k}\Omega$，$R_{b2}=2.7\text{k}\Omega$，$R_c=3\text{k}\Omega$，$R_e=1.5\text{k}\Omega$，$R_L=3\text{k}\Omega$，$U_{CC}=12\text{V}$，晶体管 $\beta=50$，$U_{BEQ}=0.7\text{V}$。试求：（1）放大电路的静态工作点；（2）电压放大倍数 A_u、输入电阻 R_i 和输出电阻 R_o；（3）若电容 C_e 断开，重新计算静态工作点和动态参数。

解：（1）根据式（2.4.1）~式（2.4.4）计算静态工作点

$$V_B = \frac{R_{b2}}{R_{b1}+R_{b2}} U_{CC} = \frac{2.7}{8+2.7} \times 12 \approx 3\text{V}$$

$$I_{CQ} \approx I_{EQ} = \frac{V_B - U_{BEQ}}{R_e} = \frac{3-0.7}{1.5} = 1.5\text{mA}$$

$$I_{BQ} = \frac{I_{CQ}}{\beta} = 0.03\text{mA}$$

$$U_{CEQ} \approx U_{CC} - I_{CQ}(R_c + R_e) = 12 - 1.5 \times (3+1.5) = 5.25\text{V}$$

（2）根据式（2.4.5）~式（2.4.7）计算动态参数

$$r_{be} = 300 + (1+\beta)\frac{26}{I_{EQ}} = 300 + 51 \times \frac{26}{1.5} = 1.18\text{k}\Omega$$

$$A_u = -\beta \frac{R_c /\!/ R_L}{r_{be}} = -50 \times \frac{1.5}{1.18} = -63.6$$

$$R_i = R_{b1} /\!/ R_{b2} /\!/ r_{be} = 8 /\!/ 2.7 /\!/ 1.18 \approx 0.74\text{k}\Omega$$

$$R_o = R_c = 3\text{k}\Omega$$

（3）电容 C_e 断开对静态工作点没有任何影响，但是会对动态参数有影响，因为此时 R_e 对交流信号也有负反馈作用。电容 C_e 断开后的微变等效电路如图 2.4.3 所示。

由图 2.4.3 可得电压放大倍数：

$$A_u = \frac{\dot{U}_o}{\dot{U}_i} = \frac{-\dot{I}_c (R_c /\!/ R_L)}{\dot{I}_b r_{be} + \dot{I}_e R_e} = \frac{-\beta \dot{I}_b (R_c /\!/ R_L)}{\dot{I}_b r_{be} + (1+\beta)\dot{I}_b R_e} = -\beta \frac{R_c /\!/ R_L}{r_{be} + (1+\beta)R_e} = -0.965$$

输入电阻：

$$R_i = R_{b1} /\!/ R_{b2} /\!/ [r_{be} + (1+\beta)R_e] = 1.95 \text{ k}\Omega$$

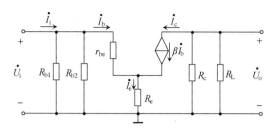

图 2.4.3　电容 C_e 断开后的微变等效电路

输出电阻：

$$R_o = R_c = 3\text{k}\Omega$$

可见，当电容 C_e 断开时，电路引入了交流负反馈，它会影响放大电路的动态参数。具体表现为使 $|A_u|$ 大大降低、输入电阻增大、输出电阻不变。

2.4 测试题

2.4 测试题讲解视频

2.4 测试题讲解课件

2.5　单管放大电路其他接法简介

晶体管的 3 个电极均可作为输入回路和输出回路的公共端，在前面介绍的共发射极放大电路中，信号从基极输入、从集电极输出，发射极是输入回路和输出回路的公共端。此外还有两种接法，一种是以集电极为公共端的共集电极放大电路，另一种是以基极为公共端的共基极放大电路。这 3 种放大电路也称为晶体管放大电路的 3 种组态，其结构示意图如图 2.5.1 所示。

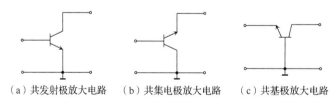

（a）共发射极放大电路　　（b）共集电极放大电路　　（c）共基极放大电路

图 2.5.1　晶体管放大电路的 3 种组态

2.5.1　共集电极放大电路

共集电极放大电路视频　共集电极放大电路课件

1. 电路组成

共集电极放大电路如图 2.5.2（a）所示，其直流通路和交流通路如图 2.5.2（b）和图 2.5.2

（c）所示。由图 2.5.2（c）可知，集电极 c 交流接地，输入信号 $\dot{U}_i$ 加在基极 b 和集电极 c 之间，输出信号 $\dot{U}_o$ 取自发射极 e 和集电极 c 之间，显然集电极 c 是公共端，所以此电路为共集电极放大电路。由于输出电压是从发射极引出的，所以又称射极输出器。

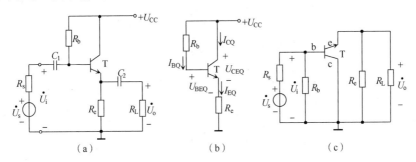

图 2.5.2　共集电极放大电路及其直流通路和交流通路

2．静态参数计算

由图 2.5.2（b）可得

$$U_{CC} = I_{BQ}R_b + U_{BEQ} + (1+\beta)I_{BQ}R_e$$

$$\therefore I_{BQ} = \frac{U_{CC} - U_{BEQ}}{R_b + (1+\beta)R_e} \tag{2.5.1}$$

$$I_{CQ} = \beta I_{BQ} \tag{2.5.2}$$

$$U_{CEQ} = U_{CC} - I_{EQ}R_e \approx U_{CC} - I_{CQ}R_e \tag{2.5.3}$$

3．动态参数计算

由图 2.5.2（c）的交流通路可以画出其微变等效电路，如图 2.5.3（a）所示。

（1）电压放大倍数 A_u：

$$A_u = \frac{\dot{U}_o}{\dot{U}_i} = \frac{(1+\beta)\dot{I}_b(R_e /\!/ R_L)}{r_{be}\dot{I}_b + (1+\beta)\dot{I}_b(R_e /\!/ R_L)} = \frac{(1+\beta)(R_e /\!/ R_L)}{r_{be} + (1+\beta)(R_e /\!/ R_L)} \tag{2.5.4}$$

上式表明，共集电极放大电路的电压放大倍数小于 1，但接近 1，且输出电压 $\dot{U}_o$ 与输入电压 $\dot{U}_i$ 同相，所以又称射极跟随器。

（2）输入电阻 R_i：

$$R_i' = \frac{\dot{U}_i}{\dot{I}_b} = r_{be} + (1+\beta)(R_e /\!/ R_L)$$

$$R_i = R_b /\!/ R_i' = R_b /\!/ [r_{be} + (1+\beta)(R_e /\!/ R_L)] \tag{2.5.5}$$

由于 R_b 和 $(1+\beta)(R_e /\!/ R_L)$ 都较大，所以共集电极放大电路的输入电阻较高，可达几十千欧到几百千欧。

（3）输出电阻 R_o：

根据放大电路输出电阻的计算方法，将信号源 $\dot{U}_s$ 用短路代替，再从输出端用外加电压法求解。输出电阻计算电路如图 2.5.3（b）所示，由此可得

$$R_o' = \frac{\dot{U}}{-\dot{I}_e} = \frac{-(r_{be} + R_s /\!/ R_b)\dot{I}_b}{-(1+\beta)\dot{I}_b} = \frac{r_{be} + R_s /\!/ R_b}{1+\beta}$$

$$R_o = \frac{\dot{U}}{\dot{I}} = R_e /\!/ R_o' = R_e /\!/ \frac{r_{be} + R_s /\!/ R_b}{1+\beta} \qquad (2.5.6)$$

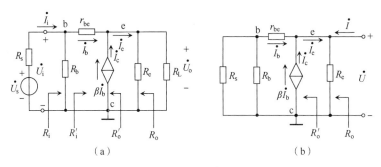

（a）　　　　　　　　　　　　　　　（b）

图 2.5.3　微变等效电路和输出电阻计算电路

共集电极放大电路的输出电阻较低，可以小到几十欧。

由上述分析可知，共集电极放大电路的输入电阻大、输出电阻小，因此从信号源索取的电流小且带负载能力强，所以常用于多级放大电路的输入级、输出级或中间缓冲级（隔离级）。

例 2.5.1　在图 2.5.2（a）的共集电极放大电路中，$R_b=300\text{k}\Omega$，$R_e=4.7\text{k}\Omega$，$R_L=9.1\text{k}\Omega$，$R_s=0.5\text{k}\Omega$，$U_{CC}=12\text{V}$，$U_{BEQ}=0.7\text{V}$，$\beta=50$。试计算该电路的静态工作点、输入电阻 R_i、输出电阻 R_o 和电压放大倍数 A_u。

解：（1）计算静态工作点：

$$I_{BQ} = \frac{U_{CC} - U_{BEQ}}{R_b + (1+\beta)R_e} = \frac{12\text{V} - 0.7\text{V}}{300\text{k}\Omega + 51\times4.7\text{k}\Omega} = 20.9\mu\text{A}$$

$$I_{CQ} = \beta I_{BQ} = 50\times0.0209 = 1.05\text{mA}$$

$$U_{CEQ} = U_{CC} - I_{CQ}R_e = 12 - 1.05\times4.7 = 7.07\text{V}$$

（2）计算输入电阻 R_i：

$$r_{be} = 300 + (1+\beta)\frac{26}{I_{EQ}} = 300 + 51\times\frac{26}{51\times0.0209} = 1.54\text{k}\Omega$$

$$R_i = R_b /\!/ [r_{be} + (1+\beta)(R_e /\!/ R_L)] = 300 /\!/ [1.54 + 51\times(4.7 /\!/ 9.1)] = 104\text{k}\Omega$$

计算输出电阻 R_o：

$$R_{\text{o}} = R_{\text{e}} \mathbin{/\!/} \frac{r_{\text{be}} + R_{\text{s}} \mathbin{/\!/} R_{\text{b}}}{1 + \beta} = 4.7 \mathbin{/\!/} \frac{1.54 + 0.5 \mathbin{/\!/} 300}{51} \approx 40\Omega$$

计算电压放大倍数 A_{u}：

$$A_{\text{u}} = \frac{(1 + \beta)(R_{\text{e}} \mathbin{/\!/} R_{\text{L}})}{r_{\text{be}} + (1 + \beta)(R_{\text{e}} \mathbin{/\!/} R_{\text{L}})} = \frac{51 \times (4.7 \mathbin{/\!/} 9.1)}{1.54 + 51 \times (4.7 \mathbin{/\!/} 9.1)} = 0.99$$

2.5.2　共基极放大电路

共基极放大电路视频　共基极放大电路课件

共基极放大电路如图 2.5.4（a）所示，其交流通路如图 2.5.4（b）所示。从交流通路可以看出，输入信号 $\dot{U}_{\text{i}}$ 加在发射极和基极之间，而输出信号 $\dot{U}_{\text{o}}$ 则从集电极与基极之间取出，所以基极是输入回路与输出回路的公共端。

该电路采用了分压式直流偏置电路，其直流通路及静态工作点的计算方法与分压偏置放大电路（见图 2.4.2（a））完全相同，也具有静态工作点稳定的特点，这里不再重复。

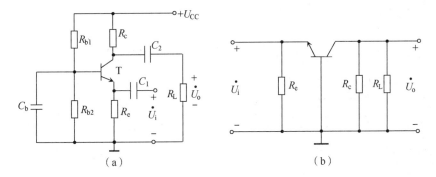

图 2.5.4　共基极放大电路及其交流通路

由图 2.5.4（b）的交流通路可画出其微变等效电路，如图 2.5.5 所示，求得

（1）电压放大倍数 A_{u}：

$$A_{\text{u}} = \frac{\dot{U}_{\text{o}}}{\dot{U}_{\text{i}}} = \frac{-\beta \dot{I}_{\text{b}}(R_{\text{c}} \mathbin{/\!/} R_{\text{L}})}{-\dot{I}_{\text{b}} r_{\text{be}}} = \beta \frac{R_{\text{c}} \mathbin{/\!/} R_{\text{L}}}{r_{\text{be}}} \tag{2.5.7}$$

由上式可知，共基极放大电路的电压放大倍数与共发射极放大电路的电压放大倍数的表达式相同，但没有负号，说明**共基极放大电路的输出电压与输入电压的相位相同，为同相放大**。

（2）输入电阻 R_{i}：

$$R_{\text{i}}' = -\frac{\dot{U}_{\text{i}}}{\dot{I}_{\text{e}}} = -\frac{-\dot{I}_{\text{b}} r_{\text{be}}}{(1 + \beta)\dot{I}_{\text{b}}} = \frac{r_{\text{be}}}{1 + \beta}$$

$$R_{\text{i}} = R_{\text{e}} \mathbin{/\!/} R_{\text{i}}' = R_{\text{e}} \mathbin{/\!/} \frac{r_{\text{be}}}{1 + \beta} \tag{2.5.8}$$

由于 $\beta \gg 1$，因此**共基极放大电路的输入电阻很小**，比共发射极放大电路的输入电阻约减小（1+β）倍。这是共基极放大电路的缺点。

（3）输出电阻 R_o：

$$R_o=R_c \tag{2.5.9}$$

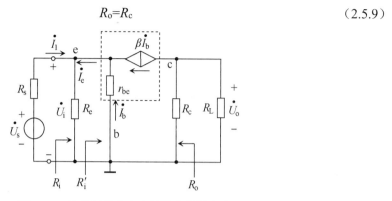

图 2.5.5　共基极放大电路的微变等效电路

2.5.3　晶体管放大电路 3 种接法的性能比较

晶体管放大电路 3 种接法有各自的特点，它们的主要特点及应用大致归纳如下。

（1）共发射极放大电路：具有较大的电压放大倍数和电流放大倍数，同时输入电阻和输出电阻适中，通常用于多级放大电路的中间级，以实现信号的有效放大。

（2）共集电极放大电路：输入电阻最大，输出电阻最小，电压放大倍数是接近 1 但小于 1 的正数，具有电压跟随的特点，常用于多级放大电路的输入级、输出级及中间缓冲级。

（3）共基极放大电路：输入电阻最小，电压放大倍数、输出电阻与共发射极放大电路相当，频率特性好。常用于高频放大电路，在无线电工程中应用较多。

2.5 测试题

 # 2.6　多级放大电路

多级放大电路视频　多级放大电路课件

前面介绍的放大电路都是由单个晶体管构成的，所以统称为单管放大电路。在工程应用中，对放大电路的要求可能同时包括放大倍数、输入电阻、输出电阻等多个方面，单管放大电路一般不能同时满足这些要求，所以大多数实用放大电路往往由多个基本放大电路级联组成，这种放大电路称为多级放大电路。

2.6.1 多级放大电路的组成

多级放大电路的组成框图如图 2.6.1 所示，它由输入级、中间放大级和输出级组成。

输入级直接与信号源相连，输入电阻应与信号源内阻相匹配。当信号源为电压源时，为了使电路获得尽可能大的输入信号，要求输入级有较高的输入电阻。当信号源为电流源时，则要求输入级有较低的输入电阻。

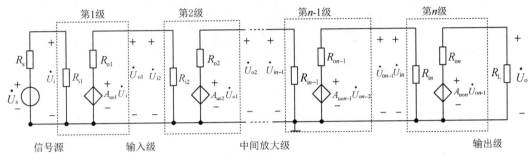

2.6.1 多级放大电路的组成框图

中间放大级的主要任务是进行电压放大，要有足够大的电压放大倍数，通常由若干级放大电路组成。

输出级的任务是驱动负载工作，要求输出级能够为负载提供足够大的输出功率，一般由功率放大电路组成（详见第 8 章）。

2.6.2 多级放大电路的耦合方式

多级放大电路的级与级之间、放大电路与信号源之间、负载与放大电路之间的连接方式称为耦合。**常用的耦合方式有直接耦合、阻容耦合和变压器耦合。**

1. 直接耦合

前一级放大电路的输出信号直接连接到后一级放大电路输入端的耦合方式称为直接耦合。一个直接耦合的两级共射放大电路如图 2.6.2 所示。由于直接耦合多级放大电路没有耦合电容，所以它具有较好的低频特性，既能放大交流信号，也能放大变化缓慢的信号及直流信号，同时便于集成化。集成运算放大器、模拟乘法器等模拟集成电路都是直接耦合的电路。

直接耦合也带来了一些新的特殊问题，主要有以下两个方面。

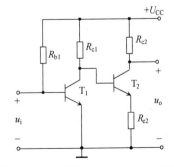

图 2.6.2 直接耦合两级共射放大电路

1）电平配合问题

由于直接耦合多级放大电路的各级之间无耦合电容或耦合变压器的隔直作用，所以前后级之间直流通路相连，各级静态工作点相互影响，这给分析、设计和调试电路造成了困难。

2）零点漂移问题

如果将一个放大电路的输入端对地短路，即 $u_i=0$，并调整电路使输出电压 u_o 也等于零，从理论上讲，输出电压将一直保持零值。但是直接耦合多级放大电路的输出电压会偏离零值，并且缓慢地发生不规则的变化。这种现象称为零点漂移现象，如图 2.6.3 所示，简称零漂。

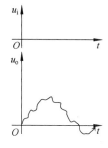

图 2.6.3　零点漂移现象

对于晶体管来说，引起零漂的主要原因是温度的变化，所以又称之为温漂。当温度变化时，晶体管的参数将发生波动，导致放大电路的静态工作点也随之缓慢变化。在直接耦合多级放大电路中，任何一级（特别是第一级）工作点的漂移都将逐级传送下去并不断放大，到了输出级，即使其静态输出电压原来已经调为零，此刻也将产生可观的输出。

为了表示由温度变化引起的漂移，常把温度升高 1℃ 时，输出漂移电压 ΔU_o 根据放大电路的总放大倍数 A_u 折合到输入端的等效输入漂移电压 $\Delta U_i = \Delta U_o/(A_u \Delta T)$ 作为零漂指标。

零漂对放大电路的影响主要有两个方面：一是使静态工作点严重偏离，甚至不能正常工作；二是零漂信号在输出端叠加在被放大的输入信号上，干扰有效信号甚至淹没有效信号，使有效信号无法判别，从而使电路失去原有的放大作用。所以必须采取措施抑制零漂，具体方法将在第 4 章详细介绍。

2. 阻容耦合

由两级共射放大电路组成的多级放大电路，如图 2.6.4 所示，输入信号经过电容 C_1 连接到第一级，两级放大电路之间通过电容 C_2 连接，第二级放大电路与负载之间通过电容 C_3 连接，这种耦合方式称为阻容耦合。

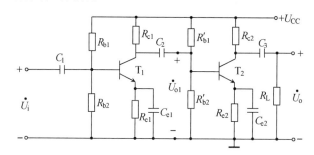

图 2.6.4　阻容耦合的两级放大电路

阻容耦合多级放大电路受到电容的隔直作用，使得前后级的静态工作点相互独立，互不影响，所以各级静态工作点可单独设置，这给分析、设计和调试电路带来很大方便。而且，只要耦合电容的容量足够大（通常取几十微法至几百微法），在一定频率范围内，容抗近似为零，就可使前一级的输出信号几乎无损失地传送到后一级的输入端。但是，当信号频率较低时，耦合电容上的信号衰减就不能忽略了，所以阻容耦合多级放大电路只能放大交流信号，不能放大直流信号和变化缓慢的信号。

由于在集成电路中无法制造大电容，所以阻容耦合不能用于集成电路，只能用于分立元件放大电路。

3．变压器耦合

前一级的输出信号经过变压器传送到下一级输入端的耦合方式称为变压器耦合。变压器耦合多级放大电路如图 2.6.5 所示。

这种电路的特点是可以通过变压器"变比"的改变，实现阻抗变换，以获得更好的性能，主要用于功率放大的场合。变压器的隔直作用使各级静态工作点相互独立，可以消除零漂。但是它只能放大交流信号，不能放大直流信号，对低频信号的放大能力也随信号频率的降低而降低。另外，变压器还有体积大、质量大、费用高、不宜集成化等缺点。

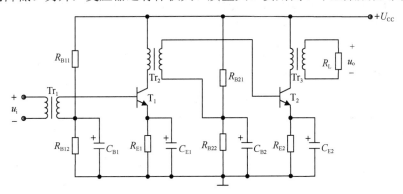

图 2.6.5 变压器耦合多级放大电路

2.6.3 多级放大电路的动态分析

图 2.6.1 中的多级放大电路由 n 级放大电路组成，R_{i1}、R_{i2}、$\cdots$、R_{in} 为各级放大电路的输入电阻；R_{o1}、R_{o2}、$\cdots$、R_{on} 为各级放大电路的输出电阻；u_{o1}、u_{o2}、$\cdots$、u_{on} 为各级放大电路的输出电压；u_{i1}、u_{i2}、$\cdots$、u_{in} 为各级放大电路的输入电压。

多级放大电路的动态性能参数和单管放大电路相同，有电压放大倍数、输入电阻和输出电阻。在分析交流性能时，各级是相互联系的，即前一级的输出电压就是后一级的输入电压，而后一级放大电路的输入电阻就是前一级放大电路的负载电阻。

对于一个 n 级放大电路，其电压放大倍数 A_u 为

$$A_{u} = \frac{\dot{U}_o}{\dot{U}_i} = \frac{\dot{U}_{o1}}{\dot{U}_i} \frac{\dot{U}_{o2}}{\dot{U}_{o1}} \cdots \frac{\dot{U}_o}{\dot{U}_{o(n-1)}} = \frac{\dot{U}_{o1}}{\dot{U}_i} \frac{\dot{U}_{o2}}{\dot{U}_{i2}} \cdots \frac{\dot{U}_o}{\dot{U}_{in}} = A_{u1}A_{u2}A_{u3} \cdots A_{un} \tag{2.6.1}$$

即**多级放大电路的电压放大倍数为各级电压放大倍数的乘积**。计算各级电压放大倍数时必须要考虑后一级的输入电阻对前一级的负载效应，因为后一级的输入电阻就是前一级放大电路的负载。若不计负载效应，各级的电压放大倍数就是空载时的电压放大倍数。

多级放大电路的输入电阻就是第一级的输入电阻，即

$$R_i = R_{i1} \tag{2.6.2}$$

多级放大电路的输出电阻就是最后一级的输出电阻，即

$$R_o = R_{on} \tag{2.6.3}$$

例 2.6.1 在图 2.6.4 中的阻容耦合两级放大电路中，已知 $U_{CC}=12V$，$R_{b1}=21k\Omega$，$R_{b2}=13k\Omega$，$R_{b1}'=21k\Omega$，$R_{b2}'=10k\Omega$，$R_{c1}=3.4k\Omega$，$R_{c2}=2.7k\Omega$，$R_{e1}=3k\Omega$，$R_{e2}=2k\Omega$，$R_L=4.7k\Omega$，$C_1=C_2=C_3=50\mu F$，$C_{e1}=C_{e2}=100\mu F$。如果晶体管的 $\beta_1=\beta_2=50$，$r_{be1}=1.2k\Omega$，$r_{be2}=0.9k\Omega$，试求两级放大电路的电压放大倍数。

解：图 2.6.4 中放大电路的微变等效电路如图 2.6.6 所示。第二级放大电路的输入电阻也就是第一级放大电路的负载电阻：

$$R_{i2} = R_{b1}' /\!/ R_{b2}' /\!/ r_{be2} = 0.794k\Omega$$

第一级放大电路的电压放大倍数：

$$A_{u1} = \frac{\dot{U}_{o1}}{\dot{U}_i} = -\frac{\beta_1(R_{c1} /\!/ R_{i2})}{r_{be1}} = -\frac{50 \times (3.4 /\!/ 0.794)}{1.2} = -26.8$$

第二级放大电路的电压放大倍数：

$$A_{u2} = \frac{\dot{U}_o}{\dot{U}_{o1}} = -\frac{\beta_2(R_{c2} /\!/ R_L)}{r_{be2}} = -\frac{50 \times (2.7 /\!/ 4.7)}{0.9} = -95$$

两级电压放大倍数：

$$A_u = \frac{\dot{U}_o}{\dot{U}_i} = A_{u1}A_{u2} = (-26.8) \times (-95) = 2546$$

输入电阻：

$$R_i = R_{i1} = R_{b1} /\!/ R_{b2} /\!/ r_{be1} \approx 1.2k\Omega$$

2.6 测试题

输出电阻：

$$R_o = R_{o2} = R_{c2} = 2.7k\Omega$$

2.6 测试题讲解视频   2.6 测试题讲解课件

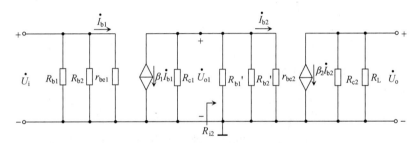

图 2.6.6　阻容耦合两级放大电路的微变等效电路

 ## 2.7　放大电路的频率特性

在前面放大电路的动态分析中，认为在一定频率范围内，可以忽略耦合电容、旁路电容、PN 结电容、负载电容、分布电容、引线电感等电抗元件的影响，所以电压放大倍数不随信号的工作频率的改变而改变。

在实际的放大电路中，输入信号往往包含了多种频率成分，如语音信号、电视信号、生物信号等，这些信号的某些频率成分可能超出了可以忽略上述电抗元件影响的范畴，所以在计算电压放大倍数时必须考虑这些电抗元件的影响。

电路的电压放大倍数与信号频率密切相关，电压放大倍数是信号频率的函数，这种函数关系称为频率响应，也称频率特性。频率响应是放大电路除电压放大倍数、输入电阻和输出电阻之外的另一个重要的参数，本节介绍频率响应的基本概念，并对放大电路在不同频率信号下的电路特性进行分析。

2.7.1　频率响应的基本概念

电压放大倍数是信号频率的函数，其关系可以表示为

$$A_{u}(f) = \frac{\dot{U}_{o}}{\dot{U}_{i}} = \left| A_{u}(f) \right| \angle \varphi(f) \tag{2.7.1}$$

式中，f 表示信号的频率；$\left| A_{u}(f) \right|$ 表示电压放大倍数的模与频率之间的关系，称为幅频响应，也称幅频特性；$\varphi(f)$ 表示输出电压、输入电压之间的相位差与频率之间的关系，称为相频响应，也称相频特性。

阻容耦合共射放大电路的频率响应如图 2.7.1 所示。由图 2.7.1 可知，在一个比较宽的频率范围内，$\left| A_{u} \right|$ 基本不随频率改变（保持为 A_{um}），这个频率范围就是中频区。在中频区，输出电压滞后于输入电压 180°，这说明共发射极放大电路实现了反相放大。

在频率响应上，低于中频区的频率范围称为低频区，高于中频区的频率范围称为高频区。各类电容在不同频率范围内产生的影响不同，使得电压放大倍数$|A_u|$在低频区和高频区都明显地降低，相位差φ也显著地偏离180º。这就是阻容耦合多级放大电路的特点。

直接耦合放大电路的幅频响应如图2.7.2所示。由于不存在耦合电容，所以低频区可以延伸到$f=0$（直流），即$|A_u|$保持为A_{um}，说明直接耦合放大电路的低频特性好。

工程上规定，当$|A_u|$下降到A_{um}的0.707倍时，相应的低端频率与高端频率分别为下限频率f_L与上限频率f_H，在f_L与f_H之间的频率称为放大电路的通频带，并用f_{bw}表示。f_{bw}是衡量放大电路频率特性好坏的一个重要的技术指标，通频带的宽窄对放大电路性能的优劣有很大影响。

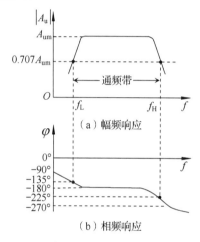

图 2.7.1　阻容耦合共射放大电路的频率响应　　图 2.7.2　直接耦合放大电路的幅频响应

在绘制频率响应曲线时，由于信号频率的范围很广（几十赫兹到几百千赫兹），因此给作图带来一定的困难。为了解决这个矛盾，可以取$\lg f$为横坐标，将频率的大幅度变化压缩在一个小范围内，从而使低频区和高频区的特性都表示得很清楚。另外，电压放大倍数的模$|A_u|$也常用增益（dB）的形式表示，即$20\lg|A_u(f)|$（dB）。例如，当$|A_u|=1000$时，对应的增益为60dB，即$|A_u|$每增加10倍，增益增加20dB。当$|A_u|$下降到A_{um}的0.707倍时，对应的增益下降3dB。以分贝值表示电压放大倍数的好处是可以将电压放大倍数的相乘运算转换为相加运算，这对于分析多级放大电路特别方便。

在画幅频响应曲线时，横坐标频率用对数坐标表示，纵坐标用对数坐标分贝表示；在画相频响应曲线时，横坐标也用对数坐标表示，纵坐标为相位角φ，这样得到的频率响应图称为对数频率响应，又称波特图。在工程上绘制波特图时，不是逐点描绘曲线，而是采用折线近似的方法。某放大电路的对数幅频响应曲线如图2.7.3所示。放大电路中频区的电压放大倍数为60dB，即$A_{um}=1000$。在下限频率f_L和上限频率f_H处，$|A_u|$下降到中频区电压放大倍数A_{um}的0.707倍，即下降了3dB。

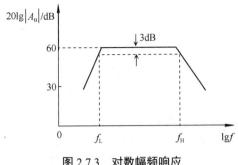

图 2.7.3　对数幅频响应

2.7.2　影响频率响应的主要因素

在前面对中频信号的分析中，视所有外接电容（耦合电容、旁路电容等）的容抗都很小，以短路代替；视所有器件的极间电容（晶体管的极间电容）、连线间的分布电容等的容抗都很大，作开路处理。这样的放大电路被认为是一种含源的纯电阻性电路，因此它的各种参数（电压放大倍数 $A_\mathrm{u} = \dot{U}_\mathrm{o}/\dot{U}_\mathrm{i}$、输入阻抗 $Z_\mathrm{i} = \dot{U}_\mathrm{i}/\dot{I}_\mathrm{i}$ 等）就与频率无关了。

但是，实际的输入信号常常是包含多种频率成分的复杂信号，如语言信号、音乐信号、图像信号等，它们的频率成分已大大超出了上述的中频区。因此，在分析放大电路时就必须考虑各种电容在不同频率下的电抗效应了。

当信号频率低于上述中频区时，因耦合电容、旁路电容的容抗变大不能再视为短路，信号在电容两端的压降增加，从而使电压放大倍数下降。反之，当信号频率高于中频区时，极间电容与分布电容（图 2.7.4 中的 C_be、C_bc、C'_M、C_M 与 C_L 等）的容抗变小而不能再视为开路，它们具有分流作用，从而使电压放大倍数下降。

不仅如此，电容的电抗效应还将使输出电压与输入电压之间的相位差随信号频率的不同而变化。这样，含有不同频率成分的复杂信号经过放大之后，其输出信号的波形就不可能与输入信号的波形完全相同，即产生了频率失真。

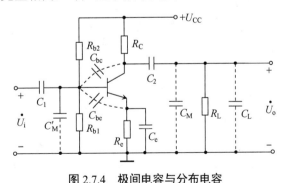

图 2.7.4　极间电容与分布电容

1. 影响下限频率 f_L 和上限频率 f_H 的电路参数

1）下限频率 f_L

如上所述，电压放大倍数在低频区下降的原因是耦合电容 C_1、C_2 和旁路电容 C_e 容抗的增大，使输入信号在其上的压降增大，从而使输入放大电路的有用信号减小。因此要改善低频特性（降低 f_L），首先就要加大 C_1、C_2 和 C_e。根据理论分析，在低频区起主要作用的是旁路电容，所以通常选择 $C_1=C_2$，其数值为几微法至几十微法，而 C_e 则取几十微法至几百微法。其次，还要提高放大电路的输入电阻 R_i。R_i 越大，容抗产生的影响就会相对减小。

2）上限频率 f_H

电压放大倍数在高频区下降是由于晶体管极间电容及分布电容的影响。因此要改善放大电路的高频特性（提高上限频率 f_H），主要是选用高频性能好的晶体管，即极间电容和基区电阻小的晶体管，这两个参数一般都会在手册中给出。此外，还可采用负反馈措施（详见第 5 章）或改变电路组态，如采用共基电路。

2. 晶体管的高频参数

前面提到，当放大电路工作于高频区时，晶体管极间电容及分布电容的影响使电压放大倍数下降。这些极间电容包括势垒电容和扩散电容。极间电容的影响主要表现在使晶体管的电流放大能力随频率的升高而减小，即 β 是频率的函数。为了定量地表示晶体管的高频性能，特引入以下几个高频参数。

1）共射截止频率 f_β

晶体管电流放大系数 β 的幅频响应如图 2.7.5 所示。从图 2.7.5 中可以看出，在低频区时，极间电容的作用可以忽略，因而 β 与频率基本无关，为一常数 β_0。当频率超过一定值后，β 开始下降。一般将 β 下降到 $0.707\beta_0$ 时的频率定义为晶体管的截止频率，并以 f_β 表示。

2）特征频率 f_T

将 $\beta=1$ 时的频率定义为特征频率 f_T（见图 2.7.5）。由 f_β 和 f_T 的定义可知，当 $f>f_\beta$ 时，并不意味着晶体管已经失去放大能力，只是说明 β 降低了。只有当 $f>f_T$ 时，电流放大系数才小于 1，晶体管失去了放大作用。f_T 常作为衡量晶体管高频性能好坏的指标，一般可以从手册上查到。但要注意，f_T 的大小与晶体管的工作状态有关。

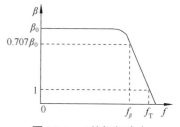

图 2.7.5 β 的幅频响应

3）共基截止频率 f_α

共基极电流放大系数 $\alpha=I_C/I_E$，它和共发射极电流放大系数 β 之间的关系是 $\alpha=\beta/(1+\beta)$。考虑晶体管的电容效应后，α 也必然是频率的函数。同样将 α 下降到低频电流放大系数 α_0 的 0.707 倍时对应的频率定义为共基截止频率，以 f_α 表示。通过计算可以求得 f_α 与 f_β 之间

的关系为

$$f_\alpha=(1+\beta_0)\,f_\beta \qquad\qquad (2.7.2)$$

因为 $\beta_0 \gg 1$，所以晶体管共基极放大电路的频率特性比共发射极放大电路好。

2.7.3　放大电路的频率失真

由前面可知，实际输入放大电路的信号并非单一频率的正弦波，而是可以分解为许多不同频率、不同振幅、不同相位的正弦波的复杂信号。因此，若放大电路的通频带不够宽，不能将这个复杂信号中所有的频率成分都包含在内，则势必使某些低频成分与高频成分得不到同样的放大，从而使输出信号在幅值上产生失真，将这种失真称为幅度失真。不仅如此，各频率成分经放大后，它们相互间的相位差也将产生变化，从而使输出信号在相位上也产生了失真，将这种失真称为相位失真。

幅度失真与相位失真统称为频率失真。频率失真的结果就是输出信号不能重现输入信号的波形。例如，在图 2.7.6（a）中有一个可分解为基波与二次谐波的输入信号，若放大电路对这两种频率成分的电压放大倍数不同，则经放大后输出信号与输入信号的波形就会不一致，即产生幅度失真。产生相位失真时波形的变化情况如图 2.7.6（b）所示。

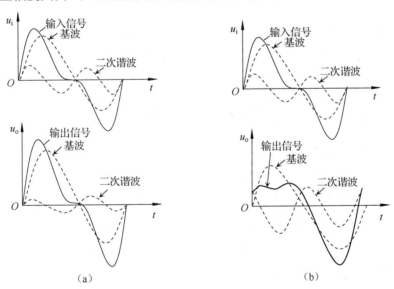

图 2.7.6　频率失真时的波形

频率失真与前面所述的非线性失真（由晶体管的非线性引起）不同，它是一种**线性失真**，因为**放大电路对复杂信号中每一种频率成分的放大都是线性**的，只是电压放大倍数与相位差不相同，从而使总的信号波形出现失真。

此外，人们对频率失真中的幅度失真与相位失真的感觉是不同的。经研究表明，人的听觉器官对音频信号能够比较敏锐地辨别出由各频率成分的幅度比例变化引起的音调改变，而对于相位失真造成的各频率成分之间波形的前后挪动，却很难感觉出来。因此，对于音频放大器来说，幅度失真是影响其性能的主要方面。相反，人们的视觉器官对波形的相位失真较敏感，所以对于图像放大器，相位失真是影响其性能的主要方面。总之，不同的放大对象对频率特性的要求也不相同。因此，我们在设计放大器时，必须根据不同的要求从技术、经济、工艺等多个方面考虑，而不是一味地追求通频带越宽越好。例如，电话用的放大器通频带为 300Hz~3kHz、一级收音机的通频带为 50Hz~8kHz；普通示波器垂直放大器的通频带为20Hz~10MHz；脉冲波形放大器则要求其相位失真尽可能小，等等。

第 2 章小结视频　　　　第 2 章小结课件

 # 本章小结

1. 晶体管

晶体管的电流放大作用是指集电极电流具有放大基极电流的作用，即 $I_C=\beta I_B$ 。

晶体管 3 个工作区域的偏置条件和特点如下表所示。

晶体管 3 个工作区域的偏置条件和特点

工 作 区 域	偏 置 条 件	特 点
放大区	发射结正偏，集电结反偏	$I_C=\beta I_B$
截止区	发射结反偏，集电结反偏	$I_B\approx0$，$I_C\approx0$
饱和区	发射结正偏，集电结正偏	$I_C<\beta I_B$，$U_{CE}\approx0.3V$ 或 0.1V

2. 放大电路的组成

放大电路是电子线路中最重要的基本电路。放大电路的组成原则是直流通路必须保证晶体管有合适的静态工作点；交流通路必须保证输入信号能够送至放大电路的输入端，放大后的输出信号能够传送至负载。

3. 放大电路的分析

分析放大电路的方法是"先静态，后动态"。

静态分析用于确定放大电路的静态工作点 Q（I_{BQ}，U_{BEQ}，I_{CQ}，U_{CEQ}）。分析方法有估算法和图解法。估算法是通过对放大电路的直流通路列电路方程，求解静态工作点的分析方法；图解法则是利用晶体管的特性曲线，采用作图的方法确定静态工作点的分析方法。

动态分析用于研究放大电路的性能指标。分析方法有图解法和微变等效电路法。图解法利用晶体管的特性曲线对放大电路的动态工作过程进行分析,常用于放大电路的非线性失真和动态工作范围等方面的定性分析。微变等效电路法是在小信号的条件下,把晶体管等效成线性电路的分析方法,通常用于计算放大电路的动态参数,如电压放大倍数、输入电阻和输出电阻。

4．静态工作点稳定电路

在固定偏置放大电路中,静态工作点会随着温度的变化而上下移动,容易使放大电路产生非线性失真。为了稳定静态工作点,常采用分压偏置放大电路。利用基极电位的稳定及发射极电阻的负反馈作用,使集电极电流的变化受到抑制,从而达到稳定静态工作点的目的。

5．晶体管基本放大电路的 3 种组态

晶体管基本放大电路分为共发射极放大电路、共集电极放大电路和共基极放大电路 3 种组态,其特点各不相同,有着各自不同的应用场合。共发射极放大电路主要用于信号的放大;共集电极放大电路主要用于多级放大电路的输入级、输出级及中间缓冲级;共基极放大电路主要用于高频信号的放大。

6．多级放大电路

为了使放大电路的性能满足实际应用的需求,通常要采用由多个单级放大电路组成的多级放大电路。多级放大电路最常见的耦合方式有直接耦合、阻容耦合和变压器耦合。直接耦合主要用于集成电路,其特点是可以放大任何频率的信号,但各级的静态工作点会相互影响,并且存在零漂现象。阻容耦合和变压器耦合主要用于分立元件电路中,其特点是各级的静态工作点相互独立,但不能放大直流信号和低频信号。

多级放大电路的电压放大倍数等于各级的电压放大倍数之积;输入电阻为第一级电路的输入电阻;输出电阻就是最后一级的输出电阻。

7．放大电路的频率响应

放大电路中存在电容,包括耦合电容、旁路电容、极间电容、负载电容等,使放大电路对不同频率的正弦信号具有不同的放大能力和相位移。电路的电压放大倍数与信号频率之间的关系称为频率响应,也称频率特性,包括幅频响应和相频响应。

若放大电路的通频带不够宽,不能将输入信号中的所有频率成分都包含在内,则会使放大电路的输出波形产生幅度失真与相位失真,它们统称为频率失真。频率失真是一种线性失真。

习题 2

2.1　在电路中测得有关晶体管各电极对地的电位，如题 2.1 图所示，试判断各晶体管处于哪种工作状态，并简要说明理由。

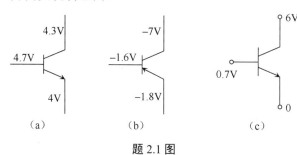

题 2.1 图

2.2　在一个工作正常的放大电路中，测得某晶体管的 3 个引脚对地的电位分别为-9V、-6V、-6.2V，试判断各引脚所属的电极，晶体管是锗晶体管还是硅晶体管，是 NPN 型晶体管还是 PNP 型晶体管？

2.3　有两个晶体管，一个晶体管的 β=180，I_{CEO}=300μA；另一个晶体管的 β=60，I_{CEO}=15μA，其他参数大致相同。当作为放大信号用时，你认为选择哪一个合适？为什么？

2.4　如题 2.4 图所示的各电路中，哪些电路有放大作用？哪些电路不能正常工作？并简要说明原因。

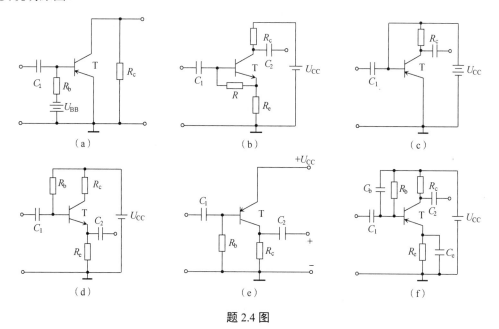

题 2.4 图

2.5　判断题 2.5 图中的两个电路有无错误？若有错误请改正。

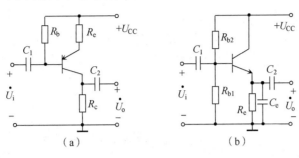

题 2.5 图

2.6　放大电路如题 2.6 图所示，已知 U_{CC}=12V，R_c=2kΩ，晶体管为硅晶体管，β=60。（1）若 R_b=220kΩ，求 I_{CQ} 和 U_{CEQ}；（2）若希望在静态时 U_{CEQ}=9V，求 R_b。

2.7　放大电路如题 2.7 图所示，已知 R_b=120kΩ，R_c=1.5kΩ，$|U_{CC}|$=16V，晶体管型号为 3AX21（锗晶体管），β=40。（1）在图上标出 U_{CC} 和 C_1、C_2 的极性；（2）计算静态工作点（I_{BQ}，I_{CQ}，U_{CEQ}）；（3）如果原来的晶体管坏了，换上一只 β=80 的晶体管，问此时电路能否正常工作？为什么？

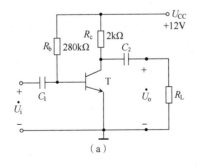

题 2.6 图

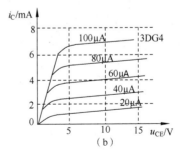

题 2.7 图

2.8　放大电路如题 2.8 图（a）所示，晶体管为硅晶体管，其输出特性曲线如题 2.8 图（b）所示。

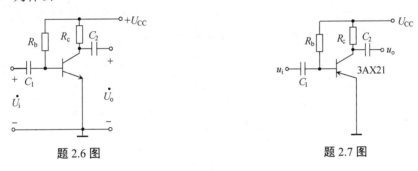

题 2.8 图

（1）用图解法确定静态工作点，从图上查出 I_{CQ}、U_{CEQ} 的数值。

（2）若 U_{CC} 及 R_b 不变，将 R_c 改为 4kΩ，重作直流负载线，问静态工作点如何变化？

（3）若 U_{CC} 及 R_c 不变，将 R_b 改为 140kΩ，问静态工作点如何变化？

（4）若 R_c 及 R_b 不变，将 U_{CC} 改为 9V，重作直流负载线，并求静态工作点。

2.9　放大电路如题 2.9 图所示，已知晶体管为硅晶体管，$\beta=50$。（1）画出直流通路，计算静态工作点 Q；（2）画出交流通路和微变等效电路，计算电压放大倍数 A_u、输入电阻 R_i 和输出电阻 R_o。

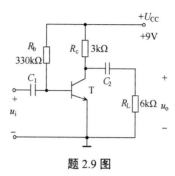

题 2.9 图

2.10　如题 2.9 图所示的放大电路中，当改变电路参数和输入信号时，用示波器观察输出电压 u_o，发现有如题 2.10 图所示的 4 种波形。

（1）指出它们有无失真。如有失真，属于何种类型（饱和失真或截止失真）？

（2）分析造成上述波形失真的原因，并提出改进措施。

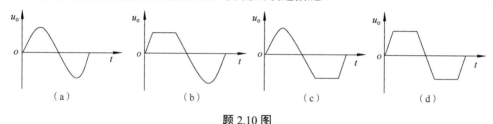

（a）　　　　　　（b）　　　　　　（c）　　　　　　（d）

题 2.10 图

2.11　在题 2.11 图中，已知 $R_b=300kΩ$，$R_c=2.5kΩ$，晶体管的 $\beta=100$，$R_L=10kΩ$，$U_{BE}\approx0.7V$，C_1、C_2 的容抗可忽略。试计算：（1）静态工作点；（2）电压放大倍数 A_u；（3）若加大输入信号的幅值，则首先出现什么性质的失真（饱和失真还是截止失真）？为了减小失真应改变哪个电阻的阻值？是增大还是减小？

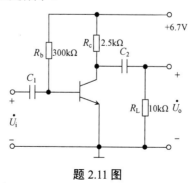

题 2.11 图

2.12　在题 2.12 图中，已标出正常工作时晶体管各电极的直流电位值。当电路发生故障时，测得各电极的直流电位为 $V_c=3.5V$，$V_b=4V$，$V_e=3.3V$。试问：

（1）此时晶体管工作于哪个区域（放大区、饱和区还是截止区）？

（2）产生故障的原因是哪个电阻发生了开路或短路？

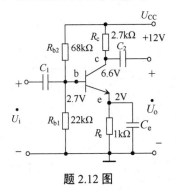

题 2.12 图

2.13　放大电路如题 2.13 图所示，已知晶体管的 β、r_{be}，且 $r_{be} \ll \beta R_e$，试求：

（1）当开关 S_1、S_2 均断开时的空载电压放大倍数 $A_{u1} = \dfrac{\dot{U}_{o1}}{\dot{U}_i}$ 和 $A_{u2} = \dfrac{\dot{U}_{o2}}{\dot{U}_i}$。

（2）当 $R_c = R_e$ 时，是否存在 $|\dot{U}_{o1}| = |\dot{U}_{o2}|$？为什么？$\dot{U}_{o1}$ 为 S_1 接通、S_2 断开时的输出电压；$\dot{U}_{o2}$ 为 S_1 断开、S_2 接通时的输出电压。

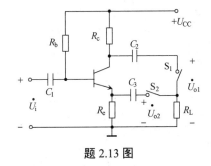

题 2.13 图

2.14　试计算题 2.14 图中各电路的输入电阻 R_i。设所有晶体管的 $\beta=100$，$I_{CQ}=1mA$。

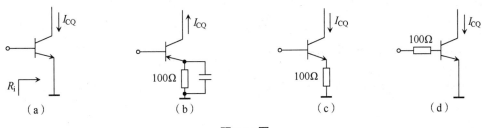

题 2.14 图

2.15　测得某放大电路的开路输出电压为 1V，当接上 27kΩ 的负载时，输出电压降到

0.7V，求放大电路的输出电阻 R_o。

2.16 放大电路如题 2.16 图（a）所示，测得晶体管集电极对地的电位 V_c=4V，试判断：

（1）该电路的直流负载线为题 2.16 图（b）中的哪一条？

（2）该电路的静态工作点为 Q_1、Q_2、Q_3 和 Q_4 中的哪一个？

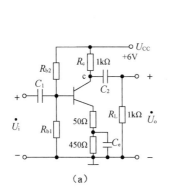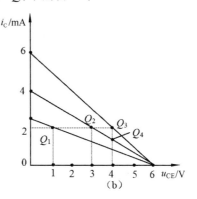

题 2.16 图

2.17 放大电路如题 2.17 图（a）所示。试按照所给的参数，在题 2.17 图（b）的输出特性曲线中：（1）画出直流负载线；（2）确定静态工作点 Q（设 $U_{BE}\approx0.7V$）；（3）画出交流负载线；（4）计算最大不失真输出电压的幅值。

2.18 用微变等效电路法计算题 2.17 图（a）所示放大器的电压放大倍数 A_u、输入电阻 R_i 和输出电阻 R_o。

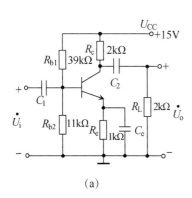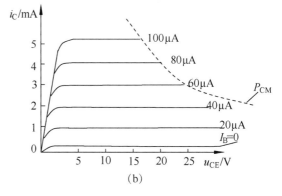

题 2.17 图

2.19 放大电路如题 2.19 图所示，已知晶体管的 β=100，$U_{BE}\approx0.7V$。（1）求静态工作点 Q；（2）画出微变等效电路；（3）求电压放大倍数 $A_u=\dfrac{\dot{U}_o}{\dot{U}_i}$；（4）求电源电压放大倍数 $A_{us}=\dfrac{\dot{U}_o}{\dot{U}_s}$；（5）求输入电阻 R_i 和输出电阻 R_o。

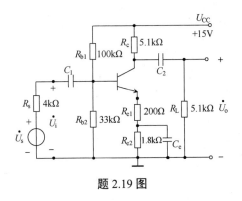

题 2.19 图

2.20　实验电路如题 2.19 图所示，C_1、C_2 和 C_e 的容抗均很小，可以忽略。有 6 组同学按此图接线，接入电源 U_{CC} 和信号源 $U_s=20mV$ 后，用交流电压表量出的 U_b、U_e、U_c 和 U_o 的值列于下表。试分析哪些组测试数据正确？哪些组测试数据有问题？并指出是什么故障（元件开路或短路）。

U_b、U_e、U_c、U_o 的测量值

项目 组别	U_b/mV	U_e/mV	U_c/mV	U_o/mV	故 障 分 析
1	0	0	0	0	
2	14.9	13.4	342.7	0	
3	14.9	13.4	342.7	342.7	
4	16.9	16.4	21	21	
5	14.9	13.4	171.4	171.4	
6	20	18	230	230	

2.21　在如题 2.21 图所示的共集电极放大电路中，已知晶体管的 $\beta=50$，$U_{BE}\approx0.7V$，其他元件的数值已在图中标出。（1）计算静态工作点 Q；（2）画出微变等效电路，并计算电压放大倍数 A_u；（3）计算输入电阻 R_i 和输出电阻 R_o。

2.22　共基极放大电路如题 2.22 图所示。已知 $U_{CC}=12V$，$R_{b1}=10k\Omega$，$R_{b2}=20k\Omega$，$R_c=5.6k\Omega$，$R_e=3.3k\Omega$，$R_L=5.6k\Omega$，晶体管的 $U_{BE}\approx0.7V$，$\beta=50$。（1）计算静态工作点 Q；（2）画出电路的交流通路和微变等效电路，计算输入电阻 R_i 和输出电阻 R_o；（3）计算电压放大倍数 A_u，并说明 $\dot{U}_o$ 和 $\dot{U}_i$ 的相位关系。

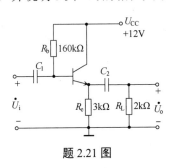

题 2.21 图

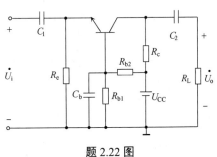

题 2.22 图

2.23 画出如题 2.23 图所示电路的交流通路和微变等效电路。

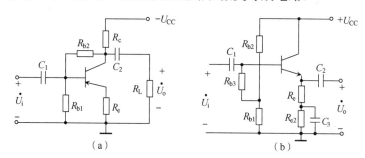

题 2.23 图

2.24 判断题 2.24 图所示的电路中晶体管 T_1、T_2 的工作状态（放大区、饱和区或截止区）及电路的组态（共发射极放大电路、共基极放大电路或共集电极放大电路），并简要说明理由。设电路中 $C_1 \sim C_4$ 的容抗均忽略。

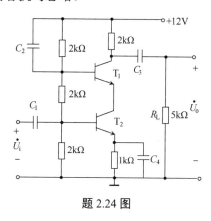

题 2.24 图

2.25 在题 2.25 图所示的阻容耦合多级放大电路中，设晶体管 T_1、T_2 的参数为 $\beta_1 = \beta_2 = 50$，$U_{BE1} = U_{BE2} = 0.7\text{V}$。试求：（1）各级放大电路的静态工作点；（2）总的电压放大倍数 A_u；（3）输入电阻 R_i 和输出电阻 R_o。

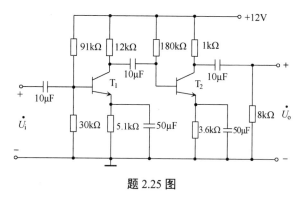

题 2.25 图

2.26 设题 2.26 图所示的电路中，晶体管 β 均为 100，且 $r_{be1} = 5\text{k}\Omega$，$r_{be2} = 1.5\text{k}\Omega$。试求：

（1）输入电阻 R_i 和输出电阻 R_o；（2）总的电压放大倍数 A_u。

2.27 题 2.27 图中的两个放大电路 I 和 II 的特性完全相同，空载电压放大倍数 $A_{u1}=A_{u2}=50$，$R_{o1}=R_{i2}=1k\Omega$，如果把它们直接相连，试求总的电压放大倍数 A_u。

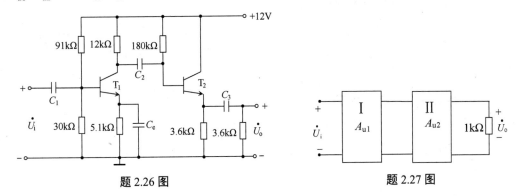

题 2.26 图   题 2.27 图

2.28 假设一个单级放大器的通频带是 50Hz~50kHz，$A_{um}=40dB$，画出该放大器的对数幅频特性。如果输入一个 $10\sin(2\pi\times100\times10^3 t)$（mV）的正弦信号，问是否会产生波形失真？

第3章 场效应管及其放大电路

场效应管（Field Effect Transistor，FET）是一种利用电场效应控制其电流大小的半导体器件。由于其内部只有一种载流子参与导电，所以又称为单极型晶体管。与双极型晶体管相比，场效应管具有输入阻抗高、噪声低、热稳定性好、抗辐射能力强、制造工艺简单、便于大规模集成等优点，所以得到了越来越广泛的应用。

场效应管按结构可分为结型场效应管（Junction FET，JFET）和绝缘栅场效应管（Isolated Gate FET，IGFET）。本章介绍场效应管的结构、工作原理及特性参数，并在此基础上介绍由场效应管构成的基本放大电路。

 ## 3.1 结型场效应管

结型场效应管视频　　结型场效应管课件

3.1.1 结型场效应管的结构与类型

根据导电载流子的不同，结型场效应管可分为 N（电子型）沟道结型场效应管和 P（空穴型）沟道结型场效应管。N 沟道结型场效应管的剖面图如图 3.1.1（a）所示，其结构示意图如图 3.1.1（b）所示。在一块 N 型半导体材料两边扩散高掺杂的 P$^+$型区，形成两个 PN结。从两个 P$^+$型区引出电极连在一起作为控制极，称为栅极 G（Gate），相当于晶体管的基极 b。在 N 型半导体材料的两端各引出一个电极，分别称为源极 S（Source）和漏极 D（Drain），相当于晶体管的发射极 e 和集电极 c。两个 PN 结中间的 N 型区域称为导电沟道。N 沟道结型场效应管的电路符号如图 3.1.1（c）所示，其中，箭头的方向表示栅源之间正偏时栅极电流的方向，即由 P 指向 N，所以由符号即可判断结型场效应管的沟道类型。按照类似的方法可以制成 P 沟道结型场效应管，其电路符号如图 3.1.1（d）所示。

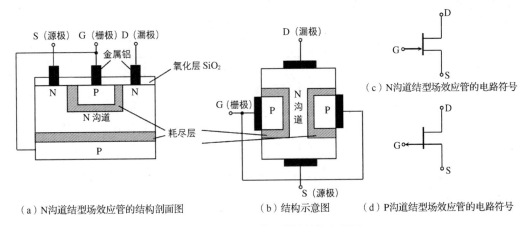

图 3.1.1　结型场效应管的结构和符号

3.1.2　结型场效应管的工作原理

下面以 N 沟道结型场效应管为例，介绍它的工作原理。

结型场效应管工作于放大状态时，栅极与源极之间的偏置电压应使栅极与导电沟道之间的两个 PN 结反偏（$u_{GS}<0$），栅极电流 $i_G \approx 0$，栅源之间的输入电阻高于 $10^7\Omega$。同时，还需要在漏极与源极之间加正向电压 u_{DS}（$u_{DS}>0$），使导电沟道中的多子（电子）在电场的作用下由源极向漏极运动，形成漏极电流 i_D。改变栅-源电压 u_{GS} 的大小，就可以改变 PN 结的厚度，导电沟道的宽度随之改变，导电沟道的电阻也随之变化，从而实现利用栅-源电压 u_{GS} 控制漏极电流 i_D 的作用。

1. u_{GS} 对导电沟道及 i_D 的控制作用

先讨论当 $u_{DS}=0$ 时，u_{GS} 对导电沟道的控制作用。若 $u_{GS}=0$，耗尽层很窄，导电沟道很宽，如图 3.1.2（a）所示。当 u_{GS} 由零向负减小时，在反偏电压 u_{GS} 的作用下，两个 PN 结的耗尽层加宽，导电沟道变窄，导电沟道的电阻增大，如图 3.1.2（b）所示。需要说明的是，由于 N 型半导体的掺杂浓度远低于 P 型半导体的掺杂浓度，所以耗尽层的厚度主要增加在 N 型半导体一侧。当 $|u_{GS}|$ 增大到某一数值时，两侧耗尽层在中间合拢，导电沟道被夹断，如图 3.1.2（c）所示，此时导电沟道的电阻趋于无穷大。导电沟道夹断时的栅-源电压称为夹断电压 $U_{GS(off)}$。在 N 沟道结型场效应管中，u_{GS} 和 $U_{GS(off)}$ 均为负值；在 P 沟道结型场效应管中，u_{GS} 和 $U_{GS(off)}$ 均为正值。

上述分析表明，改变 u_{GS} 的大小可以有效地控制导电沟道电阻的大小。若在漏极和源极间加上固定的正向电压（$u_{DS}>0$），则由漏极流向源极的电流 i_D 将受到 u_{GS} 的控制，当 $|u_{GS}|$ 增大时，导电沟道的电阻增大，i_D 减小。由此可见，结型场效应管利用 u_{GS} 产生的电场变化改变导电沟道的电阻的大小，从而实现对漏极电流 i_D 的控制，因此称为场效应管。由于场

效应管的 PN 结处于反偏状态，所以栅极电流很小，通常忽略不计。

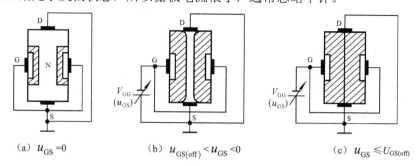

（a）$u_{GS}=0$ （b）$u_{GS(off)}<u_{GS}<0$ （c）$u_{GS}\leqslant U_{GS(off)}$

图 3.1.2　当 $u_{DS}=0$ 时，u_{GS} 对导电沟道的控制作用

2. 当 u_{GS} 为常量时，u_{DS} 对漏极电流 i_D 的影响

在栅极和源极间加一个 $U_{GS(off)}$ 到 0 的固定电压 u_{GS}，若 $u_{DS}=0$，此时虽然存在一定宽度的导电沟道，但是漏极和源极之间的电压为零，多子不会产生定向移动，所以漏极电流 $i_D=0$。

若 $u_{DS}>0$，则有电流 i_D 从漏极流向源极。同时，此电流将沿着导电沟道的方向产生一个电压降，这就使导电沟道上各点的电位不同，从而使导电沟道上各点与栅极之间的电位差不同，其值沿沟道从源极到漏极逐渐增大。即导电沟道两侧 PN 结的反偏电压逐渐增大，使靠近漏极一侧的耗尽层比靠近源极一侧的耗尽层宽，如图 3.1.3（a）所示。

因为 $u_{GD}=u_{GS}-u_{DS}<0$，所以当 u_{DS} 由零逐渐增大时，u_{GD} 逐渐减小，靠近漏极一侧的导电沟道必将随之变窄。若栅极和漏极之间不出现夹断区域，则导电沟道的电阻基本取决于 u_{GS}。此时，i_D 随 u_{DS} 的增大而线性增大，导电沟道呈现电阻特性。一旦 u_{DS} 增大到使 $u_{GD}=U_{GS(off)}$ 时，则漏极一侧的耗尽层开始出现夹断，如图 3.1.3（b）所示，此时称为预夹断。若 u_{DS} 继续增大，则 $u_{GD}<U_{GS(off)}$，耗尽层闭合部分将沿导电沟道方向延伸，即夹断区变长，如图 3.1.3（c）所示。这时，自由电子从源极向漏极定向移动所受阻力增大（只能从夹断区的窄缝以较高速度通过），导电沟道电阻的增大抵消了电压 u_{DS} 的增大，使 i_D 几乎不再随 u_{DS} 的增大而改变。即 u_{DS} 的增大几乎全部用于克服夹断区对 i_D 形成的阻力。因此，从外部看，在 $u_{GD}<U_{GS(off)}$ 的情况下，当 u_{DS} 增大时 i_D 几乎不变，即 i_D 只与 u_{GS} 有关，表现出恒流特性。

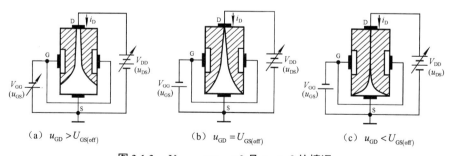

（a）$u_{GD}>U_{GS(off)}$ （b）$u_{GD}=U_{GS(off)}$ （c）$u_{GD}<U_{GS(off)}$

图 3.1.3　$U_{GS(off)}<u_{GS}<0$ 且 $u_{DS}>0$ 的情况

由以上分析可知，在 $u_{GD} = u_{GS} - u_{DS} < U_{GS(off)}$，即 $u_{DS} > u_{GS} - U_{GS(off)}$ 的情况下，i_D 几乎不随 u_{DS} 变化，对应于确定的 u_{GS} 就有确定的 i_D。此时，可以通过 u_{GS} 控制 i_D 的大小。由于 i_D 受 u_{GS} 的控制，所以结型场效应管为电压控制器件。其工作状态可概括如下。

（1）当 $u_{GS} < U_{GS(off)}$ 时，结型场效应管截止，$i_D = 0$。

（2）当 $u_{GD} = u_{GS} - u_{DS} > U_{GS(off)}$ 时，对应于不同的 u_{GS}，漏极和源极之间可等效成不同阻值的电阻。

（3）当 $u_{GD} = u_{GS} - u_{DS} = U_{GS(off)}$ 时，导电沟道出现预夹断。

（4）当 $u_{GD} = u_{GS} - u_{DS} < U_{GS(off)}$ 时，i_D 几乎仅仅由 u_{GS} 决定，而与 u_{DS} 无关，此时可以把 i_D 看成受 u_{GS} 控制的受控电流源。

3.1.3　结型场效应管的伏安特性

结型场效应管的伏安特性常用输出特性曲线和转移特性曲线表示。

1．输出特性

输出特性又称漏极特性，它反映了当 u_{GS} 为常量时 i_D 和 u_{DS} 之间的关系，即

$$i_D = f(u_{DS})\big|_{u_{GS}=常量} \tag{3.1.1}$$

N 沟道结型场效应管的输出特性曲线如图 3.1.4 所示，它有 3 个工作区域：可变电阻区、恒流区（饱和区）和夹断区（截止区）。

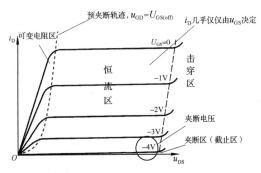

图 3.1.4　N 沟道结型场效应管的输出特性曲线

1）可变电阻区

当 $U_{GS(off)} < u_{GS} < 0$ 且 $u_{DS} \leq u_{GS} - U_{GS(off)}$ 时，结型场效应管工作于可变电阻区，即图 3.1.4 中预夹断轨迹（$u_{GD} = U_{GS(off)}$）左边的区域。

在可变电阻区，当 u_{GS} 一定时，i_D 与 u_{DS} 之间近似线性关系，漏极与源极之间呈现电阻特性，其等效电阻值即该区域中近似直线斜率的倒数。由图 3.1.4 可知，漏极与源极之间的等效电阻随 u_{GS} 改变。u_{GS} 越小，曲线的斜率越小，等效电阻就越大。这是因为 u_{GS} 越小，PN

结反偏电压越大，耗尽层越厚，导电沟道越窄，所以漏极与源极之间的等效电阻就越大。在可变电阻区，漏极与源极之间可等效为一个受 u_{GS} 控制的可变电阻。

2）恒流区（饱和区）

当 $u_{GS(off)} < u_{GS} < 0$ 且 $u_{DS} \geqslant u_{GS} - u_{GS(off)}$ 时，结型场效应管工作于恒流区，即图 3.1.4 中曲线近似水平方向平行部分。可变电阻区和恒流区的分界线即预夹断轨迹。

结型场效应管预夹断后，i_D 基本上不随 u_{DS} 变化，只与栅-源电压 u_{GS} 有关，可等效为受 u_{GS} 控制的受控电流源，所以恒流区又称饱和区或线性放大区。将结型场效应管当作放大器件使用时，结型场效应管必须工作于恒流区。

3）夹断区（截止区）

当 $u_{GS} < U_{GS(off)}$ 时，结型场效应管处于导电沟道完全夹断的情况，工作于截止区，即图 3.1.4 中靠近横轴的区域，此时 $i_D \approx 0$。

图 3.1.4 中还标出了当 u_{DS} 太大时，夹断部分场强太大，引起 i_D 显著增大的击穿区。

2. 转移特性

结型场效应管是电压控制器件，由于其栅极输入端基本上没有电流，所以没有像晶体管那样的输入特性。

结型场效应管的转移特性是指在 u_{DS} 为定值时，u_{GS} 对 i_D 的控制特性，即

$$i_D = f(u_{GS})\big|_{u_{DS}=常量} \tag{3.1.2}$$

转移特性曲线如图 3.1.5（a）所示。转移特性曲线可根据输出特性曲线绘制，具体方法如图 3.1.5 中虚线所示。

在恒流区，转移特性可近似用下式表示：

$$i_D = I_{DSS}\left(1 - \frac{u_{GS}}{U_{GS(off)}}\right)^2 \tag{3.1.3}$$

式中，I_{DSS} 为饱和漏极电流，它是 $u_{GS} = 0$ 时的 i_D。

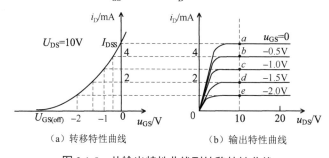

（a）转移特性曲线　　　　　　（b）输出特性曲线

图 3.1.5　从输出特性曲线到转移特性曲线

P 沟道结型场效应管的工作原理和伏安特性，读者可据此自行分析。

3.2 绝缘栅场效应管

绝缘栅场效应管视频 绝缘栅场效应管课件

结型场效应管在正常工作时 PN 结反偏，所以其输入电阻 r_{GS}（$r_{GS} = u_{GS} / i_G$）较高，可达 $10^7 \Omega$，但是反偏的 PN 结仍有微小的反向电流，所以当需要更大的输入电阻时，应采用绝缘栅场效应管。在绝缘栅场效应管中，目前常用二氧化硅（SiO_2）作金属铝（Al）和半导体之间的绝缘层，称为金属-氧化物-半导体（Metal Oxide Semiconductor，MOS）场效应管，简称 MOSFET 或 MOS 管。由于 MOS 管的栅极与源极、栅极与漏极之间用 SiO_2 绝缘层隔离，所以其输入电阻更高，可达 $10^9 \Omega$。

根据导电载流子的不同，MOS 管可分为 N 沟道 MOS 管（NMOS）和 P 沟道 MOS 管（PMOS）。根据导电沟道形成机理不同，又可分为增强型 MOS 管和耗尽型 MOS 管，所以 MOS 管有 4 种类型：N 沟道增强型 MOS 管、N 沟道耗尽型 MOS 管、P 沟道增强型 MOS 管、P 沟道耗尽型 MOS 管。下面分别讨论增强型和耗尽型两种类型 MOS 管的工作原理、特性及主要参数。

3.2.1 增强型 MOS 管

下面以 N 沟道增强型 MOS 管为例，介绍其工作原理和伏安特性。

N 沟道增强型 MOS 管的结构示意图如图 3.2.1（a）所示，以一块掺杂浓度较低、电阻率较高的 P 型硅半导体为衬底，采用扩散的方法形成两个高掺杂浓度的 N^+ 型区，引出两个铝电极，分别为漏极 D 和源极 S。在漏极和源极之间的 P 型硅半导体表面制作一层很薄的 SiO_2 绝缘层，引出一个铝电极，为栅极 G。通常情况下，衬底和源极在制造时已短接在一起，此时漏极和源极不可互换。N 沟道增强型 MOS 管的电路符号如图 3.2.1（b）所示，电路符号中的箭头方向表示由 P（衬底）指向 N（导电沟道），垂直短画线代表导电沟道，短画线表示当栅-源无电压时，漏极与源极之间无导电沟道。

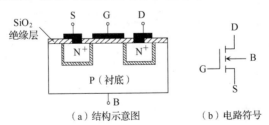

（a）结构示意图 （b）电路符号

图 3.2.1 N 沟道增强型 MOS 管

1. 工作原理

（1）在图 3.2.1（a）中，将源极和衬底短接，若 $u_{GS} = 0$，则漏极和源极之间有两个背靠背的 PN 结，所以无论 u_{DS} 的大小、极性如何，总有一个 PN 结反偏，漏极和源极之间无导电沟道，此时漏极电流 $i_D \approx 0$，N 沟道增强型 MOS 管处于截止状态。

把源极和衬底、漏极和源极分别短接，在栅极和源极之间加正向电压 $u_{GS}(u_{GS} > 0)$，如图 3.2.2 所示。因为漏极、源极及衬底被短接在一起，所以栅极和衬底相当于一个以 SiO_2 为介质的平板电容器。由于 $u_{GS} > 0$，所以在该平板电容器内形成了由栅极指向衬底的电场，该电场会排斥空穴而吸引电子，衬底中的多子（空穴）被排斥向下移动，剩下不能移动的负离子区，形成耗尽层，如图 3.2.2（a）所示。该电场同时吸引衬底中的少子（电子）向栅极移动。当 u_{GS} 增大时，向栅极移动的电子数增加，在绝缘层和耗尽层中间形成 N 型薄层，称为反型层。该反型层沟通了漏极和源极的 N$^+$ 型区而形成导电沟道，即 N 沟道，如图 3.2.2（b）所示。随着 u_{GS} 的增大，反型层加厚，N 沟道的电阻减小。通常把形成导电沟道时的最小栅-源电压 u_{GS} 称为开启电压 $U_{GS(th)}$。

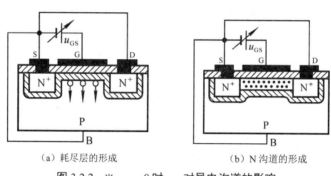

（a）耗尽层的形成　　　　　　　　　　（b）N 沟道的形成

图 3.2.2　当 $u_{DS} = 0$ 时 u_{GS} 对导电沟道的影响

当 $u_{GS} > U_{GS(th)}$ 且保持不变时，若在漏极和源极之间加正向电压 $u_{DS}(u_{DS} > 0)$，则将产生一定的漏极电流 i_D。此时，u_{DS} 的变化对导电沟道的影响与结型场效应管类似。当 $u_{DS} > 0$ 且较小时，导电沟道呈楔形，靠近漏极一侧窄，靠近源极一侧宽，如图 3.2.3（a）所示。当导电沟道未被夹断时，导电沟道电阻的不均匀性不明显，若 u_{GS} 为定值，则导电沟道的电阻几乎不变，i_D 随 u_{DS} 增大而线性增大。若进一步增大 u_{DS}，则 $u_{GD}(u_{GD} = u_{GS} - u_{DS})$ 减小，靠近漏极一侧的导电沟道变得更窄。当 u_{GD} 减小到 $U_{GS(th)}$ 时，导电沟道预夹断，如图 3.2.3（b）所示。继续增大 u_{DS}，使 $u_{GD} = u_{GS} - u_{DS} < U_{GS(th)}$，即 $u_{DS} > u_{GS} - U_{GS(th)}$ 时，夹断区延长，如图 3.2.3（c）所示，导电沟道的电阻增大，u_{DS} 的增大部分几乎全部用于克服夹断区对漏极电流的阻力。从外部看，i_D 几乎不再随 u_{DS} 增大，而基本保持预夹断时的数值，N 沟道增强型 MOS 管进入恒流区，i_D 几乎仅仅决定于 u_{GS}。

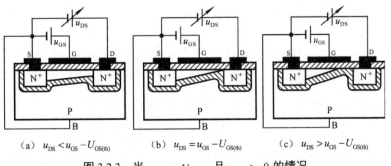

（a）$u_{DS} < u_{GS} - U_{GS(th)}$　　　（b）$u_{DS} = u_{GS} - U_{GS(th)}$　　　（c）$u_{DS} > u_{GS} - U_{GS(th)}$

图 3.2.3　当 $u_{GS} > U_{GS(th)}$ 且 $u_{DS} > 0$ 的情况

2. 伏安特性

N 沟道增强型 MOS 管的输出特性曲线和转移特性曲线如图 3.2.4 所示。与结型场效应管相似，N 沟道增强型 MOS 管也有 3 个工作区域，即截止区、可变电阻区和恒流区。

（1）截止区（夹断区）

当 $u_{GS} < U_{GS(th)}$ 时，导电沟道尚未形成，N 沟道增强型 MOS 管工作于截止区，如图 3.2.4（b）中靠近横轴的区域，此时 $i_D = 0$。

（2）可变电阻区

当 $u_{GS} > U_{GS(th)}$ 且 $u_{DS} \leqslant u_{GS} - U_{GS(th)}$ 时，N 沟道增强型 MOS 管工作于可变电阻区，如图 3.2.4（b）中预夹断轨迹（$u_{GD} = U_{GS(th)}$）左边的区域。

（3）恒流区（饱和区或放大区）

当 $u_{GS} > U_{GS(th)}$ 且 $u_{DS} \geqslant u_{GS} - U_{GS(th)}$ 时，N 沟道增强型 MOS 管工作于饱和区，如图 3.2.4（b）中曲线近似水平方向的平行区域，此时 u_{DS} 较大。在恒流区，N 沟道增强型 MOS 管的漏极电流 i_D 与栅-源电压 u_{GS} 的关系表达式为：

$$i_D = I_{DO}\left(\frac{u_{GS}}{U_{GS(th)}} - 1\right)^2 \qquad (3.2.1)$$

式中，I_{DO} 是 $u_{GS} = 2U_{GS(th)}$ 时的漏极电流 i_D。

当 u_{DS} 过高时会出现击穿，即 N 沟道增强型 MOS 管进入击穿区。

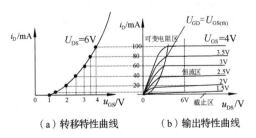

（a）转移特性曲线　　　（b）输出特性曲线

图 3.2.4　N 沟道增强型 MOS 管的特性曲线

P 沟道增强型 MOS 管的工作原理和伏安特性，读者可据此自行分析。

3.2.2 耗尽型 MOS 管

由前面分析可知，N 沟道增强型 MOS 管在 $u_{GS}<U_{GS(th)}$ 时，漏极和源极之间不存在导电沟道，在工作时 u_{GS} 只能是单极性的，这给使用带来不便。耗尽型 MOS 管在制造时，在漏极和源极之间的 SiO_2 中掺入带电离子，这些带电离子将吸引半导体衬底中的异性载流子，从而出现反型层，即不需要外接电路导电沟道就已存在。例如，在 N 沟道耗尽型 MOS 管中，漏极和源极之间的 SiO_2 中已掺入带正电的离子，这些正离子吸引 P 型衬底中的电子，使靠近 SiO_2 一侧的 P 型衬底中形成 N 型反型层，如图 3.2.5 所示。

耗尽型 MOS 管的工作原理与增强型 MOS 管类似，只是其 u_{GS} 可正可负。

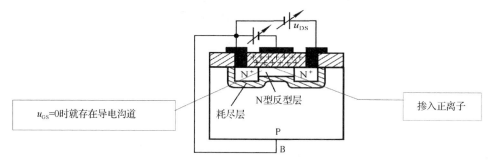

图 3.2.5 N 沟道耗尽型 MOS 管结构示意图

4 种 MOS 管的电路符号和特性曲线如表 3.2.1 所示。

表 3.2.1 4 种 MOS 管的电路符号和特性曲线

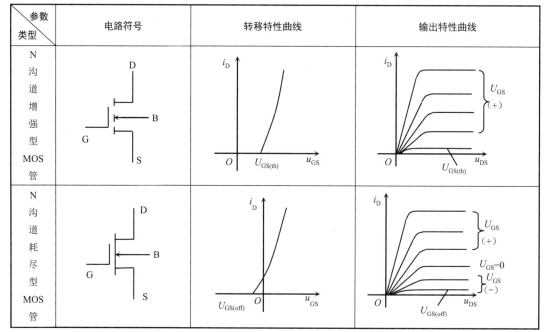

参数 类型	电路符号	转移特性曲线	输出特性曲线
N沟道增强型MOS管			
N沟道耗尽型MOS管			

续表

参数 类型	电路符号	转移特性曲线	输出特性曲线
P 沟 道 增 强 型 MOS 管	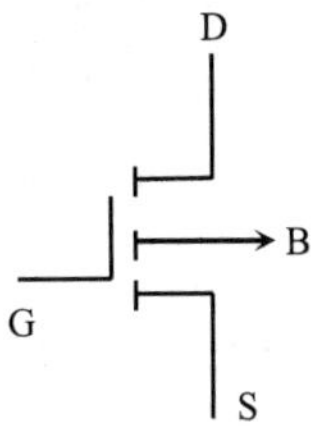	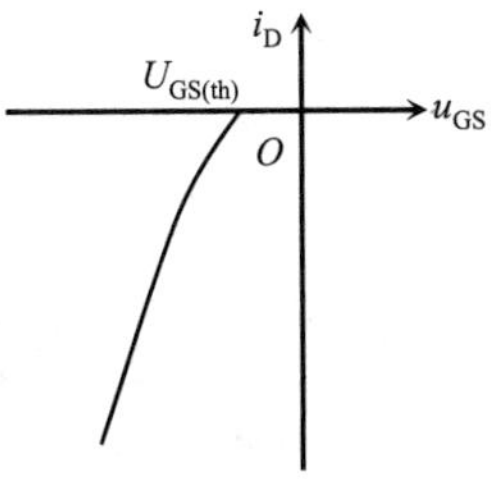	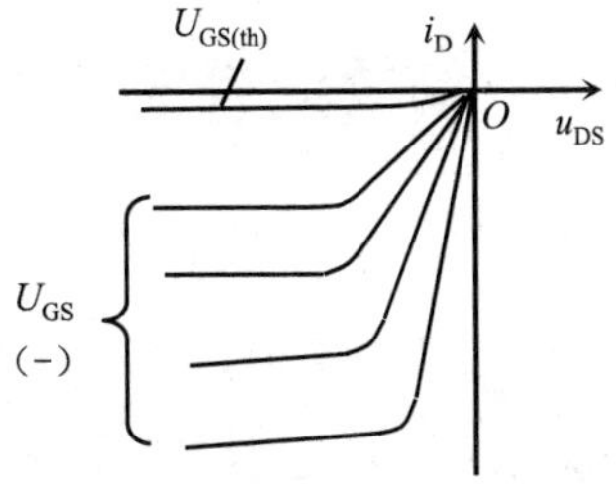
P 沟 道 耗 尽 型 MOS 管	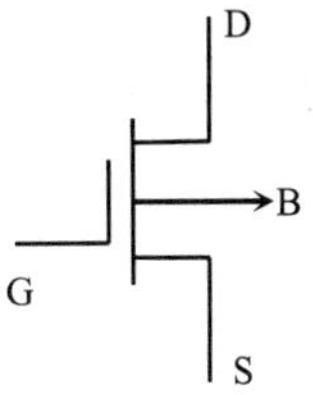	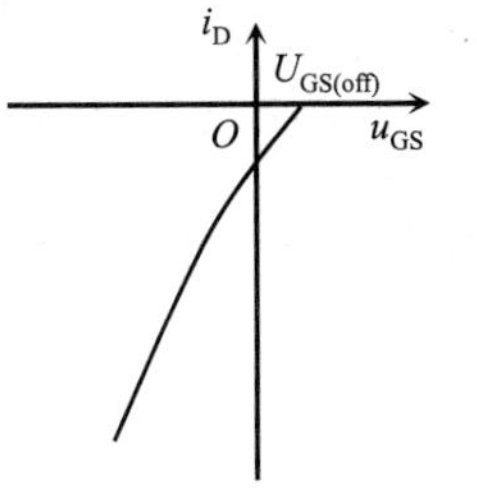	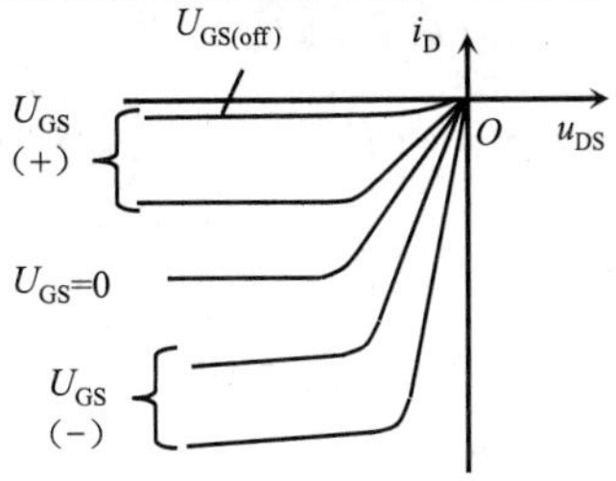

3.2.3　MOS 管使用注意事项

MOS 管使用注意事项如下所示。

（1）由于 MOS 管的输入电阻极高，一般大于 $10^9\Omega$，所以当 MOS 管受到外界电场影响时，栅极感应的电荷没有释放通道，而 SiO_2 绝缘层的电容容量很小，只要有很少的感应电荷就能产生很高的电压，从而使很薄的 SiO_2 绝缘层击穿导致 MOS 管损坏。因此，无论是在存放时，还是在使用中，MOS 管都应该避免栅极悬空。测试时所用仪器应保证接地良好，焊接时要将烙铁可靠接地。

（2）MOS 管在保存时需要将各极短路。目前市场上已有在栅极与源极之间引入保护用二极管的场效应管，这样使用时就方便安全许多。

（3）MOS 管的源极与漏极在结构上是对称的，一般可将源极与漏极互换使用。如果 MOS 管内部已将衬底与源极短接，则源极与漏极不能互换。对于结型场效应管来说，漏极与源极是可以互换的。

3.2 测试题

3.3 场效应管的参数和小信号模型

场效应管的参数和小
信号模型视频　场效应管的参数和小
信号模型课件

3.3.1 场效应管的主要参数

1. 夹断电压 $U_{GS(off)}$

当 u_{DS} 为常量时，使漏极电流 i_D 为规定的微小电流（如 20μA）时的栅-源电压为夹断电压 $U_{GS(off)}$。$U_{GS(off)}$ 是耗尽型场效应管的主要参数。

2. 开启电压 $U_{GS(th)}$

当 u_{DS} 为常量时，使漏极电流 i_D 为规定的微小电流（如 50μA）时的栅-源电压为开启电压 $U_{GS(th)}$。$U_{GS(th)}$ 是增强型 MOS 管的主要参数。

3. 饱和漏极电流 I_{DSS}

结型场效应管或者耗尽型 MOS 管在 u_{DS} 为常量、$u_{GS} = 0$ 时，发生预夹断时的漏极电流为饱和漏极电流 I_{DSS}。

4. 低频跨导 g_m

当 u_{DS} 为固定值时，漏极电流的微小变化量与此时栅-源电压 u_{GS} 的微小变化量之比，称为低频跨导，即

$$g_m = \frac{\partial i_D}{\partial u_{GS}}\bigg|_{u_{DS}=常量} \tag{3.3.1}$$

g_m 反映了栅-源电压 u_{GS} 对漏极电流 i_D 的控制能力，是表征场效应管放大能力的重要参数。g_m 在数值上就等于转移特性曲线上静态工作点处切线的斜率，其大小与工作电流 i_D 有关，如图 3.3.1 所示。由于转移特性曲线是非线性曲线，所以 i_D 越大，g_m 也越大。

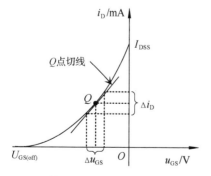
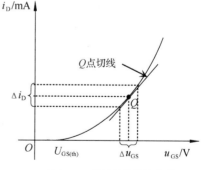

（a）结型场效应管的转移特性曲线　　　（b）MOS管的转移特性曲线

图 3.3.1　结型场效应管与 MOS 管的转移特性曲线

5．极限参数

1）漏极最大允许电流 I_{DM}

漏极最大允许电流 I_{DM} 是指场效应管正常工作时漏极电流的最大允许值，相当于双极型晶体管的集电极最大允许电流 I_{CM}。

2）漏极最大允许耗散功率 P_{DM}

漏极耗散功率就是漏极电流 i_D 与漏-源电压 u_{DS} 的乘积，即 $P_D = u_{DS}i_D$。在正常使用时，P_D 必须小于漏极最大允许耗散功率 P_{DM}。若超过这个数值，则场效应管会因过热而烧毁，它相当于双极型晶体管的集电极最大允许耗散功率 P_{CM}。

3）漏-源击穿电压 $U_{(BR)DS}$

漏-源击穿电压 $U_{(BR)DS}$ 是指场效应管工作于恒流区时，使 i_D 急剧增加的 u_{DS} 值。

4）栅-源击穿电压 $U_{(BR)GS}$

栅-源击穿电压 $U_{(BR)GS}$ 是指栅极源极之间反向电流开始急剧增加时的 u_{GS}。结型场效应管的 $U_{(BR)GS}$ 就是栅极与导电沟道之间 PN 结的反向击穿电压；MOS 管的 $U_{(BR)GS}$ 就是 SiO_2 绝缘层击穿时的 u_{GS}。

3.3.2　场效应管的小信号模型

与分析晶体管的等效模型相同，将场效应管看成一个二端口网络，栅极与源极之间看成输入端口；漏极与源极之间看成输出端口。以 N 沟道增强型 MOS 管为例，可以认为栅极电流为零，栅极和源极之间只有电压存在。而 i_D 是 u_{GS} 和 u_{DS} 的函数，即

$$i_D = f\left(u_{GS}, u_{DS}\right) \tag{3.3.2}$$

取其全微分，可得：

$$di_D = \left.\frac{\partial i_D}{\partial u_{GS}}\right|_{U_{DS}} du_{GS} + \left.\frac{\partial i_D}{\partial u_{DS}}\right|_{U_{GS}} du_{DS} \tag{3.3.3}$$

其中，$\left.\dfrac{\partial i_D}{\partial u_{GS}}\right|_{U_{DS}}$ 为跨导 g_m，而

$$\left.\frac{\partial i_D}{\partial u_{DS}}\right|_{U_{GS}} = \frac{1}{r_{ds}} \tag{3.3.4}$$

当信号幅值较小时，场效应管的电流和电压只在 Q 点附近变化，因此可认为在 Q 点附近的特性是线性的，g_m 和 r_{ds} 近似为常数。式（3.3.3）可以写成：

$$i_d = g_m u_{gs} + \frac{1}{r_{ds}} u_{ds} \tag{3.3.5}$$

由式（3.3.5）可画出场效应管在低频时的微变等效电路，如图 3.3.2 所示。在放大电路

中，r_{ds} 的数值通常大于几十千欧，远大于漏极的等效负载电阻，所以可将其视为开路。

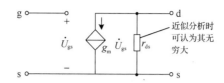

图 3.3.2　场效应管在低频时的微变等效电路

3.3.3　场效应管与晶体管的比较

场效应管和晶体管的主要区别包括以下几个方面。

1．导电机理

场效应管只利用一种载流子导电，而晶体管则利用两种载流子导电。

2．结构对称性

场效应管的结构具有对称性，如果 MOS 管的衬底在电路内部事先不与源极相连，则 MOS 管的源极和漏极可以互换。而晶体管的结构没有对称性，它的集电极与发射极是不能互换的。

3．控制方式

场效应管工作于放大状态时，漏极电流 i_D 基本上只随栅-源电压 u_{GS} 的变化而变化，所以是电压控制器件。

晶体管工作于放大状态时，集电极电流 i_C 基本上只随基极电流 i_B 的变化而变化，所以是电流控制器件。

4．放大能力

场效应管的跨导 g_m 较小，所以其放大能力较弱；晶体管的电流放大系数 β 较大，所以放大能力较强。

5．直流输入电阻

场效应管的直流输入电阻大（结型场效应管大于 $10^7\Omega$，MOS 管大于 $10^9\Omega$）；而晶体管的直流输入电阻较小（发射结正偏）。

6．稳定性及噪声

场效应管具有较好的温度稳定性、抗辐射性和低噪声性，而双极型晶体管受温度和辐射的影响较大。这是因为场效应管只依靠自由电子或空穴在导电沟道中的漂移运动实现导电，导电能力不易受环境的影响；而双极型晶体管则主要依靠基区中非平衡少子的扩散运动导电，其导电能力受外界环境影响较大。

3.3 测试题

3.4　场效应管放大电路

场效应管放大电路视频　场效应管放大电路课件

与双极型晶体管相似，场效应管也可构成 3 种基本放大电路：共源极放大电路、共漏极放大电路和共栅极放大电路。为了使场效应管放大电路可以线性地放大信号，必须设置合适的静态工作点，以保证在信号的整个周期内，场效应管均工作于放大区。下面分别讨论场效应管放大电路的偏置方法及其静态分析和动态分析。

3.4.1　场效应管偏置电路及其静态分析

1．基本共源放大电路

基本共源放大电路采用的是 N 沟道增强型 MOS 管，如图 3.4.1 所示，U_{GG} 是栅极回路的直流电源，其作用是给 MOS 管的栅极和源极之间加上合适的直流偏置电压，以保证 $u_{GS} > u_{GS(th)}$。U_{DD} 是漏极回路的直流电源，其作用是保证在漏极和源极之间加上一个合适的工作电压 u_{DS}。R_d 与共发射极放大电路中的 R_c 具有完全相同的作用，它将漏极电流 i_D 的变化转换成电压 u_{DS} 的变化，从而实现电压放大。

1）图解法求解静态工作点

令 $u_i = 0$，由于栅极与源极之间是绝缘的，所以栅极电流 $I_G = 0$，此时 $U_{GSQ} = U_{GG}$。

假设场效应管的输出特性曲线已知，首先在输出特性曲线中找到 $U_{GS} = U_{GG}$ 的那条输出特性曲线，然后作直流负载线 $U_{DS} = U_{DD} - I_D R_d$，如图 3.4.2 所示。直流负载线与输出特性曲线的交点就是静态工作点 Q，读其坐标值即得 I_{DQ} 和 U_{DSQ}。

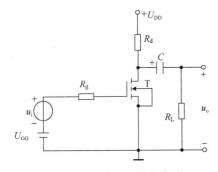

图 3.4.1　基本共源放大电路

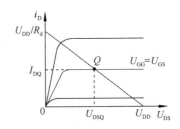

图 3.4.2　图解法求静态工作点

2）估算法求解静态工作点

由图 3.4.1 可知，$U_{GSQ} = U_{GG}$，代入式（3.2.1）可得 I_{DQ}，即

$$I_{DQ} = I_{DO} \left(\frac{U_{GSQ}}{U_{GS(th)}} - 1 \right)^2 \tag{3.4.1}$$

对输出回路列 KVL 方程

$$U_{DSQ} = U_{DD} - I_{DQ}R_d \qquad\qquad (3.4.2)$$

由此可得静态工作点 Q（U_{GSQ}，I_{DQ}，U_{DSQ}）。

例 3.4.1　基本共源放大电路如图 3.4.1 所示，已知 $U_{GG} = 2V$，$U_{DD} = 5V$，$U_{GS(th)} = 1V$，$I_{DO} = 0.2mA$，$R_d = 12k\Omega$。试计算此电路的静态工作点。

解：令 $u_i = 0$，则 $U_{GSQ} = U_{GG} = 2V$

由式（3.4.1）可得：

$$I_{DQ} = I_{DO}\left(\frac{U_{GSQ}}{U_{GS(th)}} - 1\right)^2 = 0.2\times\left(\frac{2}{1} - 1\right)^2 = 0.2mA$$

由式（3.4.2）可得：

$$U_{DSQ} = U_{DD} - I_{DQ}R_d = 5 - 0.2\times12 = 2.6V$$

$\because U_{DSQ} > U_{GSQ} - U_{GS(th)} = 1$

$\therefore$ 场效应管工作于饱和区，静态工作点 Q（2V，0.2mA，2.6V）。

为了使信号源和放大电路"共地"，也为了采用单电源供电，在实用电路中多采用下面介绍的自给偏压电路和分压式偏置电路。

2．自给偏压电路

N 沟道结型场效应管放大电路如图 3.4.3 所示，该电路也是典型的自给偏压电路。在静态时，$I_G \approx 0$，使栅极电位近似为零，由于 N 沟道结型场效应管在 $U_{GS} = 0$ 时导电沟道就已存在，所以图 3.4.3 中源极的静态电位为正，故 $u_{GS} < 0$，满足场效应管的工作条件。

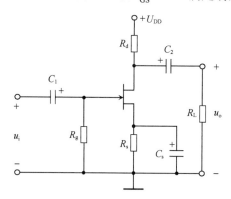

图 3.4.3　自给偏压电路

1）公式法估算静态工作点

由下式可求得自给偏压电路的静态工作点：

$$
\begin{cases}
U_{GSQ} = -I_{DQ}R_s \\
I_{DQ} = I_{DSS}\left(1 - \dfrac{U_{GSQ}}{U_{GS(off)}}\right)^2 \\
U_{DSQ} = U_{DD} - I_{DQ}\left(R_s + R_d\right)
\end{cases} \tag{3.4.3}
$$

2）图解法求解静态工作点

利用图解法求解场效应管自给偏压电路的静态工作点的步骤如下所示。

在转移特性曲线上根据 $U_{GS} = -I_D R_s$ 作直线 OL，该直线与转移特性曲线的交点即静态工作点 Q，读其坐标值即得 I_{DQ} 和 U_{GSQ}，如图 3.4.4（a）所示。

根据 $U_{DD} = U_{DS} + I_D\left(R_s + R_d\right)$ 在输出特性曲线上画出对应的直流负载线 MN。过 Q 点作水平线，水平线与直线 MN 的交点 Q' 所对应的横坐标即 U_{DSQ}，如图 3.4.4（b）所示。

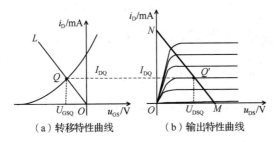

（a）转移特性曲线　　　（b）输出特性曲线

图 3.4.4　图解法求解自给偏压电路的静态工作点

3．分压式偏置电路

N 沟道结型场效应管构成的分压式偏置电路如图 3.4.5 所示。为了提高电路的输入阻抗，引入了高阻值的 R_g。由于栅极电流几乎为零，所以栅极电位 V_G 由 R_{g1} 和 R_{g2} 分压得到：

$$
V_G = \frac{R_{g2}}{R_{g1} + R_{g2}} U_{DD}
$$

而 $V_S = I_D R_s$，所以

$$
U_{GSQ} = \frac{R_{g2}}{R_{g1} + R_{g2}} U_{DD} - I_D R_s
$$

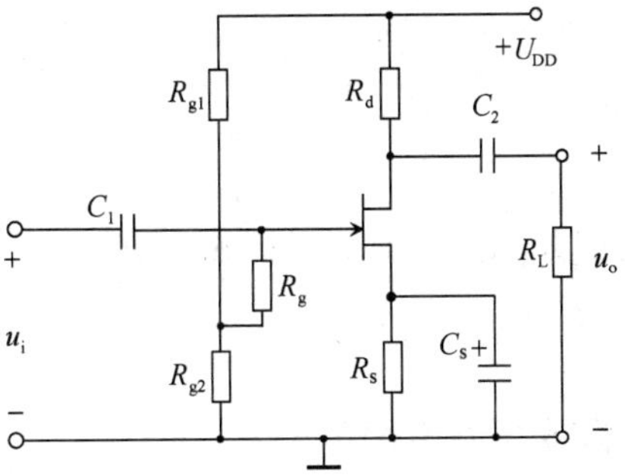

图 3.4.5　分压式偏置电路

由此可见，只要选择不同比例的 R_{g1} 和 R_{g2}，U_{GS} 的大小和极性均可不同，因此分压式偏置电路适用于任何类型的场效应管。

联立求解以下方程式，即可求得此电路的静态工作点：

$$\begin{cases} U_{GSQ} = \dfrac{R_{g2}}{R_{g1} + R_{g2}} U_{DD} - I_{DQ} R_s \\[3mm] I_{DQ} = I_{DSS}\left(1 - \dfrac{U_{GSQ}}{U_{GS(off)}}\right)^2 \\[3mm] U_{DSQ} = U_{DD} - I_{DQ}\left(R_s + R_d\right) \end{cases} \tag{3.4.4}$$

如果为增强型 MOS 管，只需要将方程式中的 $U_{GS(off)}$ 换成 $U_{GS(th)}$、将 I_{DSS} 换成 I_{DO} 即可。

用图解法求解分压式偏置电路静态工作点的步骤与自给偏压电路相似。

3.4.2 场效应管放大电路的动态分析

1. 共源极放大电路的微变等效电路分析法

图 3.4.3 所示共源极放大电路的微变等效电路如图 3.4.6 所示，由此可求出电路的动态参数。

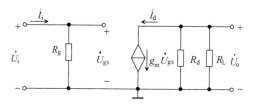

图 3.4.6 共源极放大电路的微变等效电路

电压放大倍数：

$$A_u = \frac{\dot{U}_o}{\dot{U}_i} = \frac{-g_m \dot{U}_{gs}(R_d /\!/ R_L)}{\dot{U}_{gs}} = -g_m(R_d /\!/ R_L) \tag{3.4.5}$$

输入电阻：

$$R_i = \frac{\dot{U}_i}{\dot{I}_i} = R_g \tag{3.4.6}$$

令 $\dot{U}_i = 0$，则 $\dot{U}_{GS} = 0$，所以 $g_m \dot{U}_{GS} = 0$，可得输出电阻：

$$R_o \approx R_d \tag{3.4.7}$$

2. 共漏极放大电路的微变等效电路分析法

共漏极放大电路及其微变等效电路如图 3.4.7 所示，由此可求出电路的动态参数。

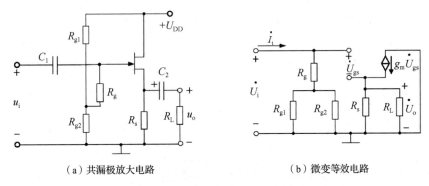

（a）共漏极放大电路 （b）微变等效电路

图 3.4.7 共漏极放大电路及其微变等效电路

电压放大倍数：

$$A_u = \frac{\dot{U}_o}{\dot{U}_i} = \frac{g_m \dot{U}_{gs}(R_s /\!/ R_L)}{\dot{U}_{gs} + g_m \dot{U}_{gs}(R_s /\!/ R_L)} = \frac{g_m(R_s /\!/ R_L)}{1 + g_m(R_s /\!/ R_L)} \tag{3.4.8}$$

输入电阻：

$$R_i = \frac{\dot{U}_i}{\dot{I}_i} = R_g + R_{g1} /\!/ R_{g2} \tag{3.4.9}$$

为了求出共漏极放大电路的输出电阻 R_o，令 $u_i = 0$，把 R_L 开路，在 R_L 原来的位置上加电压 u_x，求电流 i_x，如图 3.4.8 所示。

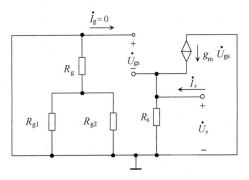

图 3.4.8 求共漏极放大电路的输出电阻等效图

由

$$(\dot{I}_x + g_m \dot{U}_{gs})R_s = -\dot{U}_{gs}$$

可得：

$$\dot{I}_x = -\frac{1 + g_m R_s}{R_s} \dot{U}_{gs}$$

$$R_o = \frac{\dot{U}_x}{\dot{I}_x} = \frac{-\dot{U}_{gs}}{-\frac{1 + g_m R_s}{R_s} \dot{U}_{gs}} = \frac{1}{\frac{1}{R_s} + g_m} = R_s /\!/ \frac{1}{g_m} \tag{3.4.10}$$

例 3.4.2   电路如图 3.4.9 所示，设 R_{g1}=90kΩ，R_{g2}=60kΩ，$R_d = R_L = 30$kΩ，U_{DD}=5V，$U_{GS(th)}$=1V，I_{DO}=0.1mA，$g_m = 0.2$mS。（1）计算静态工作点 Q（U_{GSQ}，I_{DQ}，U_{DSQ}），判断场效应管的工作状态；（2）计算电压放大倍数 A_u、输入电阻 R_i 和输出电阻 R_o。

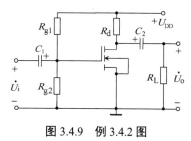

图 3.4.9   例 3.4.2 图

解：（1）直流通路如图 3.4.10 所示。由图 3.4.10 可得：

$$U_{GSQ} = \frac{R_{g2}}{R_{g1} + R_{g2}} U_{DD} = \frac{60}{60 + 90} \times 5 = 2\text{V}$$

由式（3.4.1）得：

$$I_{DQ} = I_{DO}\left(\frac{U_{GSQ}}{U_{GS(th)}} - 1\right)^2 = 0.1 \times \left(\frac{2}{1} - 1\right)^2 = 0.1\text{mA}$$

对输出回路列 KVL 方程，得：

$$U_{DSQ} = U_{DD} - I_{DQ}R_d = 5 - 0.1 \times 30 = 2\text{V} > U_{GSQ} - U_{GS(th)}$$

所以场效应管工作于饱和区，静态工作点 Q（2V，0.1mA，2V）。

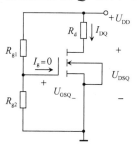

图 3.4.10   直流通路

（2）该电路的微变等效电路如图 3.4.11 所示，由此可求得动态参数。

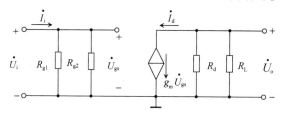

图 3.4.11   微变等效电路

$$A_u = \frac{\dot{U}_o}{\dot{U}_i} = -g_m(R_d \parallel R_L) = -0.2 \times (30 \parallel 30) = -3$$

$$R_i = \frac{\dot{U}_i}{\dot{I}_i} = R_{g1} \parallel R_{g2} = 60 \parallel 90 = 36\text{k}\Omega$$

$$R_o = R_d = 30\text{k}\Omega$$

3.4 测试题

 本章小结

（1）场效应管（FET）分为结型场效应管（JFET）和绝缘栅场效应管（MOS 管），每一类又有 N 沟道和 P 沟道之分。结型场效应管只有耗尽型，而绝缘栅场效应管有增强型和耗尽型两种。二者因结构上的差异，其控制漏极电流的机理不完全相同，但都是利用栅-源电压 u_{GS} 的变化控制导电沟道的宽窄，从而达到控制漏极电流 i_D 的目的，所以场效应管是电压控制器件。因为其内部只有一种载流子参与导电，所以为单极型器件。

（2）场效应管的伏安特性有输出特性和转移特性，二者之间有严格的对应关系，由输出特性曲线可对应求出转移特性曲线。输出特性曲线通常可划分为可变电阻区、恒流区（饱和区）和夹断区（截止区）。在放大电路中，场效应管工作于恒流区。

（3）场效应管放大电路有 3 种基本组态：共源极放大电路、共漏极放大电路和共栅极放大电路，其静态分析方法、动态分析方法与晶体管放大电路基本相同。场效应管放大电路与晶体管放大电路有一一对应关系，即共发射极对共源极、共集电极对共漏极、共基极对共栅极。共源极放大电路可实现反相放大，输入电阻大；共漏极放大电路又称为源极输出器，u_o 与 u_i 同相，电压放大倍数 A_u 小于 1，输入电阻大，输出电阻小；共栅极放大电路可实现同相放大，输入电阻小。

（4）场效应管的性能比双极型晶体管优越，具有输入阻抗高、噪声低、功耗小等优点，所以它的应用十分广泛，尤其在集成电路中。

 习题 3

第 3 章综合测试题

3.1　选择题

（1）下列场效应管中，没有原始导电沟道的为（　　　）。

    A．N 沟道结型场效应管　　　　　B．N 沟道耗尽型 MOS 管

    C．P 沟道增强型 MOS 管　　　　　D．P 沟道耗尽型 MOS 管

（2）当 $U_{GS} = 0$ 时，不可能工作于恒流区的场效应管是（　　　）。

    A．结型场效应管　　　　　　　　B．增强型 MOS 管

    C．P 沟道耗尽型 MOS 管　　　　　D．N 沟道耗尽型 MOS 管

（3）场效应管用于放大电路时，工作于（　　　）。

    A．恒流区　　B．可变电阻区　　　　C．截止区　　　　　　D．击穿区

（4）下列不属于场效应管的特点的是（　　　）。

    A．场效应管的输入电阻高　　　　B．噪声低

    C．只有一种载流子参与导电　　　D．放大能力强

3.2　场效应管有哪几种类型，各种管子在结构上有什么特点？画出各种场效应管的电路符号。

3.3　为什么场效应管的导电沟道出现预夹断后，其漏极电流基本上不再随漏-源电压的增大而增大？

3.4　简述开启电压 $U_{GS(th)}$、夹断电压 $U_{GS(off)}$ 的含义，并说明如何由转移特性曲线确定它们的值。

3.5　场效应管的放大能力用什么参数表示？它是如何定义的？

3.6　为什么场效应管的输入电阻非常大？

3.7　在题 3.7 图所示的电路中，已知场效应管的 $U_{GS(off)} = -4V$，问在下列 3 种情况下，管子分别工作于什么状态（区域）？

（1）$u_{GS} = -7V$，$u_{DS} = 3V$；（2）$u_{GS} = -2V$，$u_{DS} = 4V$；（3）$u_{GS} = -2V$，$u_{DS} = 1V$。

3.8　一个结型场效应管的转移特性曲线如题 3.8 图所示，试问它是 N 沟道结型场效应管还是 P 沟道结型场效应管？它的夹断电压 $U_{GS(off)}$ 和饱和漏极电流 I_{DSS} 各是多少？

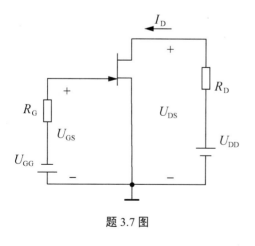

题 3.7 图

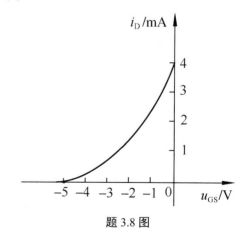

题 3.8 图

3.9 在题 3.9 图所示的电路中接入什么类型的管子，能使之正常放大？要求写出两种管子。

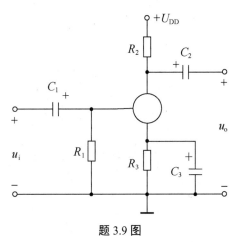

题 3.9 图

3.10 在题 3.10 图所示的电路中，已知场效应管处于放大状态，$I_{DSS} = 7mA$，$U_{GS(off)} = -8V$。电路参数为 $U_{DD} = 30V$，$R_G = 1M\Omega$，$R_D = 3k\Omega$，$R_1 = R_2 = 500\Omega$。试确定其静态工作点 Q。

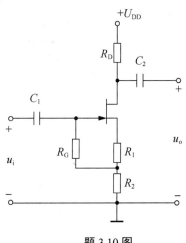

题 3.10 图

3.11 在题 3.11 图所示的电路中，已知 $U_{DD} = 20V$，$R_{G1} = 300k\Omega$，$R_{G2} = 100k\Omega$，$R_{G3} = 2M\Omega$，$R_D = 10k\Omega$，$R_1 = 2k\Omega$，$R_2 = 10k\Omega$，各电容的容量都足够大，场效应管在工作点上的跨导 $g_m = 1mS$，设 $r_{ds} \gg R_D$。（1）画出微变等效电路；（2）计算电压放大倍数 A_u；（3）计算放大电路的输入电阻 R_i 和输出电阻 R_o。

3.12 在题 3.12 图所示的电路中，已知场效应管工作于恒流区，$R_G = 1.1M\Omega$，$R_S = 10k\Omega$，各电容的容量都足够大，场效应管在工作点上的跨导 $g_m = 0.9mS$，设 r_{ds} 可以忽略。求放大电路的电压放大倍数 A_u、输入电阻 R_i 和输出电阻 R_o。

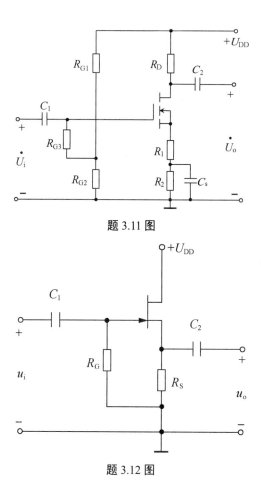

题 3.11 图

题 3.12 图

第4章 集成运算放大器

前面几章介绍的电路都是分立元件电路，也就是由各种单个元器件连接起来的电路。分立元件电路具有可靠性差和体积庞大这两个致命弱点。随着微电子技术的发展，各种集成电路层出不穷。集成电路就是把整个电路的元器件，及其相互之间的连接同时制造在一块半导体芯片上，组成不可分割的整体。

与分立元件电路相比，集成电路具有体积小、可靠性高、成本低等优点。模拟集成电路中最主要的代表器件就是集成运算放大器。集成运算放大器的应用十分广泛，它既能放大交流信号，也能放大直流信号，还可以制成各种函数关系的运算电路、信号处理电路等实用电路。本章将全面介绍集成运算放大器的组成单元、性能参数和等效电路。

 ## 4.1 差分放大电路

差分放大电路视频　　差分放大电路课件

4.1.1 直接耦合放大电路的零漂现象

在集成运算放大器（以下正文简称集成运放）中，由于无法制造大电容，所以只能采用直接耦合的形式。第 2 章对直接耦合多级放大电路也进行过分析，直接耦合多级放大电路的静态工作点设置比较困难，而且还存在零漂问题。所谓零漂就是指输入电压为零而输出电压不为零，且出现缓慢变化的现象。

显然，零漂电压不能反映输入信号的变化，在工程中会造成测量误差和自动控制系统的错误动作，严重时可能淹没真正有用的信号。因此，在实际应用中必须采取措施抑制零漂，主要有以下两种方法。

（1）从外部消除温度的影响，如将电路置于恒温系统中，当然这只适用于一些有特殊要求的场合。

（2）从电路内部采取措施。例如，在分立元件电路中选用高质量的硅晶体管；利用热敏元件进行温度补偿；采用新的电路结构——差分放大电路。最后一种措施特别有效而且容易实现，同时还具有许多其他优点，所以在集成运放的输入级基本上都采用差分放大电路的结构形式。

4.1.2　差分放大电路的分析

1．差分放大电路的基本结构

差分放大电路的基本结构如图 4.1.1 所示。它由两个元件参数完全相同的基本共射放大电路组成，是一种理想的对称电路。正是这种结构上的对称性，才使它具有理想的抑制零漂的作用。

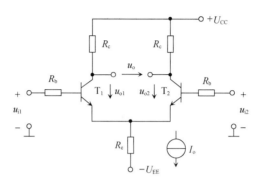

图 4.1.1　差分放大电路的基本结构

电阻 R_e 是晶体管 T_1 与 T_2 公共的发射极电阻，它实际上就是在稳定工作点电路中引入负反馈的发射极电阻，所以它的作用是稳定静态工作点，抑制零漂。通常用等效内阻极大的电流源 I_o 代替电阻 R_e，以便更有效地抑制零漂。负电源（$-U_{EE}$）主要用于补偿发射极电阻 R_e 或电流源 I_o 两端的直流压降，以避免采用电压过高的单一正电源（$+U_{CC}$），并可扩大输出电压的范围。基极电阻 R_b 通常为外接元件（也可不用），其作用是限制基极静态电流，并提高输入电阻。

晶体管 T_1、T_2 的基极与集电极分别为差分放大电路的输入端与输出端。输入信号可以同时从两个输入端输入，也可以只从一个输入端输入而另一个输入端接地。前者称为双端输入，后者称为单端输入。同样，输出信号可以从两个输出端之间输出，也可以只从一个输出端与地之间输出。前者称为双端输出，后者称为单端输出。所以差分放大电路共有 4 种不同的输入与输出方式：双端输入双端输出、双端输入单端输出、单端输入双端输出、单端输入单端输出。在实际使用时可根据需要进行选择。

若两个输入端输入的信号大小相等、极性相同，即 $u_{i1} = u_{i2}$，则称这种输入方式为共模输入。所对应的信号为共模输入信号，用 u_{ic} 表示，即

$$u_{i1} = u_{i2} = u_{ic} \tag{4.1.1}$$

若两个输入端输入的信号大小相等、极性相反，即 $u_{i1} = -u_{i2}$，则称这种输入方式为差模输入。在差模输入方式下，两个输入端的信号之差称为差模输入信号，用 u_{id} 表示，即

$$u_{id} = u_{i1} - u_{i2} \tag{4.1.2}$$

此时

$$u_{i1}=-u_{i2}=(1/2)\,u_{id}$$

当两个输入信号的大小不相等时，则称它们为非对称信号，可将其分解为共模输入信号与差模输入信号两种分量，其中

$$u_{ic} = \frac{1}{2}(u_{i1} + u_{i2}) \qquad\qquad (4.1.3)$$

$$u_{id} = u_{i1} - u_{i2} \qquad\qquad (4.1.4)$$

由以上两式可得

$$u_{i1} = u_{ic} + \frac{1}{2}u_{id} \qquad\qquad (4.1.5)$$

$$u_{i2} = u_{ic} - \frac{1}{2}u_{id} \qquad\qquad (4.1.6)$$

单端输入时的信号如图 4.1.2（a）所示，它就是一种非对称信号，其中，$u_{i1} = u_i$，$u_{i2} = 0$。由式（4.1.3）和式（4.1.4）可求得 $u_{ic} = (1/2)u_i$，$u_{id} = u_i$。再根据式（4.1.5）和式（4.1.6）将其分解，此时的电路就等效于在两个输入端同时输入了一对共模输入信号和一对差模输入信号，所以单端输入也就等效成双端输入了，其等效电路如图 4.1.2（b）所示。因此，我们只需要研究差分放大电路在双端输入方式下分别输入共模输入信号或差模输入信号时的工作情况。

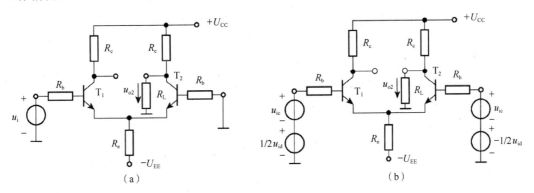

图 4.1.2　单端输入信号的等效分析

当输入信号为非对称信号时，输出电压可看作等效的共模输入信号与差模输入信号分别作用后的叠加。在图 4.1.2（b）中，输出电压 u_{o2} 应是两个分量的代数和，其中一个分量是共模输入信号 u_{ic} 作用产生的共模输出电压 u_{oc2}；另一个分量是差模输入信号 u_{id} 作用产生的差模输出电压 u_{od2}，即

$$u_{o2} = u_{oc2} + u_{od2} \qquad\qquad (4.1.7)$$

双端输出时，也如此处理。

2．差分放大电路抑制零漂的原理

当 $u_{i1} = u_{i2} = 0$ 时，如图 4.1.1 所示电路处于静态。由于电路结构参数完全对称，所以两个晶体管的集电极电流，以及集电极对地的电压必然相等，即 $I_{C1} = I_{C2}$，$U_{o1} = U_{o2}$，因此双端的静态输出电压 $U_o = U_{o1} - U_{o2} = 0$。

当环境温度变化时，因电路完全对称，两个晶体管的集电极电流，以及集电极对地的电压均产生相同的变化量，即 $\Delta I_{C1} = \Delta I_{C2}$，$\Delta U_{o1} = \Delta U_{o2}$，所以两个集电极之间输出的电压变化量 $\Delta U_o = \Delta U_{o1} - \Delta U_{o2} = 0$，即零漂为零。

当加有共模输入信号，即 $u_{i1} = u_{i2} = u_{ic}$ 时，在电路对称的条件下，它们引起的两个晶体管的集电极的电流与电压的变化量必然在大小与方向上均相同，因此双端输出的电压变化量也将为零。放大电路所处环境的温度发生变化，就相当于在电路的输入端加入了一定数值的共模输入信号，温度变化所起的作用与共模输入信号所起的作用在机理与效果上是完全相同的。可见，**一个完全对称的理想差分放大电路，在双端输出时对共模输入信号的放大作用为零，即对零漂的抑制能力为无穷大。**

以上是针对双端输出而言的，若改用单端输出，则无法利用电路的对称性抑制零漂，此时可借助于发射极公共电阻 R_e 抑制零漂。当温度变化或有共模输入信号时，两个晶体管的集电极电流将产生相同的变化，而流过电阻 R_e 的电流为各晶体管的集电极电流的 2 倍，即电阻 R_e 对每个晶体管的作用效果相当于 $2R_e$ 的效果，静态输入和共模输入等效电路如图 4.1.3 所示。所以 R_e 负反馈作用的效果会更明显，使两个晶体管的集电极电流朝相反的方向变化，最终自动稳定下来。这一过程可表示如下

若温度 T（℃）$\uparrow \to I_{C1}$（I_{C2}）$\uparrow \to I_E \uparrow \to V_E \uparrow \to U_{BE1}$（$U_{BE2}$）$\downarrow \to I_{B1}$（$I_{B2}$）$\downarrow \to I_{C1}$（$I_{C2}$）$\downarrow$

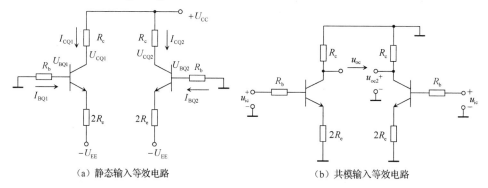

（a）静态输入等效电路　　　　　　　　（b）共模输入等效电路

图 4.1.3　静态输入和共模输入等效电路

由此可见，R_e 的存在使每个晶体管的静态工作点趋于稳定，即每个晶体管的零漂得到了抑制。R_e 越大，所起的抑制零漂的作用就越强，单端输出时的电压变化量就越小。这一点对双端输出也是十分有利的。因为实际的差分放大电路不可能做到完全对称，即两个集电极之间的零漂不可能完全抵消，但是若每个晶体管的零漂都小了，则这种因不对称性存

在的零漂必然就更小了。所以在差分放大电路中毫无例外地都接有电阻 R_e，而且希望它的值尽可能大。

但是，随着 R_e 的增大，所需的电源 U_{CC}、U_{EE} 的值也会随之增大，这在工程技术上往往很难做到。此外，集成电路也无法制作大电阻，因此，**在差分放大电路中常用电流源 I_o 代替电阻 R_e**。这是因为电流源的交流等效电阻极大，理想时为无穷大，而它两端的直流压降却不高。电流源 I_o 的作用还可以这样理解：不论在什么情况下 I_o 都是不变的，而 $I_o= I_{C1}+I_{C2}$，因此 I_{C1}、I_{C2} 也不变。可见用电流源 I_o 代替电阻 R_e 是十分理想的，并且容易集成，所以在集成电路中普遍采用带有电流源的差分放大电路。有关电流源的组成与特点，将在下一节进行专门介绍。

3．差分放大电路的工作原理

如果给差分放大电路输入一对大小相等、极性相反的差模输入信号，则电路的对称性必将使两个晶体管的集电极和发射极的电流产生大小相等、方向相反的变化量，即 $\Delta I_{C1}=-\Delta I_{C2}$，$\Delta I_{E1}=-\Delta I_{E2}$。此时流经发射极电阻 R_e 的电流变化量 $\Delta I_E=\Delta I_{E1}+\Delta I_{E2}=0$，即流过 R_e 的总电流仍保持其静态值不变，于是发射极电位的变化量 $\Delta V_E=0$，说明**电阻 R_e 对差模输入信号不起任何抑制作用，好像被短路了一样**，双端输入差模输入信号的交流通路和半边微变等效电路如图 4.1.4 所示。每个晶体管的集电极对地之间的差模输出电压为：

$$u_{od1} = A_{u1}u_{i1} = A_{u1}\frac{1}{2}u_{id} \tag{4.1.8}$$

$$u_{od2} = A_{u2}u_{i2} = A_{u2}\left(-\frac{1}{2}u_{id}\right) \tag{4.1.9}$$

式中，A_{u1}、A_{u2} 分别表示从晶体管 T_1、T_2 的集电极输出时的差模电压放大倍数。

于是两个集电极之间的差模输出电压为 $u_{od} = u_{od1} - u_{od2} = (A_{u1} + A_{u2})\frac{1}{2}u_{id}$。

因为电路对称，所以有 $A_{u1}=A_{u2}=A_u$，由上式可得：

$$u_{od} = A_u u_{id} \tag{4.1.10}$$

式（4.1.8）～式（4.1.10）表明，当差分放大电路输入差模输入信号时，不论从单端输出还是从双端输出，都有放大了的差模输出电压，而且双端输出是单端输出的两倍。正因为只有在输入差模输入信号时电路才有响应，才有放大作用，所以称为差分放大电路。

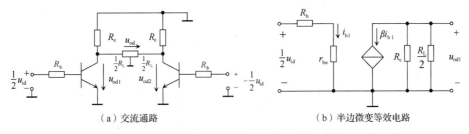

（a）交流通路　　　　　　　　　　　　　　　　（b）半边微变等效电路

图 4.1.4　双端输入差模输入信号的交流通路和半边微变等效电路

4．差分放大电路的静态分析和动态分析

差分放大电路动态分析视频　差分放大电路动态分析课件

1）静态分析

静态输入等效电路如图 4.1.3（a）所示。当输入电压等于零时，由于电路结构对称，所以有 $I_{BQ1}=I_{BQ2}=I_{BQ}$，$I_{CQ1}=I_{CQ2}=I_{CQ}$，$U_{BEQ1}=U_{BEQ2}=U_{BEQ}$，$U_{CQ1}=U_{CQ2}=U_{CQ}$，$\beta_1=\beta_2=\beta$。由晶体管的基极输入回路可得：

$$I_{BQ}R_b + U_{BEQ} + 2I_{EQ}R_e = U_{EE}$$

则静态基极电流为：

$$I_{BQ} = \frac{U_{EE} - U_{BEQ}}{R_b + 2(1+\beta)R_e} \tag{4.1.11}$$

静态集电极电流和电位为：

$$I_{CQ}=\beta I_{BQ} \tag{4.1.12}$$

$$U_{CQ}= U_{CC}-I_{CQ}R_c（对地） \tag{4.1.13}$$

静态基极电位为：

$$U_{BQ}=-I_{BQ}R_b（对地） \tag{4.1.14}$$

2）动态分析

a．差模电压放大倍数

差模电压放大倍数是指在差模输入信号作用下的输出电压与差模输入电压之比。

由式（4.1.10）可求得双端输出时的差模电压放大倍数，即

$$A_{ud} = u_{od}/u_{id} = A_u \tag{4.1.15}$$

由式（4.1.8）或式（4.1.9）可求得单端输出时的差模电压放大倍数 A_{ud} 为：

$$A_{ud1} = u_{od1}/u_{id} = A_u/2 \tag{4.1.16}$$

或

$$A_{ud2} = u_{od2}/u_{id} = -A_u/2 \tag{4.1.17}$$

上式表明，当输入信号的极性一定时，从两个单端输出的差模电压极性相反。

由式（4.1.15）~式（4.1.17）可知，只要求得单边电路的 A_u 就可求得差分放大电路的差模电压放大倍数。由于两个晶体管的集电极对地电压的变化方向相反、变化量相等，所以**在双端输出时，负载 R_L 中点处的电位保持不变，相当于交流接地**。因此，对每边的电路来说其负载电阻为 $R_L/2$。这样就得到了差模输入信号作用下双端输出的交流通路，如图 4.1.4（a）所示。为了便于分析，画出差分放大电路对差模输入信号的半边微变等效电路，如图 4.1.4（b）所示，可求得双端输出时的差模电压放大倍数：

$$A_{ud} = A_u = -\frac{\beta(R_c // \frac{R_L}{2})}{R_b + r_{be}} \tag{4.1.18}$$

单端输出时，因负载电阻 R_L 直接接在单边电路上，所以单边电路的负载为 R_L。对如图 4.1.2 所示电路从晶体管 T_2 的集电极输出，由式（4.1.17）可求得差模电压放大倍数：

$$A_{ud2} = -\frac{A_u}{2} = \frac{\beta(R_c /\!/ R_L)}{2(R_b + r_{be})} \tag{4.1.19}$$

若从晶体管 T_1 的集电极输出，则由式（4.1.16）可求得差模电压放大倍数：

$$A_{ud1} = \frac{A_u}{2} = -\frac{\beta(R_c /\!/ R_L)}{2(R_b + r_{be})} \tag{4.1.20}$$

b．差模输入电阻与输出电阻

差模输入电阻是指在输入差模输入信号时从两个输入端看进去的等效电阻。由图 4.1.4（b）可求得：

$$R_{id} = 2\left(R_b + r_{be}\right) \tag{4.1.21}$$

双端输出的输出电阻 R_o 是从两个集电极看进去的等效电阻。由图 4.1.4（b）可求得：

$$R_o = 2R_c \tag{4.1.22}$$

单端输出时，输出电阻为：

$$R_o = R_c \tag{4.1.23}$$

c．共模电压放大倍数

由于实际的差分放大电路并不完全对称，发射极电阻 R_e 的阻值不可能太大，电流源 I_o 也不可能绝对理想，因此在共模输入下电路中总会存在一定的零漂，即在输出端会产生一定的共模输出电压 u_{oc}。将**共模输出电压 u_{oc} 与共模输入电压 u_{ic}（可视为等效的温度变化）的比值定义为共模电压放大倍数，用 A_{uc} 表示**，即

$$A_{uc} = u_{oc} / u_{ic} \tag{4.1.24}$$

通常用 A_{uc} 衡量电路抑制零漂的能力，A_{uc} 越小，说明电路抑制零漂的能力越强。

由于集成电路可以为差分放大电路提供足够好的对称性，所以在双端输出时两个晶体管的零漂几乎可以完全抵消，此时的共模电压放大倍数近似为零，即

$$A_{uc} = u_{oc} / u_{ic} = \left(u_{oc1} - u_{oc2}\right) / u_{ic} \approx 0 \tag{4.1.25}$$

在单端输出时，由于无法利用两个晶体管的对称性，所以它对共模输入信号的抑制能力不如双端输出的好。此时两个晶体管的集电极电流同时增大或同时减小，所以流过 R_e 的电流变化量为两个晶体管电流变化量之和，其上压降 $\Delta U_{Re} = \Delta I_E R_e = 2\Delta I_{E1} R_e$。从等效的观点看，就相当于每个晶体管的发射极各自串入了 $2R_e$ 的电阻。单端输出时的共模交流通路如图 4.1.5（a）所示，为了便于分析，画出差分放大电路对共模输入信号的半边微变等效电路，如图 4.1.5（b）所示，由此可求得：

$$A_{uc} = \frac{u_{oc1}}{u_{ic}} = \frac{u_{oc2}}{u_{ic}} = \frac{-\beta(R_c /\!/ R_L)}{R_b + r_{be} + (1+\beta)2R_e} \tag{4.1.26}$$

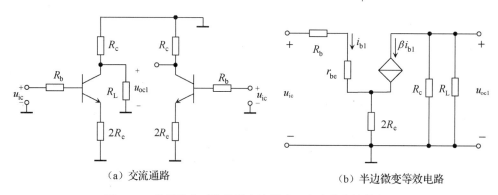

（a）交流通路　　　　　　　　　（b）半边微变等效电路

图 4.1.5　单端输出时的共模交流通路和半边微变等效电路

通常情况下，$[(1+\beta)2R_e] \gg (R_b + r_{be})$ 且 $\beta \gg 1$，故式（4.1.26）可近似写成：

$$A_{uc} \approx -(R_c /\!/ R_L) / 2R_e \qquad (4.1.27)$$

可见，只要 R_e 足够大或采用内阻极大的电流源，即使单端输出也可使 A_{uc} 降至很小，从而取得较理想的抑制零漂的效果。

d．共模抑制比

在实际应用中，温度与电源电压的变化，以及外界干扰等总是同时存在的。双端输入时的信号不可能是纯差模输入信号，可能还含有一定的共模成分。特别是在单端输入时，由式（4.1.3）可知，其共模输入信号分量占输入信号值的一半。在这些情况下，我们希望差分放大电路的差模电压放大倍数越大越好，而共模电压放大倍数越小越好。

为了综合衡量差分放大电路的这一性能，常用一个综合指标——共模抑制比 K_{CMR} 来评价，其定义为差模电压放大倍数 A_{ud} 与共模电压放大倍数 A_{uc} 的数值之比，即

$$K_{CMR} = \left| A_{ud} / A_{uc} \right| \qquad (4.1.28)$$

或用对数形式表示：

$$K_{CMR} = 20\lg \left| A_{ud} / A_{uc} \right| (\text{dB}) \qquad (4.1.29)$$

显然，双端输出时的 K_{CMR} 极大，理想情况下为∞。单端输出时，可由式（4.1.19）与式（4.1.26）得：

$$K_{CMR} = \frac{R_b + r_{be} + (1+\beta)2R_e}{2(R_b + r_{be})} \approx \frac{\beta R_e}{R_b + r_{be}} \qquad (4.1.30)$$

可见，当 R_e 足够大时，单端输出的共模抑制比也能获得相当高的值。这就是差分放大电路中多采用电流源的原因。在实际使用中，一般希望差分放大电路的 K_{CMR} 在 60dB 以上，高质量的差分放大电路则超过 120dB。

例 4.1.1　电路如图 4.1.6 所示，已知晶体管 T_1 与 T_2 完全对称，r_{be}=2.7kΩ，U_{BEQ}=0.7V，β=50。试计算电路的静态工作点及动态参数。

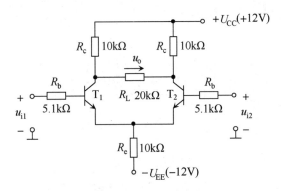

图 4.1.6　例 4.1.1 图

解：（1）静态工作点的估算。

基极电流为：

$$I_{BQ} = \frac{U_{EE} - U_{BEQ}}{R_b + 2(1+\beta)R_e} = 11\mu A$$

集电极电流为：

$$I_{CQ} = \beta I_{BQ} = 0.55 mA$$

集电极对地的电压为：

$$U_C = U_{CC} - I_{CQ}R_c = 12 - 0.55 \times 10 = 6.5V$$

又 $\because u_{i1} = u_{i2} = 0$，$U_E = -I_{BQ}R_b - U_{BE} = -11 \times 10^{-3} \times 5.1 - 0.7 \approx -0.7V$ （发射极对地电位）

$\therefore U_{CEQ} = U_C - U_E = 6.5 - (-0.7) = 7.2V$

（2）动态参数计算。

差模电压放大倍数由式（4.1.18）可求得：

$$A_{ud} = -\frac{\beta(R_c // \frac{R_L}{2})}{R_b + r_{be}} = -\frac{50(10 // 10)}{5.1 + 2.7} = -32.1$$

差模输入电阻由式（4.1.21）可求得：

$$R_{id} = 2(R_b + r_{be}) = 2(5.1 + 2.7) = 15.6k\Omega$$

输出电阻由式（4.1.22）可求得：

$$R_o = 2R_c = 20k\Omega$$

例 4.1.2　电路如图 4.1.7 所示，已知晶体管 T_1 和 T_2 完全对称，$r_{be} = 2k\Omega$，$\beta = 50$，输入电压 $u_{i1} = 30mV$，$u_{i2} = 0$，求输出电压 u_{o2} 及共模抑制比 K_{CMR}。

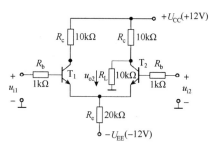

图 4.1.7 例 4.1.2 图

解：首先根据式（4.1.3）、式（4.1.4）将输入信号分解为等效的双端输入共模输入信号与差模输入信号，即共模输入电压：

$$u_{\text{ic}} = \frac{u_{\text{i1}} + u_{\text{i2}}}{2} = \frac{30}{2} = 15\text{mV}$$

差模输入电压：

$$u_{\text{id}} = u_{\text{i1}} - u_{\text{i2}} = 30\text{mV}$$

由式（4.1.19）求得差模电压放大倍数：

$$A_{\text{ud}} = \frac{\beta(R_{\text{c}} // R_{\text{L}})}{2(R_{\text{b}} + r_{\text{be}})} = \frac{50(10 // 10)}{2(2+1)} = 41.67$$

所以差模输出电压：

$$u_{\text{od}} = A_{\text{ud}} u_{\text{id}} = 41.67 \times 30 = 1.25\text{V}$$

由式（4.1.26）求得共模电压放大倍数：

$$A_{\text{uc}} = -\frac{\beta(R_{\text{c}} // R_{\text{L}})}{R_{\text{b}} + r_{\text{be}} + (1+\beta)2R_{\text{e}}} = -\frac{50 \times (10 // 10)}{1 + 2 + 51 \times 2 \times 20} = -0.12$$

所以共模输出电压：

$$u_{\text{oc}} = A_{\text{uc}} u_{\text{ic}} = -0.12 \times 15 = -1.8\text{mV}$$

由此可求得单端输出的总电压：

$$u_{\text{o2}} = u_{\text{od}} + u_{\text{oc}} = 1.25 - 1.8 \times 10^{-3} = 1.248\text{V}$$

共模抑制比：

$$K_{\text{CMR}} = |A_{\text{ud}} / A_{\text{uc}}| = |41.67 / 0.12| \approx 347$$

例 4.1.3 电路如图 4.1.8 所示，已知晶体管 T_1 和 T_2 完全对称，$U_{\text{CC}} = U_{\text{EE}} = 10\text{V}$，$U_{\text{BEQ}} = 0.7\text{V}$，$I_{\text{o}} = 1\text{mA}$，$r_{\text{bb}}' = 300\Omega$，$\beta = 200$，$R_{\text{c}} = 10\text{k}\Omega$。试求：

（1）电路的静态工作点；

（2）双端输入、双端输出时的差模电压放大倍数 A_{ud}、差模输入电阻 R_{id} 和输出电阻 R_{o}；

（3）当电流源的动态电阻 $r_{\text{d}} = 83\text{k}\Omega$ 时，求从晶体管 T_1 的集电极单端输出时的 A_{ud1}、A_{uc1} 和 K_{CMR}。

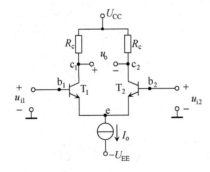

图 4.1.8　例 4.1.3 图

解：（1）静态工作点计算。

由电路结构可得集电极电流：

$$I_{CQ1} = I_{CQ2} = \frac{1}{2}I_o = \frac{1}{2} \times 1 = 0.5\text{mA}$$

基极电流：

$$I_{BQ1} = I_{BQ2} = I_{CQ1}/\beta = 0.5/200 = 2.5\mu\text{A}$$

集电极对地电位：

$$U_{C1} = U_{CC} - I_{C1}R_c = 10 - 0.5 \times 10 = 5\text{V}$$

又 $\because u_{i1} = u_{i2} = 0$，$U_E = -U_{BE} = -0.7\text{V}$ （发射极对地电位）

$\therefore U_{CE1} = U_{CE2} = U_{C1} - U_E = 5.7\text{V}$

（2）双端输入、双端输出时的 A_{ud}、R_{id} 和 R_o。

$$r_{be} = r_{bb}' + (1+\beta)\frac{26}{I_{EQ}} = 300 + (1+200) \times \frac{26}{0.5} = 10.8\text{k}\Omega$$

差模电压放大倍数：

$$A_{ud} = -\beta\frac{R_c}{r_{be}} = -200 \times \frac{10}{10.8} = -185$$

差模输入电阻：

$$R_{id} = 2r_{be} = 2 \times 10.8 = 21.6\text{k}\Omega$$

输出电阻：

$$R_o = 2R_c = 20\text{k}\Omega$$

（3）从晶体管 T_1 的集电极单端输出时。

差模电压放大倍数：

$$A_{ud1} = \frac{1}{2}A_{ud} = \frac{1}{2} \times (-185) = -92.5$$

共模电压放大倍数：

$$A_{\text{uc1}} = \frac{-\beta R_{\text{c}}}{r_{\text{be}} + (1+\beta)2r_{\text{d}}} = \frac{-200\times10}{10.8+(1+200)\times2\times83} = -0.06$$

共模抑制比：

4.1 测试题

$$K_{\text{CMR}} = \left| A_{\text{ud1}} / A_{\text{uc1}} \right| = 92.5/0.06 = 1542$$

4.2 电流源电路和复合管电路

电流源电路和复合管
电路视频

电流源电路和复合管
电路课件

在集成电路的制造中，由于制造有源器件比制造电阻占用的面积小、工艺简单，所以常用晶体管（场效应管）制成的电流源代替放大电路中的偏置电阻，这些电流源利用晶体管（场效应管）在放大区近似恒流、动态电阻高的特性，为放大电路提供稳定的偏置电流，还可以作为放大电路的有源负载，提高放大电路的电压放大倍数。

集成电路中对电流源的要求如下所示。

（1）直流恒流，可以为放大电路提供稳定的偏置电流。

（2）交流电阻极大而直流压降不高，可作为放大电路的有源负载，提高电路的放大倍数。

4.2.1　电流源电路

1. 镜像电流源电路

镜像电流源电路如图 4.2.1 所示，其中，晶体管 T_1 与 T_2 对称，具有相同的特性与参数。由于两个晶体管的 b、e 分别相连，$U_{\text{BE1}} = U_{\text{BE2}}$，所以有 $I_{\text{B1}} = I_{\text{B2}}$。晶体管 T_2 的集电极电流和晶体管 T_1 的集电极电流也相等，就好像镜子中的像与物一样对应着，故称之为镜像电流源。由图 4.2.1 可知，晶体管 T_1 处于临界放大状态，其集电极电阻 R 中的电流为：

$$I_{\text{R}} = (U_{\text{CC}} - U_{\text{BE}}) / R \tag{4.2.1}$$

由 KCL 可得：

$$I_{\text{R}} = I_{\text{C1}} + 2I_{\text{B}} = I_{\text{C1}}(1 + 2/\beta) \tag{4.2.2}$$

可得：

$$I_{\text{o}} = I_{\text{C1}} = \frac{1}{1 + 2/\beta} I_{\text{R}} \tag{4.2.3}$$

当 $\beta \gg 2$ 且 $U_{\text{CC}} \gg U_{\text{BE}}$ 时，有：

$$I_{\text{o}} \approx I_{\text{R}} \approx \frac{U_{\text{CC}}}{R} \tag{4.2.4}$$

此式表明，当 U_{CC} 与 R 确定后，I_R 也就确定了，所以可将其作为基准电流。基准电流一定，I_o 也随之确定，这就是它表现出来的恒流特性。此外，由于温度升高，晶体管 T_1 的 U_{BE} 将减小，使晶体管 T_2 的 U_{BE} 也减小，从而限制了 I_{C2} 的增大，即晶体管 T_1 对晶体管 T_2 有温度补偿作用，I_{C2} 的温度稳定性也较好。

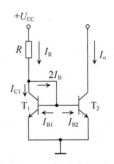

图 4.2.1　镜像电流源电路

　　镜像电流源电路的优点是结构简单，并具有一定的温度补偿作用。缺点是 I_R 仍受电源电压及晶体管参数的影响，所以对电源的稳定性要求较高。镜像电流源电路适用于较大工作电流（毫安数量级）的场合，当需要提供微安级的 I_o 时，则要求电阻 R 的阻值很大，这在集成电路中难以实现。

2．微电流源电路

　　为了尽可能降低放大电路的功耗、减小噪声、提高对电源电压及温度变化的稳定性，在集成电路中常采用微电流源作为偏置电路，如图 4.2.2 所示。与镜像电流源相比，它在晶体管 T_2 的发射极中串入了一个发射极电阻 R_e。正是因为 R_e 的加入，使得 $U_{BE2} < U_{BE1}$，从而使 $I_o < I_R$。即在同样的参考电流 I_R 下，可获得较小的输出电流 I_o。

　　因为 $U_{BE1} - U_{BE2} = \Delta U_{BE} = I_{E2} R_e$，所以

$$I_o \approx I_{E2} \approx \frac{\Delta U_{BE}}{R_e} \tag{4.2.5}$$

　　由式（4.2.5）可知，利用两个晶体管发射结的电压差 ΔU_{BE} 可以控制输出电流 I_o。由于 ΔU_{BE} 的数值通常很小，这样用阻值不太大的电阻 R_e（通常为几千欧）就可获得微小的工作电流。另外，在该电路中由于 R_e 引入了电流负反馈，所以输出电流十分稳定。

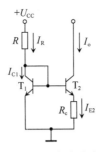

图 4.2.2　微电流源电路

3．电流源应用电路——有源负载放大电路

　　前面我们研究的各种放大电路，都是采用电阻作为集电极或发射极的负载，如共发射极放大电路与差分放大电路中的集电极电阻 R_c，以及共集电极放大电路中的发射极电阻 R_e 等。在这些电路中，其电压放大倍数的大小都直接与这些电阻有关。例如，在基本共射放

大电路中，当负载 R_L 开路时，其电压放大倍数 $A_u = -\beta R_c / r_{be}$。要想提高 A_u，就必须增大 R_c。而 R_c 的增大受到两个方面的限制：一是集成工艺难以制造大电阻；二是随着 R_c 的增大，其上的直流压降也会按比例增大。为了保证晶体管仍工作于放大区，必须同时提高电源电压，这也是集成电路难以承受的。为了解决这个矛盾，通常采用交流电阻极大而直流压降不高的电流源代替集电极电阻 R_c。因为晶体管是有源器件，所以称此种负载为有源负载，它在集成电路中的应用十分广泛。

用镜像电流源代替电阻的几种有源负载放大电路如图 4.2.3 所示，其中，图 4.2.3（a）用镜像电流源代替电阻 R_c；图 4.2.3（b）用镜像电流源代替电阻 R_e；图 4.2.3（c）为采用有源负载的差分放大电路，它具有与一般差分放大电路不同的特点，即虽为单端输出，却具有与双端输出相同的差模电压放大倍数与共模抑制比，请读者自行分析。

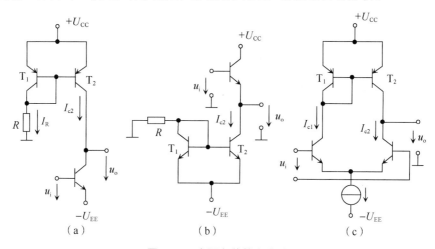

图 4.2.3　有源负载放大电路

4.2.2　复合管电路

1. 复合管结构

在集成电路中，为了获得较高的电流放大系数 β，通常将两个或两个以上的晶体管按一定方式连接在一起以代替单个晶体管，这种结构称为复合管，又称达林顿管。

复合管的组成原则是：①同一种类型（同为 NPN 型或同为 PNP 型）的晶体管构成复合管时，应将前一级晶体管的发射极接至后一级晶体管的基极；不同类型（NPN 型与 PNP 型）的晶体管构成复合管时，应将前一级晶体管的集电极接至后一级晶体管的基极，以实现两次电流放大作用；②必须保证两只晶体管均工作于放大状态。

根据上述组成原则构成的 4 种常用复合管电路如图 4.2.4 所示。注意，**复合管的类型总是与前管的类型相同**。由于前一级晶体管的发射极或集电极与后一级晶体管的基极相连，即前一级晶体管的发射极电流或集电极电流就是后一级晶体管的基极电流，因此复合管的电流放大系数 β 近似等于两个晶体管各自的电流放大系数 β_1、β_2 的乘积，即

$$\beta \approx \beta_1 \beta_2 \tag{4.2.6}$$

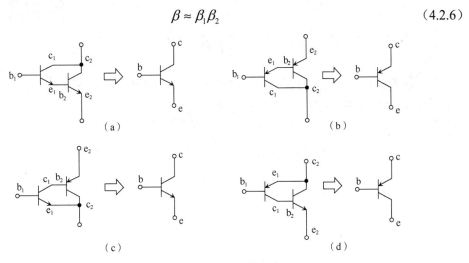

图 4.2.4　4 种常用复合管电路

2．复合管应用电路

利用复合管可以构成各种不同功能的放大电路。复合管电路实例如图 4.2.5 所示，其中，图 4.2.5（a）为共集电极放大电路，与单管的共集电极放大电路相比，它具有更高的输入电阻、更低的输出电阻，能提供更大的输出电流和电流放大系数。电阻 R 起分流作用，将 T_1 中的穿透电流分走，不让它流入 T_2 的基极，以进一步改善复合管工作的稳定性。T_3 接成二极管，利用其上的压降可以使所需电阻 R 的阻值大为减小，并具有一定的温度补偿作用。

由复合管构成的差分放大电路如图 4.2.5（b）所示，它采用电流源 I_1、I_2 作为 T_1、T_2 的偏置电流，除了使复合管的工作更加稳定外，还能显著改善电路的对称性。在上述电路中，R_e 与 R_c 也可用有源负载代替。

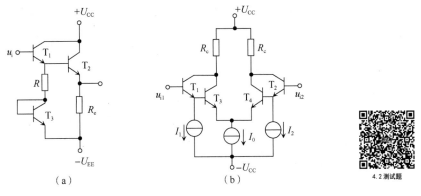

4.2 测试题

图 4.2.5　复合管电路实例

4.3 集成运算放大器简介

4.3.1 通用型集成运算放大器的组成框图

　　集成运算放大器（简称集成运放）是由集成工艺制成的具有高电压放大倍数的直接耦合的多级放大电路。集成运放的种类有很多，电路也各不相同，但从总体上看，都可归纳为以下 4 个组成部分，即输入级、中间级、输出级和偏置电路，如图 4.3.1 所示。

图 4.3.1　集成运放的组成框图

　　输入级是提高集成运放质量的关键，要求其输入电阻大，并能有效抑制零漂，通常采用差分放大电路提供同相和反相两个输入端。中间级的任务是进行电压放大，要求其电压放大倍数高，通常由一级或两级共射放大电路组成。输出级的任务是给负载提供足够大的功率，同时要求其输出电阻低，以便获得较强的带负载能力，通常采用互补对称功率放大电路（详见第 8 章）。偏置电路的任务是给各级提供合适的静态工作电流，通常采用镜像电流源电路。下面将通过一个具体的集成运放实例分析其各部分电路的组成与特点。

　　F007 是通用型集成运放产品，它是第二代集成运放的典型代表，国外型号是 μA741。F007 内部电路结构与简化电路（去掉偏置电路与保护电路并进行某些简化）如图 4.3.2 所示。

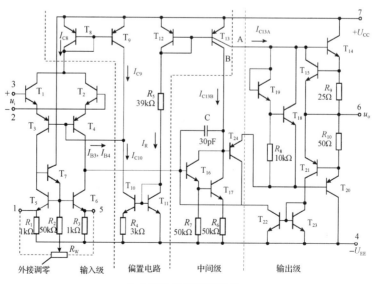

（a）F007 的内部电路结构

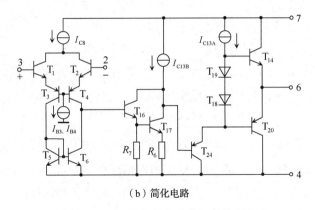

（b）简化电路

图 4.3.2　F007 的内部电路结构与简化电路

1）偏置电路

由图 4.3.2（a）可知，F007 的偏置电路主要由 3 个电流源组成。T_{10}、T_{11} 为微电流源，由它产生微小电流 I_{C10}（当 $U_{CC}=U_{EE}=15V$ 时，$I_R≈0.73mA$，$I_{C10}≈20\mu A$），用作 T_9 的集电极电流 I_{C9} 及 T_3、T_4 的基极电流 I_{B3}、I_{B4}。T_8、T_9（横向 PNP 型晶体管）为镜像电流源，I_{C9} 是其基准电流，$I_{C8}≈I_{C9}$ 则为输入级提供偏置电流。由横向管 T_{12} 与 T_{13} 组成另一个镜像电流源，I_R 为其参考电流。T_{13} 是一个双集电极管，可产生两路集电极输出电流。一路集电极电流 I_{C13B} 为中间级提供偏置电流，同时又作为该级的有源负载；另一路集电极电流 I_{C13A} 为输出级提供偏置电流。

2）输入级

输入级由 T_1～T_7 组成。其中，纵向管 T_1、T_2 和横向管 T_3、T_4 组成共集-共基复合式差分放大电路；T_5、T_6 与 T_7 组成改进型的比例电流源，用作差分放大电路的有源负载。在该电流源中，用 T_7 取代了 T_5 集电极与基极之间的短接线，因为 β 较大，I_{B7} 很小，所以总有 $I_{C3}=I_{C5}=I_{C6}$，从而保证了有源负载的对称性，有利于提高共模抑制比。此外，采用了有源负载及 T_3、T_4 共基极放大电路，使输入级具有较高的差模电压放大倍数。又因为采用了 T_1、T_2 共集电极放大电路，使差模输入电阻大为提高，同时也提高了差模输入电压的范围。这种共集-共基电路还有利于提高共模输入电压。

3）中间级

中间级采用了 T_{16} 与 T_{17} 组成的复合管共射放大电路，并由 T_{13B} 作为它的有源负载，因此，该级具有很高的电压放大倍数与较高的输入电阻。T_{24} 起缓冲作用，以减少输出级对中间级的影响。

4）输出级

输出级是由 T_{14}、T_{20} 组成的互补对称电路。I_{C13A} 是其基极偏置电流；T_{18}、T_{19} 则为 T_{14}、T_{20} 的发射结提供适当的偏置电压，以减小交越失真。此外，在该级中还设有过电流保护电路，它由 T_{15}、R_9、T_{21}、R_{10} 及 T_{22}、T_{23} 构成的镜像电流源组成。T_{15} 与 R_9 起正向过流保护作用，T_{21}、R_{10} 与镜像电流源起负向过流保护作用。当 R_{10} 上的电流过大时，T_{21} 及 T_{23}、T_{22} 均导通，因而使 T_{16} 和 T_{17} 的基极电位显著降低，T_{17} 的集电极及 T_{24} 的发射极电位显著提高，使 T_{20} 趋于截止，限制了 T_{20} 中的电流，达到了保护输出端晶体管的目的。

R_W 为外接调零电位器，调节它可以改变 T_5 与 T_6 的发射极电阻的阻值，从而可使 I_{C5} 与 I_{C6} 的比例适当变化，以保证输入为零时输出也为零。

集成运放 F007 的外形和引脚示意图如图 4.3.3 所示。其中，引脚 3 为同相输入端（IN+），当信号由此端与地之间输入时，输出信号与输入信号的相位相同。引脚 2 为反相输入端（IN-），当信号由此端与地之间输入时，输出信号与输入信号的相位相反。引脚 6 为输出端（OUT），引脚 7 和引脚 4 分别为正、负电源端（E_+、E_-），引脚 1 和引脚 5 为外接调零电位器（通常为 10kΩ）的两个端子，引脚 8 为空引脚。

集成运放的电路符号如图 4.3.4 所示，"▷" 表示放大器；A_{od} 表示集成运放的开环差模电压放大倍数。集成运放的电路符号中通常只标出两个输入端和一个输出端。两个输入端中，标"+"的为同相输入端，标"-"的为反相输入端，u_+、u_-、u_o 均表示对"地"的电压。

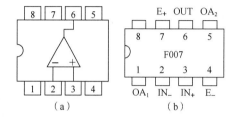

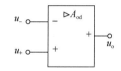

图 4.3.3　集成运放 F007 的外形和引脚示意图　　　　图 4.3.4　集成运放的电路符号

4.3.2　通用型集成运算放大器的主要性能指标

集成运放的性能参数是选择和使用集成运放的依据，下面介绍几种主要参数。

1. 开环差模电压放大倍数 A_{od}

开环差模电压放大倍数 A_{od} 是指集成运放无外接反馈时的差模电压放大倍数，即集成运放开环时差模输出电压与差模输入电压之比：

$$A_{od} = u_{od} / u_{id} \tag{4.3.1}$$

A_{od} 是决定运算精度的主要因素，其值越大，运算精度越高。通常用 $20\lg|A_{od}|$ 表示开环差模电压增益，其单位为分贝（dB）。一般集成运放约为 60～120dB，高精度集成运放可达 140dB。

2. 共模抑制比 K_{CMR}

共模抑制比 K_{CMR} 是指集成运放的开环差模电压放大倍数与开环共模电压放大倍数之

比，即

$$K_{CMR} = |A_{od} / A_{oc}| \text{ 或 } K_{CMR} = 20\lg|A_{od} / A_{oc}|(dB) \tag{4.3.2}$$

共模抑制比反映了集成运放抑制零漂的能力，其值越大越好。一般集成运放的典型值为 80～100dB，高质量集成运放的 K_{CMR} 可达 160dB。

3．差模输入电阻 R_{id} 和输出电阻 R_o

差模输入电阻 R_{id} 是指输入差模信号时集成运放的输入电阻，其值越大越好。R_{id} 越大，则集成运放从信号源取得的电流越小。F007 的 R_{id} 约为 2MΩ，若以场效应管作为输入级，则 R_{id} 可达 10^6MΩ。

输出电阻 R_o 反映了集成运放带负载的能力。R_o 越小越好，典型值为几十欧至几百欧。

4．最大输出电压 $\pm U_{OM}$

最大输出电压 $\pm U_{OM}$ 是指在一定的电源电压下，集成运放的最大不失真输出电压。一般略低于正、负电源电压。例如，集成运放 F007，当电源电压为 ±15V 时，集成运放的最大输出电压约为 ±（13~14）V。

5．最大差模输入电压 U_{idm}

最大差模输入电压 U_{idm} 是指集成运放的反相输入端和同相输入端之间能够承受的最大电压。若超过这个限度，可能会造成输入级晶体管被反向击穿。若输入级由 NPN 型晶体管构成，其 U_{idm} 约为 ±5V；若输入级含有横向 PNP 型晶体管，则 U_{idm} 可大于 ±30V。

6．输入失调电压 U_{io}

输入失调电压 U_{io} 是指为了使集成运放在输入为零时的输出也为零，而在输入端加的补偿电压。U_{io} 越小越好，一般为 1～5mV。对于高精度集成运放，U_{io} 小于 ±0.5mV。

7．输入失调电流 I_{io}

输入失调电流 I_{io} 是指集成运放在输入为零时，两个输入端静态基极电流的差值。其值越小越好，一般为几十纳安至几百纳安。

除上述指标外，还有转换速率 S_R、输入偏置电流 I_{iB}、静态功耗 P_C 等，这里不再一一介绍。前面介绍的集成运放 F007，它的开环差模电压增益约为 100dB；共模抑制比约为 90dB；差模输入电阻为 2MΩ；输入失调电流约为 0.05μA。由于其性能指标适中、价格便宜，所以得到了广泛的应用。几种常用集成运放的主要参数如表 4.3.1 所示。各种不同类型的集成运放具有不同的参数，它是我们应用时的选择依据。

模拟电子技术基础

表 4.3.1 几种常用集成运放的主要参数

参数名称与符号	开环差模电压增益 A_{od}	差模输入电阻 R_{id}	共模抑制比 K_{CMR}	输入失调电压 U_{io}	输入失调电流 I_{io}	输入偏置电流 I_{iB}	U_{io}的零漂 dU_{io}/dt	单位增益带宽 f_C	转换速率 S_R	电源电压
类型 参数 单位 型号	dB	Ω	dB	μV	pA	pA	μV/℃	MHz	V/μs	V
通用型 F007（741）	≥94	2×10^6	90	10^3	2×10^4	8×10^4		1	0.5	±5～±18
F747（双运放）	≥83	2×10^6	90	10^3	7×10^4	30			0.5	±5～±18
F324（四运放）	≥86	5×10^5	100	5×10^3	7.5×10^4	4×10^4				±1.5～±15
高阻型 F3140	>86	1.5×10^{12}	90	5×10^3	0.50	10	8	4.5	9	±5～±18
F347（四运放）	>87	10^{12}	100	7×10^3	4×10^3	8×10^6	10	4	13	±5～±18
宽带型 F318	≥80	3×10^6	70	10^4	2×10^5			15	50	±20
F507	≥103	3×10^8	100	1.5×10^3	1.5×10^4	1.5×10^4	8	35	35	±15
低耗型 F253	≥90	6×10^6		1×10^3	4×10^3	2×10^4	3	1		±3～±18
F3078	≥100	8×10^5	110	700	500	7×10^3	6		1.5	±0.75～±6
精密型 FOP07	≥110	5×10^7	110	≤85	≤8×10^3	±3×10^3	≤0.7		0.3	±3～±18
CF7650	≥130	10^{12}	130	±0.7	0.5	1.5	0.01	2	2	±15～±16

4.3.3 集成运算放大器的分类与选择

1. 集成运放的分类

集成运放按制造工艺可分为 BJT 型集成运放、CMOS 型集成运放和 BiFET 兼容型集成运放。BJT 型集成运放的输入偏置电流及功耗一般较大，可作为中间电压放大级和输出级，可提高电压放大倍数和输出功率；CMOS 型集成运放的输入电阻高、功耗低，可在低电源电压下工作；BiFET 兼容型集成运放一般作为输入级，它具有高输入电阻、高精度和低噪声的特点。

集成运放按功能分为通用型集成运放与专用型集成运放。通用型集成运放的电路比较简单、性能指标适中、价格较便宜、应用十分广泛，如 F007 型。随着集成工艺的提高，目前已有多种双运放与四运放问世，使用十分方便，如 CF4741、CF124（四运放）、CF747、CF158（双运放）等。在专用型集成运放中，又可分为高精度集成运放、低功耗集成运放、高速集成运放、高输入阻抗集成运放、宽带集成运放、高压集成运放和功率集成运放等。

120

2．集成运放的选择

（1）若无特殊要求，尽量选用通用型集成运放。通用型集成运放的各项参数比较均衡，做到了技术性和经济性的统一。专用型集成运放虽然某项技术参数很突出，但其他参数则难以兼顾。

（2）根据运算精度的要求，选择集成运放开环差模电压增益等级。一般情况下尽量选用高增益的通用型集成运放，要求较高时可选用高精度集成运放。

（3）直流应用时，要选择 U_{io} 与 I_{io} 都较低的集成运放。当信号源内阻很大时，还应考虑 I_B 的影响，此值应尽可能小些。

（4）中高频率应用时，要考虑带宽指标。但带宽又与使用条件下的闭环差模电压增益有关。因此，除了通频带这个指标，还应考虑开环差模电压增益及相位补偿情况。开环差模电压增益越大，闭环后其带宽增加的倍数就越高；内部无相位补偿的集成运放，在外加相位补偿后其带宽将相应降低。

（5）大信号应用时，要注意转移速率 S_R 的选择。若通用型集成运放无法满足需求，可选用宽带集成运放或高速集成运放。

（6）如果使用中会受到电压或电流的冲击，则应选择保护功能较强的集成运放，或外加必要的保护电路。如果同一电路中使用的集成运放较多，则最好选用同一型号的集成运放或双运放、四运放，以便调整。

4.3.4　集成运算放大器使用注意事项

1）集成运放接线要正确、可靠

使用前应认真查阅有关手册，了解所用集成运放各引脚的排列位置、功能、外接电路，尤其要注意正电源端、负电源端、输出端、同相输入端、反相输入端的位置。由于集成运放的外接引脚较多，很容易接错，所以接线完毕后应认真检查，当确认无误后方可接通电源。

2）集成运放的调零

由于实际集成运放存在输入失调电压和输入失调电流，所以存在输入为零时输出不为零的现象。因此需要采用调零措施弥补因输入失调造成的影响。一般集成运放都设有专用的调零端子，可通过调零电位器 R_w 进行调整，即将应用电路输入端短路，调节调零电位器的活动端，使集成运放的输出电压为零。调零时可能会出现的问题及解决方法如下所示。

（1）输出电压始终为正电源或负电源，调零电位器不起作用。此时应先检查正电源、负电源是否缺一组，再检查电路接线是否错误。

（2）调节 R_w 的活动端时，若输出电压原来是正电源电压，再调则变为负电源电压，输出电压始终无法停留在零位。此时应检查是否引入了负反馈，反馈支路是否连接正确，同相输入端与反相输入端是否连接正确。

（3）调节 R_w 的活动端时，输出电压可以减小，但不能调整到零。应检查 R_w 的阻值是否按规定接入，可适当加大 R_w 的阻值。若接线正确，但仍不能调零，则怀疑集成运放已损坏或质量太差。

3）输入保护电路和输出保护电路

a．输入保护电路

集成运放对差模输入电压和共模输入电压的幅度都有一定限制，差模输入电压幅度过大可能会造成输入级晶体管击穿；共模输入电压幅度过大可能会使输入级工作于饱和状态导致性能变差。集成运放输入端的输入保护电路如图 4.3.5 所示。在输入回路中串联电阻 R_1 与 R_2 用于限制电流，同时在集成运放的两个输入端之间接入了反向并联的两个二极管 D_1 和 D_2，构成了限幅电路。当 $|u_i-U_R|$ 较小时，二极管 D_1 和 D_2 都截止，不影响电路正常工作；当 $|u_i-U_R|$ 过大时，二极管 D_1 或 D_2 导通，从而限制了集成运放输入端之间的电压，起到了保护集成运放的作用。

在如图 4.3.5（b）所示电路中，只要输入信号 u_i 在 $-(U+U_D)\sim+(U+U_D)$（U_D 为二极管的正向导通压降）范围内，二极管 D_1、D_2 均截止，u_o 跟随 u_i 变化；否则，二极管 D_1 或 D_2 导通，可将集成运放的输入端信号限制在允许的范围内，起到了保护集成运放的作用。

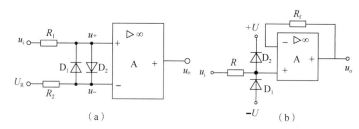

（a）　　　　　　　　　　（b）

图 4.3.5　输入保护电路

b．输出保护电路

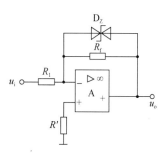

图 4.3.6　输出保护电路

为了防止输出端负载的突发变化和其他原因造成的组件过载损坏，在集成运放的输出端可加输出保护电路，如图 4.3.6 所示。正常工作时，输出电压小于稳压二极管的稳压值，稳压二极管截止；当输出电压过大时，稳压二极管击穿，输出电压被限制在规定范围内（约为 $\pm U_Z$），从而保护了集成运放。

4.3 测试题

本章小结

第4章小结视频　　第4章小结课件

1．差分放大电路

差分放大电路由两个参数和结构完全对称的放大电路组成，利用电路的对称性可以有效抑制零漂，它对差模输入信号有较强的放大能力，对共模输入信号有较强的抑制能力。

差分放大电路根据输入、输出方式的不同可分为 4 种接法，其主要性能指标有开环差模电压放大倍数 A_{od}、差模输入电阻 R_{id}、输出电阻 R_o、共模抑制比 K_{CMR} 等，用电流源代替发射极电阻 R_e 可提高 K_{CMR}，综合性能更完善。

2．电流源电路

集成运放中常用的电流源电路有镜像电流源和微电流源等。电流源电路除了为集成运放各级提供一个合适的偏置电流，还可以代替集成运放中的大电阻构成有源负载放大电路。

3．复合管电路

在集成电路中，为了获得大的电流放大系数，通常将多个晶体管按一定方式连接在一起以代替单个晶体管，这种结构称为复合管。复合管的类型与前管的类型相同，复合管的电流放大系数为各管电流放大系数的乘积。

4．集成运算放大器

通用型集成运放的内部电路多采用多个晶体管组成的复杂电路，读图较为困难，但从功能框图来看，大体可分为输入级、中间级、输出级和偏置电路 4 部分。集成运放最主要的性能指标有 A_{od}、R_{id}、R_o、K_{CMR} 及失调参数等。在使用集成运放时必须了解各引脚的排列及功能。一般的集成运放需要通过调零弥补因输入失调造成的影响。为了保证集成运放安全、可靠地工作，可以外加输入保护电路和输出保护电路。

第4章综合测试题

习题 4

第4章测试题讲解视频　第4章测试题讲解课件

4.1　选择填空。

（1）集成运放有（　　）个输入端和（　　）个输出端。

A．1　　　　B．2　　　　C．3　　　　D．4

（2）差分放大电路的特点是（　　）。

    A．抑制差模输入信号，放大共模输入信号，电压放大倍数与共集电极放大电路相当

    B．放大差模输入信号，抑制共模输入信号，电压放大倍数与单管共射放大电路相当

    C．放大差模输入信号，抑制共模输入信号，电压放大倍数与两级共射放大电路相当

    D．抑制差模输入信号，放大共模输入信号，电压放大倍数与单管共射放大电路相当

（3）共模抑制比 K_{CMR} 是（　　）之比。

    A．差模输入信号与共模输入信号

    B．差模输出信号与共模输出信号

    C．差模电压放大倍数与共模电压放大倍数

    D．差模电流放大倍数与共模电流放大倍数

（4）因为电流源中流过的电流是恒定的，因此其等效的动态电阻（　　）。

    A．较小   B．很小   C．可能大可能小   D．很大

（5）复合管用于放大电路可以（　　）。

    A．拓宽通频带   B．减小零漂

    C．减小输入电阻   D．提高电流放大系数

4.2　某差分放大电路的两个输入电压为 $u_{i1}=5+3\sin\omega t$（V），$u_{i2}=3-\sin\omega t$（V），试求其差模输入电压与共模输入电压。

4.3　若两个差分放大电路的参数完全相同，而且每个电路的对称性很好。第 1 个差分放大电路的输入电压如题 4.3 图（a）所示；第 2 个差分放大电路的输入电压如题 4.3 图（b）所示。试问：（1）两个差分放大电路的双端输出电压是否相同？（2）两个差分放大电路的单端输出电压是否相同？

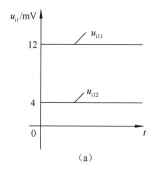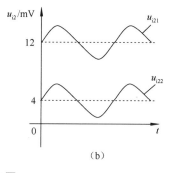

题 4.3 图

4.4　在题 4.4 图的电路中，晶体管的 $\beta=100$，$r_{be}=10.3\text{k}\Omega$。试求：（1）$T_1$、$T_2$ 的静态集电极电流 I_{C1}、I_{C2} 和集电极电位 U_{C1}、U_{C2}；（2）差模电压放大倍数 A_{ud}；（3）差模输入电阻 R_{id} 和输出电阻 R_o。

4.5　单端输入差分放大电路如题 4.5 图所示，设电流表的满偏电流为 100μA，电流表支路的总电阻为 2kΩ（包括电流表内阻），两管的 $U_{BE}=0.7\text{V}$，$\beta=50$。试求：（1）当 $u_{i1}=0$ 时，两管的静态电流 I_B 和 I_C；（2）接入电流表后，要使它的指针满偏，需要加入多大的输入电压 u_{i1}。

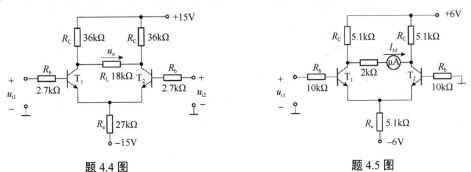

题 4.4 图　　　　　　　　　　　题 4.5 图

4.6　差分放大电路如题 4.6 图所示，已知 $U_{CC}=U_{EE}=12\text{V}$，$U_{BE}=0.7\text{V}$，$I_o=2\text{mA}$，$R_b=1\text{k}\Omega$，$R_c=6\text{k}\Omega$，$r_{bb'}=300\Omega$，$\beta_1=\beta_2=100$。试求：（1）电路的静态工作点；（2）双端输入、双端输出的差模电压放大倍数 A_{ud}、差模输入电阻 R_{id} 和输出电阻 R_o。

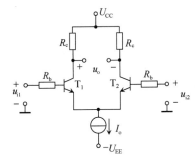

题 4.6 图

4.7　带电流源的差分放大电路如题 4.7 图所示，设晶体管的 $\beta=50$，$U_{BE}=0.7\text{V}$。试求：（1）T_1、T_2 的静态集电极电流 I_{C1}、I_{C2} 和集电极电位 U_{C1}、U_{C2}；（2）差模电压放大倍数 A_{ud}；（3）若电源电压由 ±12V 变为 ±18V，则 I_{C1} 和 I_{C2} 是否变化？为什么？

4.8　对镜像电流源加以改进的电路如题 4.8 图所示，试定性说明 T_3 的作用，并证明当 $\beta_1=\beta_2=\beta_3$ 时，$I_{C2}=\dfrac{I_R}{1+\dfrac{2}{\beta_3^2+\beta_3}}$。

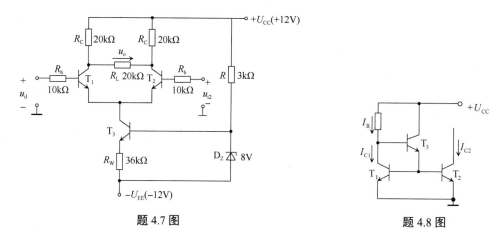

题 4.7 图   题 4.8 图

4.9 具有多路输出的电流源电路如题 4.9 图所示。各管的导通电压均为 0.7V，各管的 β 相等且很大，可以忽略基极电流的影响。若 $I_{C1} = I_{C2} = 0.5\text{mA}$，$R_1 = 1\text{k}\Omega$，$R_3 = 2\text{k}\Omega$，$R_4 = 50\text{k}\Omega$。试求 R、R_2 和 I_{C3}。

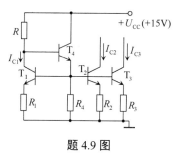

题 4.9 图

4.10 差分放大电路如题 4.10 图所示，设晶体管的 $U_{BE} = 0.7\text{V}$，β 足够大，基极电流的影响可以忽略，稳压二极管 D_Z 的稳压值 $U_Z = 6\text{V}$。试求：

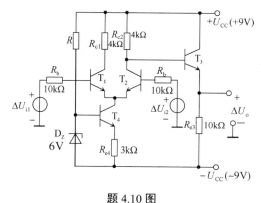

题 4.10 图

（1）说明这是几级放大电路，并判断输出电压 ΔU_o 和输入电压 ΔU_{i1}、ΔU_{i2} 之间的相位关系；

（2）求 $\Delta U_{i1} = \Delta U_{i2} = 0$（静态）时 U_o 的值；

（3）若要实现零输入时零输出，即 $\Delta U_{i1}=\Delta U_{i2}=0$ 时 $U_o=0$，需要调节哪个电阻的阻值？

4.11　在题 4.11 图所示电路中，若晶体管 T_1 与 T_2、T_5 与 T_6 匹配，各管的 $\beta=50$，$U_{BE}=0.7V$。试求：（1）T_1、T_2 的静态集电极电流 I_{C1} 和 I_{C2}；（2）电路的差模电压放大倍数 A_{ud}。

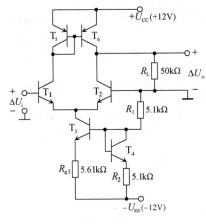

题 4.11 图

第 5 章　负反馈放大电路

反馈在电子电路中的应用极为广泛,它可以使电子电路的性能发生改变。利用反馈可以实现并完成人们期望的电子电路的性能。可以说,几乎在所有实际应用的电子电路中都引入了反馈。

本章先介绍反馈的基本概念及类型;然后重点介绍交流负反馈的 4 种组态及判断方法,交流负反馈对放大电路性能的影响,并介绍引入负反馈的一般原则,为今后选择合适的反馈电路打下基础;最后简单介绍在深度负反馈下电路近似计算的一般方法和负反馈放大电路的稳定性问题。

5.1　反馈的基本概念及类型

5.1.1　反馈的基本概念

反馈的基本概念视频　反馈的基本概念课件

1. 什么是反馈

什么是反馈呢?反馈作为一种物理现象,在客观世界中普遍存在。例如,在生活中用热水洗脸时,当我们觉得水太凉时就会加些热水,觉得水太烫时就会加些凉水,这样反复调整,直至水温满足需要为止。这样一个司空见惯的水温调节过程就是一个反馈的过程。在这个过程中,人们的手或皮肤是温度传感器,它们将感觉到的温度与人们习惯的使用温度(这个温度存在大脑的记忆中)进行对比,然后经大脑决定是加热水还是加冷水,最后由手去完成加水的过程。可以说,反馈在客观世界中普遍存在。

电路中的反馈就是将放大电路的输出信号(电压或电流)的一部分或全部,通过一定的电路形式(称为反馈网络)引回输入端,从而影响放大电路的输入量的过程。显然,反馈是信号的反向传输过程,体现了输出信号对输入信号的反作用。

下面以第 2 章讨论过的静态工作点稳定电路为例进行说明。静态工作点稳定电路如图 5.1.1 所示,若由于某种原因(如温度上升)使 I_C 增大,则 R_e 两端的电压即发射极电位 V_E($V_E = I_E R_e \approx I_C R_e$)也会随之增大。这个电压反过来又作用于输入回路,使 U_{BE}($U_{BE} = V_B - V_E$)减小。显然,U_{BE} 的减小将导致 I_B 的减小,I_B 又控制着 I_C,使 I_C 朝减小的方向变化,从而抑制了 I_C 的增大,达到稳定静态工作点的目的。其调整过程如下所示。

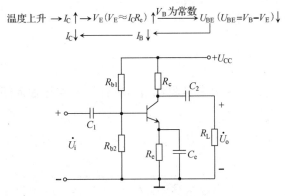

图 5.1.1　静态工作点稳定电路

可见，这个过程的实质是将输出电流 I_C 的变化，经发射极电阻 R_e 转换为电压 V_E 的变化，再馈送到输入回路控制 U_{BE} 的变化。输出回路电流的增大导致净输入电压的减小，从而牵制输出回路电流的增大，故称之为负反馈。

2. 反馈放大电路的结构框图

反馈放大电路的结构框图如图 5.1.2 所示，图中 A 为不含反馈的基本放大电路，F 是将输出信号引回输入端的电路，称为反馈网络。箭头表示信号的传递方向，信号在基本放大电路中为正向传递，在反馈网络中为反向传递。即输入信号只通过基本放大电路到达输出端，而不是通过反馈网络到达输出端；反馈信号只能通过反馈网络到达输入端，而不是通过基本放大电路到达输入端。

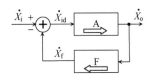

图 5.1.2　反馈放大电路的结构框图

在图 5.1.2 中 $\dot{X}_i$ 表示输入信号；$\dot{X}_o$ 表示输出信号；$\dot{X}_f$ 表示反馈信号；$\dot{X}_{id}$ 表示净输入信号；⊕ 表示信号叠加。输入信号 $\dot{X}_i$ 和反馈信号 $\dot{X}_f$ 经过叠加后得到净输入信号 $\dot{X}_{id}$。"+"和"−"表示 $\dot{X}_i$ 与 $\dot{X}_f$ 参与叠加时的规定正方向，即 $\dot{X}_{id} = \dot{X}_i - \dot{X}_f$。

注意，净输入信号 $\dot{X}_{id}$ 可以是电压，也可以是电流。当输入信号 $\dot{X}_i$ 和反馈信号 $\dot{X}_f$ 分别接至放大电路的不同输入端时，净输入信号 $\dot{X}_{id}$ 是电压，此时 $\dot{X}_i$、$\dot{X}_f$ 也是电压；当输入信号 $\dot{X}_i$ 和反馈信号 $\dot{X}_f$ 接至放大电路的同一个输入端时，净输入信号 $\dot{X}_{id}$ 是电流，此时 $\dot{X}_i$、$\dot{X}_f$ 也是电流。

5.1.2 反馈的分类与判断

1. 判断有无反馈

判断电路有无引入反馈,关键是要看该电路的输出回路与输入回路之间是否存在反馈通路。反馈通路可以是连接在输入回路与输出回路之间的元件,也可以是输入回路与输出回路共有的元件。例如,图 5.1.1 中的电阻 R_e 是输入回路与输出回路共有的元件,所以它构成了反馈。

下面对如图 5.1.3 所示的 3 个电路进行分析。图 5.1.3(a)的电路中,输出端与同相、反相输入端均无通路,因此该电路无反馈。图 5.1.3(b)的电路中,电阻 R_2 将输出端与反相输入端相连,此时集成运放的净输入量不仅取决于输入信号,还与输出信号有关,表明该电路引入了反馈。图 5.1.3(c)的电路中,表面上看电阻 R 将输出端与同相输入端相连,但由于同相输入端接地,输出电压 u_o 对输入信号没有任何影响,所以该电路仍无反馈。

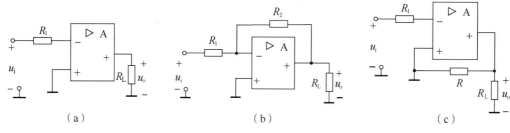

图 5.1.3　判断有无反馈

2. 正反馈与负反馈

根据引入反馈后对净输入信号的影响效果不同,反馈可分为正反馈与负反馈。如果反馈信号 $\dot{X}_f$ 削弱了净输入信号 $\dot{X}_{id}$,则为负反馈;如果反馈信号 $\dot{X}_f$ 增强了净输入信号 $\dot{X}_{id}$,则为正反馈。显然**判断正负反馈的依据就是看引入反馈后净输入信号是增强了还是削弱了**。通常采用**瞬时极性法**进行判断,具体步骤如下所示。

正反馈与负反馈视频　正反馈与负反馈课件

(1)将反馈网络的输出端断开,假设输入信号在某一时刻对地的瞬时极性为"+";

(2)根据放大电路的相位关系,从输入端沿着正向通路到输出端逐级标出电路中各相关节点的瞬时极性,再经过信号反向传输的反馈网络,确定从输出回路到输入回路的反馈信号极性或者相关支路电流的瞬时流向;

(3)最后判断反馈信号是增强了净输入信号还是削弱了净输入信号,如果增强了净输入信号,则为正反馈;如果削弱了净输入信号,则为负反馈。

例 5.1.1　判断如图 5.1.4 所示电路引入的是正反馈还是负反馈。

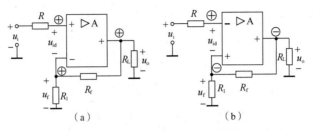

图 5.1.4　例 5.1.1 图

解：对如图 5.1.4（a）所示的电路，假设在某一时刻，集成运放同相输入端的输入信号 u_i 对地的瞬时极性为 "+"，由于集成运放的输出信号和同相输入端的输入信号在相位上相同，所以输出电压 u_o 的瞬时极性也为 "+"。通过 R_f、R_1 构成的反馈网络使反馈电压 u_f 的瞬时极性也为 "+"（R_f、R_1 串联分压）。此时净输入电压 $u_{id} = u_i - u_f$，u_i 减去一个正值使净输入电压比无反馈时减小了，说明电路引入了负反馈。

对如图 5.1.4（b）所示的电路，假设在某一时刻，集成运放反相输入端的输入信号 u_i 的瞬时极性为 "+"，由于集成运放的输出信号和反相输入端的输入信号在相位上相反，所以输出电压 u_o 的瞬时极性为 "–"。通过 R_f、R_1 构成的反馈网络使反馈电压 u_f 的瞬时极性也为 "–"（R_f、R_1 串联分压）。此时净输入电压 $u_{id} = u_i - u_f$，u_i 减去一个负值使净输入电压比无反馈时增大了，说明电路引入了正反馈。

通过以上两个例子可知，**对于单个集成运放，若通过纯电阻网络将反馈引回到反相输入端，则为负反馈；若将反馈引回到同相输入端，则为正反馈。**注意，该结论不适用于多级运放构成的反馈电路。

例 5.1.2　判断如图 5.1.5 所示电路引入的是正反馈还是负反馈。

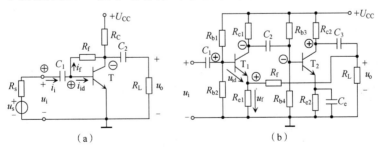

图 5.1.5　例 5.1.2 图

解：对如图 5.1.5（a）所示电路，电阻 R_f 将电路的输出信号引回输入端，所以是反馈元件。由于输入信号和反馈信号接至放大电路的同一个输入端（都接到基极），所以净输入信号是电流 i_{id}。假设在某一时刻，输入信号 u_i 的瞬时极性为 "+"，则基极的瞬时极性也为

"+"。根据共发射极放大电路输出对输入反相放大的特点，可得集电极的瞬时极性为"-"，由此可以判断反馈电流 i_f 的真实方向为由"+"到"-"，即由下向上。由于净输入电流 $i_{id}=i_i-i_f$，显然 i_f 起到分流的作用，所以反馈的结果使净输入电流减小，说明电路引入了负反馈。

对如图 5.1.5（b）所示的电路，它是一个两级放大电路，其中，R_{e1} 对第一级电路引入负反馈，R_{e2} 对第二级电路引入负反馈，它们都是本级（局部）反馈，即只对多级放大电路中某一级起反馈作用。此外，R_f 和 R_{e1} 构成的反馈网络将第二级的输出馈送到第一级的输入，称为级间反馈。一般情况下，级间反馈比本级反馈对放大电路性能的影响大。所以在多级放大电路中，通常只要求对级间反馈进行分析。

下面用瞬时极性法判断 R_f、R_{e1} 引入的反馈极性。假设在某一时刻，输入信号 u_i 的瞬时极性为"+"，则 T_1 基极的瞬时极性为"+"，经第一级共射放大电路反相放大后，T_1 集电极的瞬时极性为"-"，即 T_2 基极的瞬时极性也为"-"，再经第二级共射放大电路反相放大后，T_2 集电极的瞬时极性为"+"。通过 R_f、R_{e1} 构成的反馈网络使反馈电压 u_f 的瞬时极性也为"+"。由于净输入电压 $u_{id}=u_i-u_f$，所以 u_i 减去一个正值使净输入电压比无反馈时减小了，说明电路引入了负反馈。

3. 直流反馈和交流反馈

存在于直流通路的反馈称为直流反馈。直流反馈影响放大电路的静态性能，如直流负反馈常用于稳定静态工作点。

直流反馈和交流反馈视频 直流反馈和交流反馈课件

存在于交流通路的反馈称为交流反馈。交流反馈影响放大电路的动态性能，如改变电压放大倍数、输入电阻、输出电阻和通频带宽等。

既存在于直流通路，又存在于交流通路中的反馈称为交直流反馈。

判断反馈是交流反馈还是直流反馈的方法是看交流通路和直流通路中有无反馈通路。例如，对如图 5.1.1 所示的电路，在直流通路中，电阻 R_e 引入了反馈。在交流通路中，由于电容 C_e 的旁路作用，R_e 被短路，此时反馈不复存在，所以该电路只引入了直流反馈。如果没有旁路电容 C_e，则 R_e 在直流通路、交流通路中都存在，此时为交直流反馈。

对如图 5.1.4 所示的两个电路，无论是直流通路还是交流通路，反馈网络都存在，所以引入的是交直流反馈。图 5.1.5（a）也引入了交直流反馈，图 5.1.5（b）中 R_f、R_{e1} 引入的级间反馈为交流反馈，因为电容 C_2、C_3 对直流相当于断路，反馈支路断开，所以直流反馈不存在。在局部反馈中，R_{e1} 引入了交直流反馈，因为 R_{e2} 两端并联了旁路电容 C_e，所以它引入的是直流反馈。

对如图 5.1.6 所示的电路，引回反相输入端的反馈通路不论是直流通路还是交流通路都存在，所以是交直流反馈。而电容 C_1 引入的反馈只有在交流通路中才存在，在直流通路中由于电容的隔直作用，反馈不复存在，所以为交流反馈。

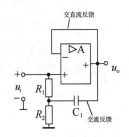

图 5.1.6　直流反馈和交流反馈

例 5.1.3　在如图 5.1.7 所示的放大电路中，指出级间反馈网络各由哪些元件构成，并判断电路引入的是直流反馈还是交流反馈，是正反馈还是负反馈。

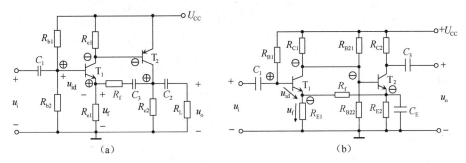

图 5.1.7　例 5.1.3 图

解： 在分立元件构成的反馈放大电路的分析中，关键要找到基本放大电路和反馈网络。具体方法是先根据输入信号、输出信号找到基本放大电路，然后由输出信号找到反馈网络。

在如图 5.1.7（a）所示的电路中，基本放大电路由两级共射放大电路构成，电阻 R_f、电容 C_3 和电阻 R_{e1} 构成了级间的反馈网络。根据电容 C_3 对直流相当于断路、对交流相当于短路的特点，可以判断出该反馈网络只存在于交流通路中，所以为交流反馈。

下面用瞬时极性法判断反馈极性。假设在某一时刻，输入信号 u_i 的瞬时极性为"+"，则 T_1 基极的瞬时极性为"+"，经第一级共射放大电路反相放大后，T_1 集电极的极性为"−"，即 T_2 基极的极性也为"−"；再经第二级共射放大电路反相放大后，T_2 集电极的极性为"+"。通过 R_f、C_3 和 R_{e1} 构成的反馈网络使反馈电压 u_f 的瞬时极性也为"+"。由于净输入电压 $u_{id} = u_i - u_f$，所以 u_i 减去一个正值使得净输入电压比无反馈时减小了，说明电路引入了负反馈。

在如图 5.1.7（b）所示的电路中，基本放大电路由两级共射放大电路构成，电阻 R_f、R_{E1}、R_{E2} 构成了级间的反馈网络。该反馈网络在直流通路中存在，在交流通路中电容 C_E 短路使电阻 R_f 右端接地，此时反馈网络无法从输出回路取出任何电压或电流，反馈不复存在，所以该反馈为直流反馈。

下面用瞬时极性法判断反馈的极性。假设在某一时刻，输入信号 u_i 的瞬时极性为"+"，

则 T_1 基极的瞬时极性为"+"，经第一级共射放大电路反相放大后，T_1 集电极的瞬时极性为"–"，即 T_2 基极的瞬时极性也为"–"，因为发射极和基极相位相同，所以 T_2 发射极的瞬时极性为"–"。通过 R_f、R_{E1}、R_{E2} 构成的反馈网络使反馈电压 u_f 的瞬时极性也为"–"。由于净输入电压 $u_{id}=u_i-u_f$，所以 u_i 减去一个负值使得净输入电压比无反馈时增大了，说明电路引入了正反馈。

例 5.1.4　在如图 5.1.8 所示的放大电路中，指出有哪些级间反馈，并判断是直流反馈还是交流反馈，是正反馈还是负反馈。

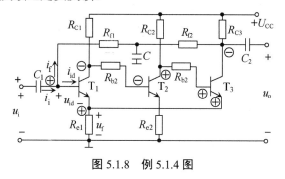

图 5.1.8　例 5.1.4 图

解： 在图 5.1.8 所示的电路中，基本放大电路是由 T_1、T_2、T_3 构成的三级共射放大电路。级间反馈有两个：一个是电阻 R_{f1}、R_{f2} 和电容 C 构成的反馈网络；另一个是直接从 T_3 发射极引回到 T_1 发射极的连接导线及 R_{e1} 形成的反馈网络。

电阻 R_{f1}、R_{f2} 和电容 C 构成的反馈网络在直流通路中存在；交流通路中由于电容 C 短路，电阻 R_{f1} 直接接在输入端与地之间，电阻 R_{f2} 直接接在输出端与地之间，不能把电路的输出引回输入，此时反馈不复存在，所以该反馈为直流反馈。各点的瞬时极性如图 5.1.8 所示，由此可以判断引入该反馈后净输入电流减小，所以为负反馈。

从 T_3 发射极引回到 T_1 发射极的反馈通路，无论是直流通路还是交流通路，反馈都存在，所以是交直流反馈。由瞬时极性法可以判断引入该反馈后净输入电压减小，所以为负反馈。

4．电压反馈和电流反馈

根据输出端取样对象的不同，反馈可分为电压反馈和电流反馈。若**反馈信号取自输出电压，称为电压反馈**，其特点是反馈信号 x_f 与输出电压 u_o 成正比，即 $x_f=Fu_o$；若**反馈信号取自输出电流，称为电流反馈**，其特点是反馈信号 x_f 与输出电流 i_o 成正比，即 $x_f=Fi_o$。

通常**采用输出短路法判断电路引入的是电压反馈还是电流反馈**。先假设输出电压 $u_o=0$，即将放大电路的负载短路，然后看反馈信号是否还存在。如果输出短路后反馈信号消失，说明反馈信号与输出电压成正比，为电压反馈；如果输出短路后反馈信号仍存在，说明反馈信号与输出电压无关，为电流反馈。

对图 5.1.9（a）中的电路，将 R_L 短路（$u_\mathrm{o}=0$）后的交流通路如图 5.1.9（b）所示，由图 5.1.9（b）可知，此时 R_f 不再是输出、输入之间的联系通道，反馈不复存在，因此 R_f 引入的是电压反馈。

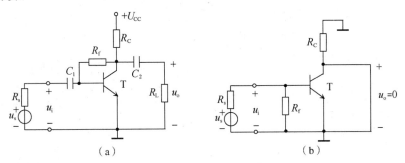

图 5.1.9　电压反馈示例 1

对图 5.1.10（a）中的电路，令 $u_\mathrm{o}=0$，即将 R_L 短路，则 R_f 右端接地，电路等效图如图 5.1.10（b）所示，此时反馈不复存在，所以为电压反馈。

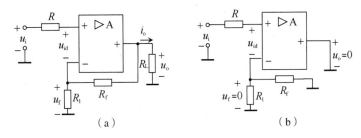

图 5.1.10　电压反馈示例 2

对图 5.1.11（a）中的电路，将 R_L 短路，即 $u_\mathrm{o}=0$，电路等效图如图 5.1.11（b）所示。由图 5.1.11（b）可知，此时电流 $i_\mathrm{o}\neq 0$，故 $u_\mathrm{f}=i_\mathrm{o}R\neq 0$，反馈仍然存在，所以为电流反馈。

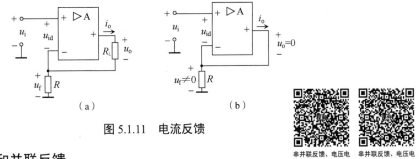

图 5.1.11　电流反馈

串并联反馈、电压电
流反馈判断视频

串联反馈、电压电
流反馈判断课件

5．串联反馈和并联反馈

根据反馈信号在输入端连接方式的不同，反馈可分为串联反馈和并联反馈。

如果反馈信号和输入信号均以电压形式出现，那么它们在输入回路必然以串联的方式连接，为串联反馈，此时净输入电压 $u_\mathrm{id}=u_\mathrm{i}-u_\mathrm{f}$。从电路结构上看，**串联反馈的反馈信号和输入信号接在放大电路的不同输入端。**

如果反馈信号和输入信号均以电流形式出现，那么它们在输入回路必然以并联的方式连接，为并联反馈，此时净输入电流 $i_{id} = i_i - i_f$。从电路结构上看，**并联反馈的反馈信号和输入信号接在放大电路的同一个输入端。**

例如，对图 5.1.5（a）所示的电路，输入信号接到基极 b，反馈信号也接到基极 b，所以为并联反馈，此时反馈信号以电流形式出现，净输入电流 $i_{id} = i_i - i_f$。

又如，对图 5.1.11（a）所示的电路，输入信号接到集成运放的同相输入端，反馈信号接到集成运放的反相输入端，所以为串联反馈，此时反馈信号以电压形式出现，净输入电压 $u_{id} = u_i - u_f$。

5.1 测试题

 # 5.2　负反馈放大电路的 4 种组态

负反馈放大电路的 4 种组态视频

负反馈放大电路的 4 种组态课件

根据上一节分析可知，反馈有多种类型，在实际放大电路中常用的是负反馈。负反馈主要用于改善放大电路的性能，正反馈主要用于振荡电路。对于交流负反馈来说，根据反馈信号在输出端的取样对象及在输入端连接方式的不同，共有 4 种反馈组态，分别是电压串联负反馈、电流串联负反馈、电压并联负反馈和电流并联负反馈。4 种反馈组态的框图如图 5.2.1 所示。为了便于将放大电路的输入信号和反馈信号进行对比，当引入串联负反馈时，信号源用实际电压源模型表示；当引入并联负反馈时，信号源用实际电流源模型表示。

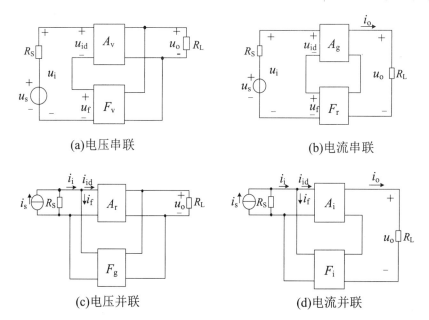

(a)电压串联　　(b)电流串联　　(c)电压并联　　(d)电流并联

图 5.2.1　4 种反馈组态的框图

5.2.1　电压串联负反馈

在图 5.2.2（a）所示的电路中，电阻 R_f、R_{e1} 构成级间反馈。标出各点的瞬时极性如图 5.2.2（b）所示，可以看出引入反馈后净输入电压 u_{id} 减小，所以为负反馈。

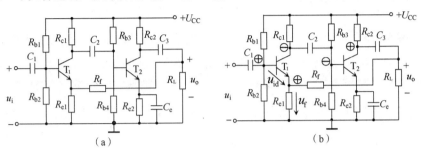

图 5.2.2　电压串联负反馈

下面判断反馈的组态。

输出信号经过 R_f、R_{e1} 构成的反馈网络返回到 T_1 的发射极，而输入信号加在 T_1 的基极，所以是串联反馈，输入信号和反馈信号以电压形式求和，即 $u_{id} = u_i - u_f$。

采用输出短路法判断反馈是电压反馈还是电流反馈：令 u_o=0，即将负载 R_L 短路，则 R_f 右端接地，此时反馈网络无法从输出回路取出任何电压或电流，反馈量为零，所以为电压反馈。

综上所述，电路引入的是电压串联负反馈。

若 T_1 的发射极电流 i_{e1} 很小，可以忽略不计，则 R_f、R_{e1} 可视为串联，根据串联分压可得：

$$u_f = \frac{R_{e1}}{R_f + R_{e1}} u_o$$

引入电压串联负反馈后，若由于某种原因引起输出电压的有效值 U_o 发生变化（为了表明输出电压大小的变化，不考虑它的极性，所以在分析电压和电流的稳定过程时都采用有效值表示），电路将自动进行调整，减小输出电压的变化。当交流输入电压的有效值 U_i 恒定时，如果负载电阻 R_L 减小或换了一个 β 值较低的管子等，使输出电压 U_o 减小，则反馈电压 U_f 也减小，结果使净输入电压 U_{id}（$U_{id} = U_i - U_f$）增大，则输出电压 U_o 也随之增大，从而使 U_o 基本稳定。上述调节过程可表示为

$$U_o\downarrow \longrightarrow U_f\downarrow \longrightarrow U_{id}\,(U_{id}= U_i{-}U_f)\uparrow$$
$$U_o\uparrow \longleftarrow \qquad\qquad\qquad\qquad$$

由此可见，电压串联负反馈具有稳定输出电压的作用。

对于电压串联负反馈，要使反馈效果最佳，即反馈电压 U_f 对净输入电压 U_{id} 的调节作用最强，则要求输入电压的有效值 U_i 最好恒定不变，而这只有在信号源的内阻 R_s=0 时才能实现，此时有 U_i=U_s。所以**串联负反馈要求信号源的内阻越小越好**。

综上所述，电压串联负反馈的特点是反馈信号取自输出电压，具有稳定输出电压的作用；反馈信号 u_f 和输入信号 u_i 串联作用于输入回路，以电压形式求和，即 $u_{id} = u_i - u_f$。

5.2.2 电流串联负反馈

电流串联负反馈如图 5.2.3 所示，由瞬时极性法可以判断该电路引入了负反馈。

输入信号加在集成运放的同相输入端，反馈信号返回到集成运放的反相输入端，输入信号和反馈信号以电压形式求和，即 $u_{id} = u_i - u_f$，所以是串联负反馈。令 $u_o=0$，即将负载 R_L 短路，但此时电流 $i_o \neq 0$，$u_f = i_o R_1 \neq 0$，反馈仍然存在，所以为电流反馈。综上所述，电路引入了电流串联负反馈。

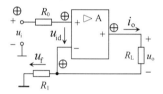

图 5.2.3 电流串联负反馈

引入电流串联负反馈后，若由于某种原因引起输出电流 I_o 发生变化，电路将自动进行调整，使输出电流的变化减小。例如，当输入电压的有效值 U_i 恒定时，如果负载电阻 R_L 增大引起输出电流 I_o 减小，则反馈电压 U_f 随之减小，引起净输入电压 U_{id} 增大，则 I_o 也会随之增大，从而使 I_o 基本稳定。上述调节过程可表示为

$$I_o \downarrow \longrightarrow U_f \downarrow \longrightarrow U_{id}\,(U_{id}=U_i-U_f)\uparrow$$
$$I_o \uparrow \longleftarrow$$

由此可见，电流串联负反馈具有稳定输出电流的作用。

综上所述，电流串联负反馈的特点是反馈信号取自输出电流，具有稳定输出电流的作用。反馈信号 u_f 和输入信号 u_i 串联作用于输入回路，以电压形式求和，即 $u_{id} = u_i - u_f$。

5.2.3 电压并联负反馈

电压并联负反馈如图 5.2.4 所示，由瞬时极性法可以判断该电路引入了负反馈。

输入信号加在 T 的基极，输出信号经电阻 R_f 也返回到 T 的基极，输入信号和反馈信号以电流形式求和，即 $i_{id} = i_i - i_f$，所以是并联负反馈。令 $u_o=0$，即将负载 R_L 短路，则 R_f 右端接地，此时反馈网络无法从输出回路取出任何电压或电流，即反馈量为零，所以为电压反馈。综上所述，电路引入了电压并联负反馈。

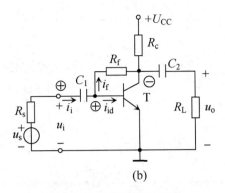

(b)

图 5.2.4　电压并联负反馈

前面已经介绍过，电压串联负反馈具有稳定输出电压的作用。现在分析图 5.2.4 中的电路稳定输出电压的过程。假设当输入电流的有效值 I_i 恒定时，负载电阻 R_L 减小等引起输出电压 U_o 减小，则反馈电流 I_f 也随之减小，引起电路的净输入电流 I_{id} 增大，使 I_c 增大， U_o 也随之增大，从而使输出电压 U_o 基本稳定。上述调节过程可表示为

$$U_o \downarrow \longrightarrow I_f \downarrow \longrightarrow I_{id}(I_{id}=I_i-I_f)\uparrow \longrightarrow I_b \uparrow \longrightarrow I_c \uparrow$$
$$U_o \uparrow \longleftarrow$$

对于并联负反馈，要使反馈效果最佳，即反馈电流 I_f 对净输入电流 I_{id} 的调节作用最强，则要求输入电流的有效值 I_i 最好恒定不变，而这只有在信号源的内阻 $R_s=\infty$ 时才能实现，此时有 $I_i=I_s$。所以**并联负反馈要求信号源内阻越大越好**。

综上所述，电压并联负反馈的特点是反馈信号取自输出电压，具有稳定输出电压的作用。反馈信号 i_f 和输入信号 i_i 并联作用于输入回路，以电流形式求和，即 $i_{id} = i_i - i_f$。

5.2.4　电流并联负反馈

电流并联负反馈如图 5.2.5 所示，电阻 R_1、R_2 构成反馈网络，由瞬时极性法可以判断电路引入了负反馈。反馈信号和输入信号都接在集成运放的反相输入端，输入信号和反馈信号以电流形式求和，即 $i_{id} = i_i - i_f$，所以是并联负反馈。令 $u_o=0$，即将负载 R_L 短路，但此时电流 $i_o \neq 0$，由于反馈信号 i_f 是输出电流 i_o 的一部分，$i_f \neq 0$，反馈量仍然存在，所以为电流反馈。

综上所述，电路引入的是电流并联负反馈。

前面已经介绍了，电流串联负反馈具有稳定输出电流的作用。现在分析图 5.2.5 中的电路稳定输出电流的过程。假设当输入电流的有效值 I_i 恒定时，负载电阻 R_L 增大等引起输出电流 I_o 减小，则反馈电流 I_f 随之减小，引起净输入电流 I_{id} 增大，I_o 也随之增大，从而使输出电流 I_o 基本稳定。上述调节过程可表示为

$$I_o \downarrow \longrightarrow I_f \downarrow \longrightarrow I_{id}(I_{id}=I_i-I_f)\uparrow$$
$$I_o \uparrow \longleftarrow$$

综上所述，电流并联负反馈的特点是反馈信号取自输出电流，具有稳定输出电流的作用。反馈信号 i_f 和输入信号 i_i 并联作用于输入回路，以电流形式求和，即 $i_{id} = i_i - i_f$。

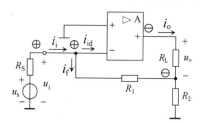

5.2 测试题

图 5.2.5   电流并联负反馈

5.3   深度负反馈放大电路的一般分析

通常将引入了反馈的放大电路称为闭环放大电路，而未引入反馈的放大电路称为开环放大电路。假设电路工作于中频区，反馈放大电路的结构框图如图 5.3.1 所示。

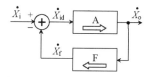

图 5.3.1   反馈放大电路的结构框图

由图 5.3.1 可写出下列关系式。

净输入信号：

$$\dot{X}_{id} = \dot{X}_i - \dot{X}_f \tag{5.3.1}$$

基本放大电路的开环放大倍数（又称开环增益）A：

$$A = \frac{\dot{X}_o}{\dot{X}_{id}} \tag{5.3.2}$$

反馈网络的反馈系数 F：

$$F = \frac{\dot{X}_f}{\dot{X}_o} \tag{5.3.3}$$

闭环放大倍数（又称闭环增益）A_f：

$$A_{\mathrm{f}} = \frac{\dot{X}_{\mathrm{o}}}{\dot{X}_{\mathrm{i}}} = \frac{\dot{X}_{\mathrm{o}}}{\dot{X}_{\mathrm{id}} + \dot{X}_{\mathrm{f}}} = \frac{\dot{X}_{\mathrm{o}} / \dot{X}_{\mathrm{id}}}{1 + \dfrac{\dot{X}_{\mathrm{f}}}{\dot{X}_{\mathrm{o}}} \dfrac{\dot{X}_{\mathrm{o}}}{\dot{X}_{\mathrm{id}}}} = \frac{A}{1 + AF} \tag{5.3.4}$$

式（5.3.4）是负反馈放大电路放大倍数（增益）的一般表达式，其中，（1+AF）**是描述反馈强弱的物理量，称为反馈深度。**

（1）当$|1+AF| > 1$时，$|A_{\mathrm{f}}| < |A|$，即引入反馈后增益减小了，表明电路引入了负反馈。

（2）当$|1+AF| \gg 1$时，称电路引入了深度负反馈，此时

$$A_{\mathrm{f}} = \frac{A}{1 + AF} \approx \frac{1}{F} \tag{5.3.5}$$

上式表明，在深度负反馈下，闭环增益几乎只取决于反馈系数 F。当反馈网络由稳定的线性元件构成时，闭环增益将具有很高的稳定性。

（3）当$|1+AF| < 1$时，$|A_{\mathrm{f}}| > |A|$，即引入反馈后增益增大了，表明电路引入了正反馈。

（4）当$|1+AF| = 0$时，$|A_{\mathrm{f}}| \to \infty$，此时意味着放大电路在没有输入信号的情况下也会有信号输出，将这种现象称为自激振荡。放大电路一旦出现自激振荡就不能正常工作，所以在负反馈放大电路中要设法消除自激振荡现象。

由式（5.3.1）还可以推出如下关系式：

$$\dot{X}_{\mathrm{id}} = \dot{X}_{\mathrm{i}} - \dot{X}_{\mathrm{f}} = \dot{X}_{\mathrm{i}} - F\dot{X}_{\mathrm{o}} = \dot{X}_{\mathrm{i}} - FA\dot{X}_{\mathrm{id}}$$

整理可得

$$\dot{X}_{\mathrm{id}} = \frac{\dot{X}_{\mathrm{i}}}{1 + AF} \tag{5.3.6}$$

图 5.3.1 中，**信号经基本放大电路和反馈网络构成的环路绕行一周获得的增益称为环路增益，环路增益 AF 为：**

$$AF = \frac{\dot{X}_{\mathrm{f}}}{\dot{X}_{\mathrm{id}}} \tag{5.3.7}$$

必须指出，对于不同的反馈组态，$\dot{X}_{\mathrm{i}}$、$\dot{X}_{\mathrm{o}}$、$\dot{X}_{\mathrm{f}}$ 及 $\dot{X}_{\mathrm{id}}$ 代表的电量不同，因此负反馈放大电路的 A、A_{f}、F 相应地具有不同的含义与量纲，如表 5.3.1 所示，其中，A_{u}、A_{i} 分别表示电压增益和电流增益（量纲为1）；A_{r}、A_{g} 分别表示互阻增益（单位为 Ω）和互导增益（单位为 S），相应的反馈系数 F_{u}、F_{i}、F_{g} 及 F_{r} 的量纲也不相同，但是环路增益 AF 的量纲始终为1。

表 5.3.1　负反馈放大电路中各种信号量的定义

信号量或信号传递比	反馈组态			
	电压串联负反馈	电流并联负反馈	电压并联负反馈	电流串联负反馈
x_{o}	u_{o}	i_{o}	u_{o}	i_{o}
x_{i}、x_{f}、x_{id}	u_{i}、u_{f}、u_{id}	i_{i}、i_{f}、i_{id}	i_{i}、i_{f}、i_{id}	u_{i}、u_{f}、u_{id}

续表

信号量或信号传递比	反馈组态			
	电压串联负反馈	电流并联负反馈	电压并联负反馈	电流串联负反馈
$A = x_o / x_{id}$	$A_u = u_o / u_{id}$	$A_i = i_o / i_{id}$	$A_r = u_o / i_{id}$	$A_g = i_o / u_{id}$
$F = x_f / x_o$	$F_u = u_f / u_o$	$F_i = i_f / i_o$	$F_g = i_f / u_o$	$F_r = u_f / i_o$
$A_f = x_o / x_i = \dfrac{A}{1+AF}$	$A_{uf} = u_o / u_i = \dfrac{A_u}{1+A_u F_u}$	$A_{if} = i_o / i_i = \dfrac{A_i}{1+A_i F_i}$	$A_{rf} = u_o / i_i = \dfrac{A_r}{1+A_r F_g}$	$A_{gf} = i_o / u_i = \dfrac{A_g}{1+A_g F_r}$
功能	u_i 控制 u_o 电压放大	i_i 控制 i_o 电流放大	i_i 控制 u_o 电流转换为电压	u_i 控制 i_o 电压转换为电流

例 5.3.1 已知某电压串联负反馈放大电路在中频区的反馈系数 F_u=0.01，输入信号的有效值 U_i=10mV，开环电压增益 A_u=10^4。求该电路的闭环增益 A_{uf}、反馈电压 U_f 和净输入电压 U_{id}。

解： 由式（5.3.4）可求得该电路的闭环增益 A_{uf}：

$$A_{uf} = \frac{A_u}{1+A_u F_u} = \frac{10^4}{1+10^4 \times 0.01} \approx 99.01$$

反馈电压：

$$U_f = F_u U_o = F_u A_{uf} U_i = 0.01 \times 99.01 \times 10\text{mV} \approx 9.9\text{mV}$$

净输入电压：

$$U_{id} = U_i - U_f = 10 - 9.9 = 0.1\text{mV}$$

此题也可以根据式（5.3.6）计算净输入电压：

$$U_{id} = \frac{U_i}{1+A_u F_u} = \frac{10\text{mV}}{1+10^4 \times 0.01} \approx 0.099\text{mV} \approx 0.1\text{mV}$$

再计算反馈电压：

$$U_f = U_i - U_{id} = 10 - 0.1 = 9.9\text{mV}$$

由于此题中 $A_u F_u$=100，说明电路引入了深度负反馈（$|1+A_u F_u| \gg 1$），此时也可根据式（5.3.5）计算闭环增益：A_{uf}=$1/F_u$=100，计算误差不到 1%。

由此例可知，在深度负反馈条件下，反馈信号与输入信号相差很小，净输入信号则远小于输入信号。

5.3 测试题

5.4　负反馈对放大电路性能的影响

负反馈对放大电
能的影响视频　　负反馈对放大电路性
能的影响课件

放大电路引入负反馈后，虽然闭环增益下降了，但是它能改善放大电路其他方面的性能，这也是引入负反馈的目的。

5.4.1　提高放大倍数（增益）的稳定性

式（5.3.4）给出：

$$A_f = \frac{A}{1+AF}$$

A_f 对 A 求导，可得：

$$dA_f = \frac{(1+AF) - AF}{(1+AF)^2} dA = \frac{dA}{(1+AF)^2}$$

两边同除以 A_f 得：

$$\frac{dA_f}{A_f} = \frac{dA}{(1+AF)A} = \frac{1}{1+AF}\frac{dA}{A} \tag{5.4.1}$$

由式（5.4.1）可以看出，引入负反馈后，闭环增益的相对变化量为开环增益相对变化量的 $\frac{1}{1+AF}$ 倍，即闭环增益的稳定性比开环增益的稳定性提高了 $1+AF$ 倍。$1+AF$ 越大，即负反馈越深，闭环增益的稳定性就越高。所以，当各种原因引起增益变化时，采用负反馈可以使增益相对稳定。当然，这种稳定是以降低增益为代价换取的。

由式（5.3.5）可知，在深度负反馈下，闭环增益仅取决于反馈系数 F，几乎与基本放大电路无关，因此当反馈网络由稳定性较高的无源元件（如 R、C）组成时，闭环增益将有很高的稳定性。

5.4.2　减小非线性失真

由于放大电路中半导体器件的非线性，所以即使输入信号 $\dot{X}_i$ 是正弦波，输出信号 $\dot{X}_o$ 也不一定是理想的正弦波，往往会产生一定的非线性失真。引入负反馈后，会使电路的非线性失真减小，定性分析如下。

假设在电路开环时输出为正半周幅值大、负半周幅值小的失真波形，如图 5.4.1（a）所示。现在引入如图 5.4.1（b）所示的负反馈，若反馈网络由线性元件组成，则反馈信号 $\dot{X}_f$ 也是正半周幅值大、负半周幅值小的波形。经过叠加后使净输入信号（$\dot{X}_{id} = \dot{X}_i - \dot{X}_f$）成为正半周幅值略小、负半周幅值略大的波形（预失真），再经过放大电路非线性的校正，使输出信号的正半周幅值、负半周幅值趋于对称，近似为正弦波，从而改善了输出波形的非线性失真。

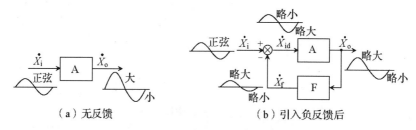

（a）无反馈　　　　　　　　　（b）引入负反馈后

图 5.4.1　负反馈减小非线性失真

可以证明，在输入信号不变的情况下，引入负反馈后，电路的非线性失真减小到原来的 $1/(1+AF)$。需要注意的是，**负反馈只能减小反馈环内产生的失真，如果输入信号本身就存在失真，则负反馈不起作用**。负反馈还可以在一定程度上抑制环内噪声与干扰。

5.4.3　扩展通频带

根据通频带的定义（见 2.6 节），将增益随着频率的变化下降 3dB 或下降到原增益的 70.7%时的频率范围称为通频带。在未加负反馈时，当增益的变化率 $\dfrac{\mathrm{d}A}{A} = 1 - 0.707 = 0.293$（下降 3dB）时，由式（5.4.1）可知，$\dfrac{\mathrm{d}A_\mathrm{f}}{A_\mathrm{f}} < \dfrac{\mathrm{d}A}{A}$，所以此时 $\dfrac{\mathrm{d}A_\mathrm{f}}{A_\mathrm{f}}$ 尚未到 0.293。若要使 $\dfrac{\mathrm{d}A_\mathrm{f}}{A_\mathrm{f}}$ 达到 0.293，则要将频率点向两边移动，这样就扩宽了通频带，如图 5.4.2 所示。图 5.4.2 中 f_bw 为开环时的通频带；f_bwf 为引入负反馈后的的通频带，显然 $f_\mathrm{bwf} > f_\mathrm{bw}$。

可以证明，引入负反馈后

$$\begin{cases} f_\mathrm{Hf} = (1 + AF)f_\mathrm{H} \\ f_\mathrm{Lf} = \dfrac{1}{1 + AF}f_\mathrm{L} \\ f_\mathrm{bwf} = (1 + AF)f_\mathrm{bw} \end{cases} \qquad (5.4.2)$$

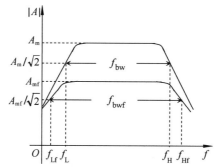

图 5.4.2　负反馈扩展放大电路通频带

5.4.4　对输入电阻和输出电阻的影响

电路引入负反馈后，在输出回路中稳定的对象不同（输出电压或输出电流），以及在输入回路中反馈信号接入方式的不同（串联或并联），将使反馈放大电路的输入电阻和输出电阻有不同的改变。因此，可以利用负反馈改变输入电阻和输出电阻，以满足不同的要求。

1．对输入电阻的影响

负反馈对输入电阻的影响仅取决于反馈网络在输入回路的连接方式，即是串联负反馈还是并联负反馈；与输出端的取样方式无关，即与是电压负反馈还是电流负反馈无关。

1）串联负反馈使输入电阻增大

串联负反馈对输入电阻的影响如图 5.4.3 所示。根据输入电阻的定义，基本放大电路的输入电阻为：

$$R_i = \frac{\dot{U}_i'}{\dot{I}_i}$$

引入负反馈后，闭环输入电阻为：

$$R_{if} = \frac{\dot{U}_i}{\dot{I}_i} = \frac{\dot{U}_i' + \dot{U}_f}{\dot{I}_i} = \frac{\dot{U}_i' + AF\dot{U}_i'}{\dot{I}_i} = (1+AF)\frac{\dot{U}_i'}{\dot{I}_i} = (1+AF)R_i \qquad （5.4.3）$$

上式表明，引入串联负反馈后，闭环输入电阻增大到开环输入电阻的 $1+AF$ 倍。

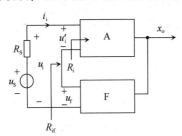

图 5.4.3　串联负反馈对输入电阻的影响

2）并联负反馈使输入电阻减小

并联负反馈对输入电阻的影响如图 5.4.4 所示。

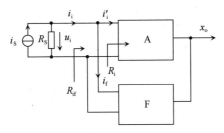

图 5.4.4　并联负反馈对输入电阻的影响

由图 5.4.4 可知：

$$R_{\text{if}} = \frac{\dot{U}_i}{\dot{I}_i} = \frac{\dot{U}_i}{\dot{I}_i + \dot{I}_f} = \frac{\dot{U}_i}{\dot{I}_i + AF\dot{I}_i} = \frac{1}{(1+AF)} \frac{\dot{U}_i}{\dot{I}_i} = \frac{1}{(1+AF)} R_i \qquad (5.4.4)$$

上式表明，**引入并联负反馈后，闭环输入电阻减小到开环输入电阻的 1/(1+*AF*)倍。**

2．对输出电阻的影响

负反馈对输出电阻的影响只取决于负反馈在输出端的取样方式，即是电压负反馈还是电流负反馈，而与负反馈在输入端的连接方式无关，即与串联负反馈或并联负反馈无关。

1）电压负反馈使输出电阻减小

电压负反馈具有稳定输出电压的作用，所谓输出电压稳定是指当负载电阻变动时，可维持输出电压基本不变，这就近似于内阻很小的恒压源。内阻越小，输出电压越稳定，这个内阻就是放大电路的输出电阻。所以引入电压负反馈后，闭环输出电阻 R_{of} 小于开环输出电阻 R_o。可以证明：

$$R_{\text{of}} = \frac{1}{(1+AF)} R_o \qquad (5.4.5)$$

上式表明，**引入电压负反馈后，闭环输出电阻减小为开环输出电阻的 1/(1+*AF*)倍。**

2）电流负反馈使输出电阻增大

电流负反馈具有稳定输出电流的作用，即在负载变化时可维持输出电流基本不变，这就近似于内阻很大的恒流源。内阻越大，输出电流越稳定，这个内阻就是放大电路的输出电阻。所以引入电流负反馈后，闭环输出电阻 R_{of} 大于开环输出电阻 R_o。可以证明：

$$R_{\text{of}} = (1+AF)R_o \qquad (5.4.6)$$

上式表明，**引入电流负反馈后，闭环输出电阻增大为开环输出电阻的 1+*AF* 倍。**

综上所述，引入负反馈使放大电路的许多性能得到一定程度的改善，而且反馈组态不同，产生的影响也不同。研究负反馈的目的之一是在设计放大电路时，能够根据需要正确地引入合适的反馈。在放大电路中引入负反馈时，一般需要遵循以下原则。

（1）要稳定静态工作点，应引入直流负反馈；要改善动态性能，应引入交流负反馈。

（2）根据信号源的特点决定是引入串联负反馈还是引入并联负反馈。若信号源内阻很小，为了使反馈效果好，应引入串联负反馈；若信号源内阻很大，为了使反馈效果好，应引入并联负反馈。

（3）为了增大放大电路的输入电阻，减小放大电路输入端向信号源索取的电流，应引入串联负反馈；为了减小放大电路的输入电阻，使电路获得更大的输入电流，应引入并联负反馈。

（4）根据负载需求决定是引入电压负反馈还是引入电流负反馈。要输出稳定电压（减小输出电阻，提高带负载的能力），应引入电压负反馈；要输出稳定电流（增大输出电阻），应引入电流负反馈。

（5）从信号转换关系上看，要使输出电压受输入电压控制，应引入电压串联负反馈；要使输出电压受输入电流控制，应引入电压并联负反馈；要使输出电流受输入电压控制，应引入电流串联负反馈；要使输出电流受输入电流控制，应引入电流并联负反馈。

（6）要稳定电压增益，应引入电压串联负反馈；要稳定电流增益，应引入电流并联负反馈；要想获得一个电流控制的电压源，应引入电压并联负反馈；要想获得一个电压控制的电流源，应引入电流串联负反馈。

例 5.4.1　在如图 5.4.5 所示电路中，为了实现下列性能要求，应如何通过 R_f 接入负反馈？

（1）稳定静态工作点；

（2）当输出端接上负载后，输出电压 u_o 基本上不随负载的变化而变化；

（3）通过 R_{c3} 的电流基本不随电路参数的变化而变化；

（4）希望放大电路输入端向信号源索取的电流小。

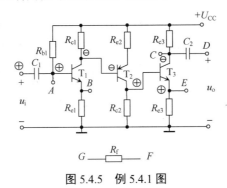

图 5.4.5　例 5.4.1 图

解：这是一个三级放大电路，要使反馈效果好，需要引入级间反馈，通过 R_f 把最后一级的输出返回到第一级的输入。假设在某一时刻 u_i 的瞬时极性为"+"，标出电路中各相关节点的瞬时极性如图 5.4.5 所示。

（1）要稳定静态工作点，应引入直流负反馈。可将 F 点与 C 点连接、G 点与 A 点连接；或者将 F 点与 E 点连接、G 点与 B 点连接，均可构成直流负反馈，达到稳定静态工作点的目的。

（2）要使输出电压 u_o 稳定，应引入电压负反馈。为了引入电压负反馈，F 点只能和 C 点或 D 点连接；为了保证引入负反馈，此时 G 点必须与 A 点连接。该反馈组态为电压并联负反馈。

（3）要使通过 R_{c3} 的电流基本不随着电路参数的变化而变化，即要求输出电流稳定，应引入电流负反馈。为了引入电流负反馈，F 点只能和 E 点连接；为了保证引入负反馈，此时 G 点必须与 B 点连接。该反馈组态为电流串联负反馈。

（4）希望放大电路输入端向信号源索取的电流小，即要提高放大电路的输入电阻，应引入串联负反馈，此时 G 点必须与 B 点连接，为了保证引入负反馈，F 点只能与 E 点连接。

5.5 深度负反馈放大电路的近似计算

深度负反馈放大电路
的近似计算视频   深度负反馈放大电路
的近似计算课件

由于在负反馈放大电路中，反馈网络接在基本放大电路的输出与输入之间，若用第 2 章介绍的微变等效电路法分析计算会非常麻烦，尤其是多级放大电路。实际上，多级放大电路的增益一般比较大，特别是集成运放的广泛应用，使负反馈放大电路很容易满足深度负反馈条件（$|1+AF| \gg 1$）。因此，可以采用近似计算的方法分析深度负反馈放大电路。

5.5.1 深度负反馈的特点

由式（5.3.5）可知，如果负反馈放大电路满足深度负反馈条件，即 $|1+AF| \gg 1$，则闭环增益近似等于反馈系数的倒数。为了讨论问题方便，现将式（5.3.5）重写为：

$$A_f = \frac{A}{1+AF} \approx \frac{1}{F} \tag{5.5.1}$$

反馈信号：

$$\dot{X}_f = F \dot{X}_o = F A_f \dot{X}_i$$

将式（5.5.1）代入上式，整理可得：

$$\dot{X}_i = \dot{X}_f \tag{5.5.2}$$

此时放大电路的净输入信号：

$$\dot{X}_{id} = \dot{X}_i - \dot{X}_f \approx 0 \tag{5.5.3}$$

对于串联负反馈，根据式（5.5.2）和式（5.5.3），有 $u_i \approx u_f$，$u_{id} \approx 0$，因此在基本放大电路的输入电阻 R_i 上产生的输入电流也必然趋向于零，即 $i_{id} = u_{id}/R_i \approx 0$。

对于并联负反馈，根据式（5.5.2）和式（5.5.3），同样有 $i_i \approx i_f$，$i_{id} \approx 0$，因此在基本放大电路的输入电阻 R_i 上产生的输入电压也必然趋于零，即 $u_{id} = i_{id} R_i \approx 0$。

所以，无论是串联负反馈还是并联负反馈，在深度负反馈条件下，均有：

$$u_{id} \approx 0 \text{（虚短）} \tag{5.5.4}$$

$$i_{id} \approx 0 \text{（虚断）} \tag{5.5.5}$$

利用"虚短""虚断"的概念可以快速方便地估算出深度负反馈放大电路的闭环增

益，而且由式（5.5.1）可知，在深度负反馈条件下，闭环增益仅与反馈系数有关。下面举例说明。

5.5.2　增益的定量计算

例 5.5.1　试分析如图 5.5.1 所示电路中交流负反馈的组态，并计算在深度负反馈条件下的闭环电压增益 $A_{uf}=u_o/u_i$。

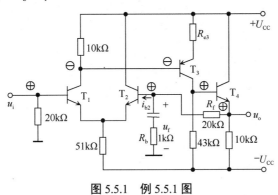

图 5.5.1　例 5.5.1 图

解：基本放大电路由三级放大电路构成，第一级是 T_1、T_2 共发射极接法单端输出的差分放大电路；第二级是 T_3 构成的共发射极放大电路；第三级是 T_4 构成的共集电极放大电路。电阻 R_f、R_b 构成了级间的反馈网络。由瞬时极性法可以判断它是负反馈。由于输入信号加在 T_1 的基极，反馈信号返回到 T_2 的基极，输入信号和反馈信号以电压形式求和，即 $u_{id}=u_i-u_f$，所以是串联反馈。令 $u_o=0$，则 R_f 右端接地，此时反馈网络无法从输出回路取出任何电压或电流，即 $u_f=0$，所以为电压反馈。可见，该电路引入了电压串联负反馈。

在深度负反馈条件下，根据"虚断"特点，$i_{b2}\approx 0$，故反馈电压：

$$u_f=\frac{R_b}{R_b+R_f}u_o$$

根据"虚短"特点，$u_i\approx u_f$，故：

$$A_{uf}=\frac{u_o}{u_i}\approx\frac{u_o}{u_f}=\frac{u_o}{\dfrac{R_b}{R_b+R_f}u_o}=1+\frac{R_f}{R_b}$$

例 5.5.2　试分析如图 5.5.2（a）所示电路中反馈的极性，若为交流负反馈，判断反馈的组态，并估算在深度负反馈条件下的闭环电压增益 $A_{uf}=u_o/u_i$。

解：基本放大电路由两级放大电路组成，电阻 R_1、R_2、R_3 构成了级间的反馈网络。由瞬时极性法可以判断出它是负反馈。由于输入信号加在集成运放的同相输入端，反馈信号返回到集成运放的反相输入端,输入信号和反馈信号以电压形式求和,即 $u_{id} = u_i - u_f$,所以为串联负反馈。令 $u_o=0$,则 R_L 短接,此时电流 $i_o \neq 0$。由于反馈信号 i_f 是输出电流 i_o 的一部分,所以 $i_f \neq 0$,反馈量仍然存在,此为电流反馈。可见,该电路引入了电流串联负反馈。

在深度负反馈条件下,根据"虚断"特点,$i_- \approx 0$,等效电路如图 5.5.2(b)所示。由电阻的并联分流可得:

$$i_f = \frac{R_3}{R_1+R_2+R_3} i_o$$

$$u_f = i_f R_1 = \frac{R_1 R_3}{R_1+R_2+R_3} i_o$$

根据"虚短"特点,$u_i \approx u_f$,故:

$$A_{uf} = \frac{u_o}{u_i} \approx \frac{u_o}{u_f} = \frac{R_L i_o}{\dfrac{R_1 R_3}{R_1+R_2+R_3} i_o} = \frac{R_1+R_2+R_3}{R_1 R_3} R_L$$

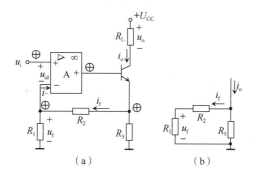

图 5.5.2 例 5.5.2 图

由以上两例分析可知,例 5.5.1 为电压负反馈,闭环电压增益仅取决于反馈通路中 R_f、R_{b2} 的值,与负载无关,具有很强的带负载能力。例 5.5.2 为电流负反馈,输出恒流特性较好,但闭环电压增益 A_{uf} 与负载 R_L 的大小有关,当 R_L 的阻值变化时,A_{uf} 随之变化。

例 5.5.3 电路如图 5.5.3 所示。(1)分析电路引入反馈的极性,若为交流负反馈,判断反馈的组态;(2)估算在深度负反馈条件下的闭环电流增益 $A_{if} = i_o / i_i$ 及电源电压增益 $A_{usf} = u_o / u_s$。

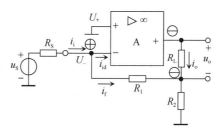

图 5.5.3 例 5.5.3 图

解：由瞬时极性法可以判断电路引入了负反馈，反馈网络由电阻 R_1、R_2 构成，为交直流负反馈。由于输入信号和反馈信号都加在集成运放的反相输入端，输入信号和反馈信号以电流形式求和，即 $i_{id} = i_i - i_f$，所以为并联反馈。令 $u_o=0$，则 R_L 短接，此时电流 $i_o \neq 0$，由于反馈信号 i_f 是输出电流 i_o 的一部分，所以 $i_f \neq 0$，反馈量仍然存在，所以为电流反馈。由此可见，该电路引入了电流并联负反馈。

在深度负反馈条件下，根据"虚断"和"虚短"特点，有 $i_i \approx i_f$，$U_- \approx U_+ = 0$。电阻 R_1、R_2 对电流 i_o 并联分流，即

$$i_f = -\frac{R_2}{R_1+R_2}i_o$$

闭环电流增益为：

$$A_{if} = \frac{i_o}{i_i} \approx \frac{i_o}{i_f} = -\frac{R_1+R_2}{R_2}$$

闭环电源电压增益为：

$$A_{usf} = \frac{u_o}{u_s} = \frac{R_L i_o}{R_S i_i} = \frac{R_L i_o}{R_S i_f} = \frac{R_L i_o}{R_S(-\dfrac{R_2}{R_1+R_2}i_o)} = -\left(1+\frac{R_1}{R_2}\right)\frac{R_L}{R_S}$$

例 5.5.4　电路如图 5.5.4 所示。(1) 试分析电路引入了哪种组态的交流负反馈；(2) 估算在深度负反馈条件下电路的闭环电源电压增益 $A_{usf}=u_o/u_s$。

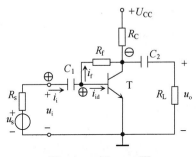

图 5.5.4　例 5.5.4 图

解：由瞬时极性法可以判断电路引入了交直流负反馈。由于输入信号和反馈信号都接到基极，所以输入信号和反馈信号以电流形式求和，即 $i_{id} = i_i - i_f$，所以为并联反馈。令 $u_o=0$，则 R_f 右端接地，此时反馈网络无法从输出回路取出任何电压或电流，即 $i_f=0$，所以为电压反馈。可见，该电路引入了电压并联负反馈。

在深度负反馈条件下，根据"虚断"特点，有 $i_i \approx i_f$，$i_{id} \approx 0$，即 $i_b \approx 0$，所以 $u_{be} = i_b R_i \approx 0$，$i_f = \dfrac{0-u_o}{R_f} = -\dfrac{u_o}{R_f}$。

闭环电源电压增益为：

$$A_{usf} = \frac{u_o}{u_s} = \frac{u_o}{R_S i_i} = \frac{u_o}{R_S i_f} = \frac{u_o}{R_S\left(-\dfrac{u_o}{R_f}\right)} = -\frac{R_f}{R_S}$$

5.5 测试题

 # 5.6　负反馈放大电路的稳定性

由前面的讨论可知，负反馈可改善放大电路的性能。改善的程度与反馈深度（1+AF）有关，|1+AF|越大，反馈越深，改善的程度越显著。但是，反馈过深时可能产生自激振荡，即在输入信号为零时，输出端也有一定频率和幅值的输出波形，这样就破坏了放大电路的正常放大功能，要注意避免这种情况。

5.6.1　负反馈放大电路产生自激振荡的原因

前面讨论的负反馈，都是假定信号工作频率在通频带内，不存在附加相移。由 2.6 节"放大电路的频率响应"的分析可知，单级放大电路在低频区或高频区时，由于电容的存在，会产生附加相移，最大的附加相移可达±90°。两级放大电路的最大附加相移可达±180°，但由于此时的增益近似为零，所以不至于产生自激振荡。若一个反馈环内基本放大电路的级数达到三级或超过三级，由于附加相移超过 180°，在中频区为负反馈，在低频区或高频区的某个频率上附加相移达到 180°，此时负反馈变成正反馈，若正反馈足够强，则反馈电路会产生自激振荡。

5.6.2　消除自激振荡的方法

由上述讨论可知，为了避免引入负反馈时产生自激振荡，应尽量使级间反馈的基本放大电路的级数不超过三级。在有些情况下，如采用集成运放作为基本放大电路时，由于它已经有输入级、中间级和输出级，所以此时引入负反馈就容易产生自激振荡。

在产生自激振荡的电路中可采用相位补偿法消除自激振荡。所谓相位补偿，就是在放大电路中加入电容，产生一个滞后或超前的相移，从而破坏产生自激振荡的条件。根据补偿网络本身的性质不同，可分为滞后补偿、相位超前-滞后补偿和超前补偿三大类。下面仅对滞后补偿进行简单介绍。

1）电容滞后补偿

选择在时间常数最大的放大电路中并联电容 C，如图 5.6.1（a）所示。这种补偿方法的缺点是通频带变窄太多。

2）RC 滞后补偿

选择在时间常数最大的放大电路中并联 R、C。用 RC 网络代替图 5.6.1（a）中的电容 C，如图 5.6.1（b）所示，这种补偿方法可以使通频带损失不多。

目前，大多数集成运放在出厂时已在内部接有补偿网络，使用中不需要再外接补偿网络。

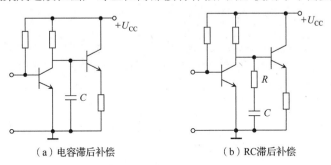

（a）电容滞后补偿　　　　（b）RC滞后补偿

图 5.6.1　滞后补偿

 本章小结

第 5 章小结视频　　第 5 章小结课件

（1）反馈就是将放大电路的输出电压或输出电流的一部分或全部，通过反馈网络引回输入回路的过程。反馈的目的是改善放大电路的性能指标。

（2）反馈从极性上可分为正反馈和负反馈。如果反馈信号削弱了净输入信号，则为负反馈；如果反馈信号增强了净输入信号，则为正反馈。通常采用瞬时极性法进行判断。

（3）根据反馈通路存在于直流通路还是交流通路，反馈可分为直流反馈和交流反馈。

（4）交流负反馈有电压串联负反馈、电压并联负反馈、电流串联负反馈和电流并联负反馈 4 种组态。

（5）不同类型的反馈对放大电路性能的影响是不同的。

直流负反馈可以稳定静态工作点；交流负反馈影响放大电路的动态性能指标。电压负反馈可以稳定输出电压、减小输出电阻；电流负反馈可以稳定输出电流、增大输出电阻。串联负反馈可以增大输入电阻；并联负反馈可以减小输入电阻。熟练掌握反馈类型及组态的判断方法，是分析和设计负反馈放大电路的基础。

（6）放大电路闭环增益的表达式为 $A_f = A/(1+AF)$，其中，反馈深度（$1+AF$）是一个重要指标。在不同组态的反馈中，A 和 F 的量纲是不同的。

（7）负反馈可以提高放大电路增益的稳定性、减小非线性失真、改变输入电阻和输出电阻、扩展通频带等，其影响程度均与反馈深度（$1+AF$）有关，反馈越深，影响越大。负反馈对放大电路性能的改善都是在牺牲增益的基础上实现的。

（8）信号源内阻会对反馈效果产生一定的影响。信号源内阻越小，串联负反馈的反馈效果越好；信号源内阻越大，并联负反馈的反馈效果越好。

（9）在深度负反馈条件下，$A_f \approx 1/F$，此时电路具有"虚短""虚断"两个特点。熟练运用"虚短"和"虚断"，可以方便地估算负反馈放大电路的闭环增益。

（10）放大电路中的信号在高频区或低频区存在附加相移，当放大电路的级数达到三级或超过三级时，有可能使根据负反馈设计的放大电路变成正反馈，从而使电路产生自激振荡而无法正常工作。利用相位补偿法可以破坏自激振荡的条件，使放大电路稳定工作。

 习题 5

第 5 章综合测试

第 5 章测试题讲解视频　第 5 章测试题讲解课件

5.1　选择填空。

（1）为了稳定输出电压，应在放大电路中引入（　　　　）；

　　　为了稳定输出电流，应在放大电路中引入（　　　　）；

　　　为了增大输入电阻，应在放大电路中引入（　　　　）；

　　　为了减小输出电阻，应在放大电路中引入（　　　　）；

　　　为了稳定静态工作点，应在放大电路中引入（　　　　）；

　　　为了扩展通频带，应在放大电路中引入（　　　　）。

　　　A．直流负反馈　　　　B．交流负反馈　　　　C．电压负反馈

　　　D．电流负反馈　　　　E．串联负反馈　　　　F．并联负反馈

（2）负反馈使放大电路的增益（　　　　），但使闭环增益的稳定性提高；

　　　串联负反馈使输入电阻（　　　　），而并联负反馈使输入电阻（　　　　）；

　　　电压负反馈使输出电阻（　　　　），而电流负反馈使输出电阻（　　　　）。

　　　A．增大　　　　　　　B．减小　　　　　　　C．可能大可能小　　　D．不变

5.2　在题 5.2 图所示的电路中有哪些反馈？并判断是直流反馈还是交流反馈？是负反馈还是正反馈？若为交流负反馈，试判断反馈的组态。

5.3　在题 5.3 图所示的电路中有哪些反馈？并判断是直流反馈还是交流反馈？是负反馈还是正反馈？若为交流负反馈，试判断反馈的组态。

5.4　在题 5.4 图所示的电路中有哪些反馈？并判断哪些是直流反馈？哪些是交流反馈？哪些是负反馈？哪些是正反馈？设电路中电容的容抗可以忽略，集成运放均为理想器件。

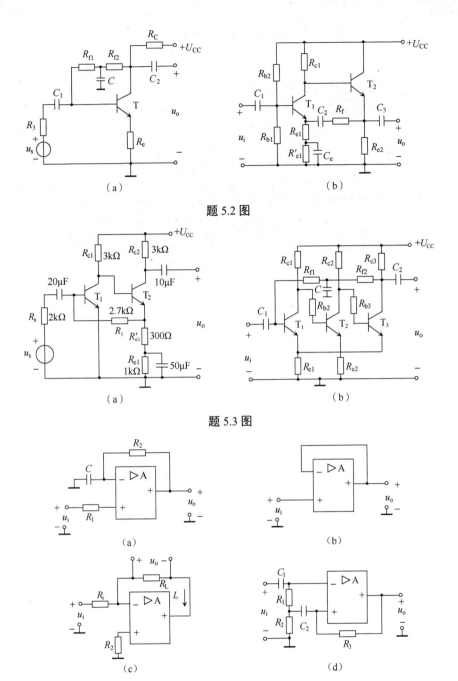

题 5.2 图

题 5.3 图

题 5.4 图

5.5　在题 5.3 图所示的电路中，哪些电路是用于稳定输出电压的？哪些电路是用于稳定输出电流的？哪些电路可以提高输入电阻？哪些电路可以降低输出电阻？

5.6　试判断题 5.6 图所示的各电路中级间反馈的极性和组态（对交流负反馈而言）。

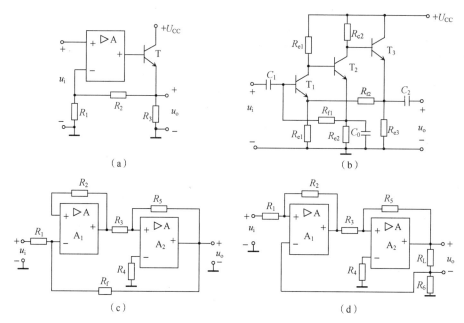

题 5.6 图

5.7　试分析题 5.7 图所示的电路中 R_e 的反馈作用。

（1）如果电路从集电极输出，是电压反馈还是电流反馈？

（2）如果电路从发射极输出，是电压反馈还是电流反馈？

5.8　试问在题 5.8 图所示的电路中有哪些级间反馈？分析这些反馈的极性和组态。如果希望 R_{f1} 只起直流反馈作用，而 R_{f2} 只起交流反馈作用，则电路应如何改接？

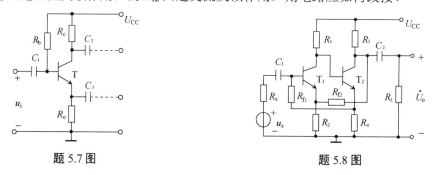

题 5.7 图　　　　　　　　　　　　　题 5.8 图

5.9　如果要求当开环增益 A 变化±25%时，闭环增益 A_f 的变化不超过±1%，又要求 A_f 等于 100，问 A 应为多大？这时反馈系数 F 又应为多大？

5.10　在题 5.10 图所示的 3 个电路中，所有晶体管的参数都一样，问哪个电路的输入电阻最大？哪个电路的输入电阻最小？为什么？设电路中的电容对交流信号均可视为短路。

5.11　某放大电路要求输出电流几乎不随负载电阻的变化而变化，且信号源内阻很大，问应该选用哪一种组态的负反馈？为什么？

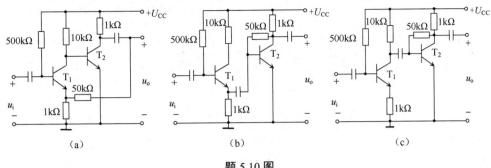

题 5.10 图

5.12　指出题 5.12 图所示的各电路中有哪些反馈？分别判断它们的极性和组态，并说明其反馈效果是稳定输出电流 i_o，还是稳定输出电压 u_o。

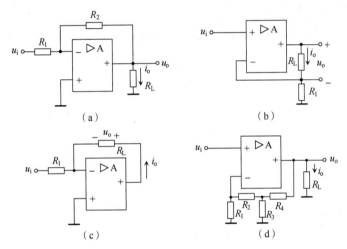

题 5.12 图

5.13　在题 5.13 图所示的电路中欲达到下列效果，应该如何引入反馈？

（1）希望静态时，电路元件参数的变化对各级静态电流和电压的影响比较小，应引入_____反馈，可将反馈电阻 R_f 自____接到____。

（2）希望放大电路从信号源索取的电流小，应引入_____反馈，可将 R_f 自_____接到____。

（3）加入信号后，为了使输出电流 I_o 基本不受 R_L 变化的影响，应引入_____反馈，可将 R_f 自____接到_____。

（4）希望在输出端的负载电阻 R_L 变化时，输出电压 U_o 基本不变，应引入_____反馈，可将 R_f 自____接到____。

（5）若信号源的内阻很小，为了有较好的负反馈效果，应引入_____反馈，可将 R_f 自____接到____。

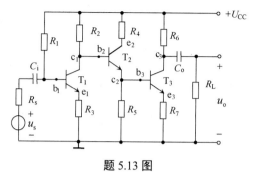

题 5.13 图

5.14 由理想集成运放和晶体管组成的功率放大电路如题 5.14 图所示。试回答：

（1）为了使闭环电压增益 A_{uf} 稳定、输入电阻大且输出电阻小，应引入什么组态的负反馈？在图上画出反馈电路的接入方式。

（2）在满足深度负反馈的条件下，若要求 $|A_{uf}|$=20，则所选反馈电阻的数值应等于多少？

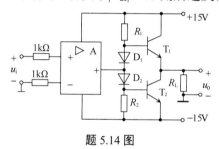

题 5.14 图

5.15 直接耦合反馈放大电路如题 5.15 图所示。

（1）试判断由 R_f 引入的反馈极性和组态；

（2）若是交流负反馈，求在深度负反馈条件下的闭环电压增益 $A_{uf}=u_o/u_i$。

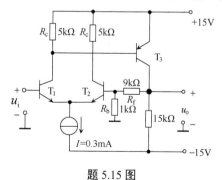

题 5.15 图

第 6 章　信号的运算与处理

集成运放的应用十分广泛，从目前电子技术应用的范畴来看，在中低频信号的放大和信号的处理中几乎都用到了集成运放。本章重点介绍集成运放构成的基本运算电路和滤波器。

 ## 6.1　概述

集成运放的两种工作　集成运放的两种工作
状态视频　　　　状态课件

6.1.1　集成运放的等效电路模型

在模拟电路中，通常将集成运放当作一个标准器件使用，这就像晶体管、场效应管那样，可以用一个等效的电路模型去代替不同型号的集成运放。

集成运放的电路符号如图 6.1.1（a）所示，其低频等效电路模型如图 6.1.1（b）所示。集成运放从输入端看进去可等效为一个电阻，即差模输入电阻 R_{id}；从输出端看进去可等效为一个实际电压源，电压源的电压值为 $A'_{od}u_{id}$（A'_{od} 表示集成运放在负载开路时的开环差模电压增益，u_{id} 表示差模输入电压），R_o 为集成运放的输出电阻。集成运放的电源端、调零端等对讨论输出电压与输入电压的函数关系的影响不大，为了突出重点，一般不再画出。

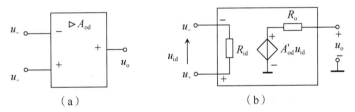

图 6.1.1　集成运放的电路符号及其低频等效电路模型

通用型集成运放的开环差模电压增益是在规定负载的情况下测得的，通常可达 10^5（100dB）左右，差模输入电阻 R_{id} 通常大于 $10^6\Omega$，输出电阻通常小于 200Ω。集成运放因其优良的性能在信息处理系统中已作为单元电路被广泛应用。在分析各种实际应用电路时，通常将集成运放的性能指标理想化，即将它看成理想运放。理想运放的主要参数如下所示。

（1）开环差模电压增益 $A_{od}=\infty$；

（2）差模输入电阻 $R_{id}=\infty$；

（3）输出电阻 R_o=0；

（4）共模抑制比 K_{CMR}=∞；

（5）开环带宽为∞；

（6）输入失调电压、输入失调电流及零漂都为零。

理想运放的电路符号如图 6.1.2 所示，图中的∞表示理想运放的开环差模电压增益为无穷大。随着半导体集成工艺水平的日趋完善，当前集成运放的性能指标已非常接近理想状态，所以用理想运放代替实际运放引起的误差在工程中是允许的。因此，若无特别说明，本章均将集成运放视为理想运放。

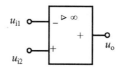

图 6.1.2　理想运放的电路符号

6.1.2　理想运放的两个工作区域

集成运放的输出电压 u_o 和差模输入电压 u_{id}（u_{id}=u_+-u_-，u_+表示同相输入端的电位；u_- 表示反相输入端的电位）之间的关系曲线称为电压传输特性曲线，如图 6.1.3 所示。图 6.1.3 中±U_{OM} 表示集成运放的最大输出电压，通常略小于正电源、负电源的电压值。从图 6.1.3 中可以看出，集成运放的工作区域包括线性区和非线性区。集成运放工作于不同区域，表现出来的特性也不相同，下面分别进行讨论。

（a）实际运放的电压传输特性曲线　　（b）理想运放的电压传输特性曲线

图 6.1.3　集成运放的电压传输特性曲线

1．集成运放工作于线性区

1）集成运放工作于线性区的条件

当集成运放工作于线性区时（线性工作状态），输出电压 u_o 与差模输入电压 u_{id} 存在线性放大关系，即

$$u_o = A_{od}u_{id} = A_{od}(u_+ - u_-) \tag{6.1.1}$$

电压传输特性曲线中线性区的范围取决于开环差模电压增益 A_{od} 的大小。由于集成运

放的 A_{od} 很大，所以线性区很窄。例如，假设 F007 的 $A_{od} =10^5$，最大输出电压为±14V，那么只有当输入信号为-0.14~0.14mV 时，输出电压与输入电压才满足线性关系。一旦输入信号超过此范围，输出电压将达到饱和，即输出电压 u_o 不是 U_{OM} 就是- U_{OM}，此时输出电压不再随输入信号变化，集成运放进入非线性工作状态。对于理想运放，由于 $A_{od}=\infty$，所以只要 $u_+-u_-\neq0$，输出电压 u_o 就会超出其线性范围。

以上分析表明，集成运放在开环工作时线性区很窄，这么小的线性范围无法完成信号的运算、放大等任务。**为了保证集成运放工作于线性区，电路必须引入一定深度的负反馈**，如图 6.1.4 所示。由于集成运放参数的理想化，所以当集成运放电路引入负反馈时，大多数情况下均满足深度负反馈的条件。

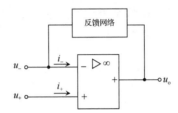

图 6.1.4　集成运放引入负反馈

2）集成运放工作于线性区的特点

（1）由于输出电压 u_o 为有限值，理想运放的差模电压增益 $A_{od} = \infty$，所以输入电压 $u_{id} =u_o / A_{od} \approx 0$，即

$$u_+=u_- \tag{6.1.2}$$

式（6.1.2）表明：**当理想运放线性应用时，反相输入端与同相输入端的电位近似相等**，如同将这两点短路一样，但事实上这两点并未被真正短路，因此常将此特点称为"**虚短**"。

（2）因为集成运放的净输入电压 $u_{id} \approx 0$，差模输入电阻 $R_{id} =\infty$，所以集成运放两个输入端的电流也为零，即

$$i_+ = i_- = 0 \tag{6.1.3}$$

式（6.1.3）表明：**集成运放反相输入端和同相输入端的电流均为零**，就如同这两点被断开一样，但实际上并未真正断开，将这一特点称为"**虚断**"。

"虚短"和"虚断"是理想运放工作于线性区的两个重要特点，也是分析集成运放线性应用电路的基本依据。

2．集成运放工作于非线性区

在应用电路中，当集成运放开环工作或引入正反馈时，由于理想运放的 $A_{od} = \infty$，所以只要同相输入端与反相输入端之间有一个很小的差值电压，就可以使输出电压达到饱和（输出为 U_{OM} 或 $-U_{OM}$），如图 6.1.3 所示的电压传输特性曲线中的水平直线部分。此时输出电压

u_o 不再随输入电压 u_{id} 线性增长，即不再满足式（6.1.1），称此时的集成运放工作于非线性区（非线性工作状态）。

理想运放工作于非线性区也有两个重要特点。

（1）输出电压 u_o 只有 $\pm U_{OM}$ 两种取值，即

$$u_o = \begin{cases} U_{OM}, & \text{当} u_+ > u_- \text{时} \\ -U_{OM}, & \text{当} u_+ < u_- \text{时} \end{cases} \tag{6.1.4}$$

在非线性工作状态下，集成运放的差模输入电压 u_{id} 可能很大，此时 $u_+ \neq u_-$，即"虚短"不再成立。

（2）由于理想运放的差模输入电阻 $R_{id} = \infty$，所以"虚断"仍成立，即 $i_+ = i_- = 0$。

综上所述，理想运放在不同工作状态下，其表现出的特点也不相同。因此在分析各种应用电路时，首先要判断集成运放的工作状态。

6.1 测试题

6.2 基本运算电路

集成运放的一个重要应用就是实现模拟信号运算。所谓运算就是以输入电压为自变量、以输出电压为函数，当输入电压变化时，输出电压按一定的数学规律变化，即输出电压反映了输入电压的某种运算结果，如比例、加减、积分、微分、对数、指数等。在运算电路中，集成运放必须工作于线性区，所以运算电路都是根据集成运放工作于线性区的两个基本特点——"虚短"（$u_+ = u_-$）和"虚断"（$i_+ = i_- = 0$）进行分析的。

6.2.1 比例运算电路

将输入信号按一定比例放大的电路称为比例运算电路。 由于集成运放有两个输入端，根据输入信号所加输入端的不同，比例运算电路可分为反相比例运算电路与同相比例运算电路。

1）反相比例运算电路

反相比例运算电路如图 6.2.1 所示。输入电压 u_i 通过电阻 R_1

反相比例运算电路视频　反相比例运算电路课件

接到集成运放的反相输入端，R_f 为反馈电阻，它引入了电压并联负反馈。同相输入端经平衡电阻 R' 接地，平衡电阻的作用是使集成运放的两个输入端对地的静态电阻相等，以保证在静态时集成运放输入级差分放大电路的对称性。由于反相输入端对地的静态电阻为 $R_1 /\!/ R_f$，所以 $R' = R_1 /\!/ R_f$。

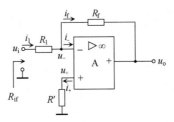

图 6.2.1　反相比例运算电路

下面利用理想运放线性工作时的两个特点进行分析。根据"虚断"（ $i_+ = i_- = 0$ ）可得：

$$i_1 = i_f ; \quad u_+ = R'i_+ = 0$$

根据"虚短"可得：

$$u_+ = u_- = 0 \tag{6.2.1}$$

式（6.2.1）说明在反相比例运算电路中，反相输入端与同相输入端的电位不仅相等，而且均等于零，如同这两点接地一样，但又不是真正接地（也不允许接地），故称为"**虚地**"。因为 $u_+ = u_- = 0$ ，即集成运放的共模输入电压为零，所以对集成运放的共模抑制比没有特殊要求。

由 $i_1 = i_f$ 可得 $\dfrac{u_i - u_-}{R_1} = \dfrac{u_- - u_o}{R_f}$ ，又因为 $u_- = 0$ ，即 $\dfrac{u_i - 0}{R_1} = \dfrac{0 - u_o}{R_f}$ 。

整理得：

$$u_o = -\frac{R_f}{R_1} u_i \tag{6.2.2}$$

式（6.2.2）表明，输出电压 u_o 与输入电压 u_i 成比例，式中的负号表示两者相位相反。其比例系数也就是闭环电压增益：

$$A_{uf} = \frac{u_o}{u_i} = -\frac{R_f}{R_1} \tag{6.2.3}$$

可见，闭环电压增益只取决于 R_f 与 R_1 ，与集成运放本身的参数无关。因此，只要精确选择 R_f 与 R_1 的阻值，就可准确地实现比例运算，而且可以通过调节这两个电阻的阻值获得不同的电压增益。需要注意，为了减小功率损耗和避免大电阻带来的噪声，电阻值通常为 1kΩ~1MΩ。

由于反相输入端"虚地"，所以闭环输入电阻：

$$R_{if} = u_i / i_1 = R_1 \tag{6.2.4}$$

上式说明并联负反馈降低了输入电阻。在既要满足比例系数，又要提高比例系数稳定性的情况下， R_1 的阻值不能太大。所以，反相比例运算电路的输入电阻受到 R_1 的限制，不可能太大。

由式（6.2.2）可知，输出电压和负载无关，说明电路具有很强的带负载能力，也就意味着放大电路的输出电阻很小（近似为零）。这是因为电路引入了深度电压负反馈，电压负反馈会减小输出电阻。

综上所述，反相比例运算电路的优点是集成运放的输入端具有"虚地"特点，即共模输入电压为0，因此对集成运放的共模抑制比要求低。由于引入了电压并联负反馈，所以输出电阻小，带负载能力强，但是并联负反馈使输入电阻变小，这是此电路的不足之处。

式（6.2.2）和式（6.2.4）表明，当比例系数较高时，欲使输入电阻增大，必须增大 R_1，此时反馈电阻 R_f 会很大。例如，当比例系数为-100 时，若要求输入电阻 R_i=100kΩ，则 R_1=100kΩ，R_f=10MΩ。阻值过大，则电阻的稳定性差且噪声大，电路的性能会下降。为了避免使用兆欧级电阻，必须改变电路结构，可采用如图 6.2.2 所示的 T 型网络反相比例电路。该电路用 R_2、R_3 和 R_4 构成的 T 型网络取代反馈电阻 R_f，可以实现高比例系数条件下输入电阻高的要求。

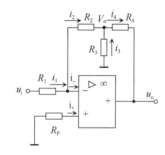

图 6.2.2　T 型网络反相比例电路

根据"虚断""虚短"可得

$$i_1 = i_2 \;;\; u_- = u_+ = 0$$

$\therefore \dfrac{u_i}{R_1} = -\dfrac{V_a}{R_2}$；可得

$$V_a = -\frac{R_2}{R_1}u_i$$

根据 KCL：$i_2 + i_3 = i_4$，即 $\dfrac{0-V_a}{R_2} + \dfrac{0-V_a}{R_3} = \dfrac{V_a - u_o}{R_4}$，可得

$$u_o = -\frac{R_2+R_4}{R_1}\left(1+\frac{R_2 /\!/ R_4}{R_3}\right)u_i$$

现在要求输入电阻 R_i=100kΩ，则取 R_1=100kΩ；要使 u_o=-100u_i，则取 R_2=R_4=100kΩ，代入上式计算可得 R_3≈1kΩ 。

可见，在同样的比例系数和输入电阻的条件下，T 型网络反相比例电路不需要使用过大的电阻。

2）同相比例运算电路

同相比例运算电路如图 6.2.3 所示，输入电压 u_i 经电阻 R' 接至同相输入端，R_f、R_1 引入了电压串联负反馈。R' 为平衡电阻，且有 $R'=R_1 /\!/ R_f$。

同相比例运算电路视频　同相比例运算电路课件

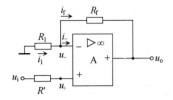

图 6.2.3　同相比例运算电路

因为 $i_-=0$，所以 $i_1=i_f$，即 $\dfrac{0-u_-}{R_1}=\dfrac{u_--u_o}{R_f}$，可得：

$$u_o = (1+\frac{R_f}{R_1})\,u_-$$

又因为 $u_-=u_+=u_i$，可得输出电压为：

$$u_o = (1+\frac{R_f}{R_1})\,u_i \qquad (6.2.5)$$

式（6.2.5）表明，输出电压 u_o 与输入电压 u_i 成比例，且相位相同。其比例系数也是闭环电压增益：

$$A_{uf} = (1+\frac{R_f}{R_1}) \qquad (6.2.6)$$

和反相比例运算电路相同，同相比例运算电路的电压增益也只与电阻 R_f 和 R_1 有关，而与集成运放本身的参数无关，所以其精度和稳定性都很高。调节这两个电阻的阻值就可获得不同的电压增益。

由于引入了串联负反馈，所以同相比例运算电路的输入电阻非常大（实际输入电阻可大于 100MΩ），这是它优于反相比例运算电路的地方。同时，电路引入了电压负反馈，故它的输出电阻为零。但是，由于 $u_+=u_-=u_i$，所以同相输入端与反相输入端存在共模电压。因此，同相比例运算电路要求集成运放具有较宽的共模电压范围及良好的共模抑制能力，这是它的缺点。

若令图 6.2.3 中的 $R_1=\infty$（也可同时令 $R_f=0$），则可得到如图 6.2.4 所示的电路。根据式（6.2.6）可知，图 6.2.4（a）、图 6.2.4（b）中两个电路的电压增益 A_{uf} 均为 1，表示电路的输出电压和输入电压相同，即 $u_o=u_i$，故称之为电压跟随器。因为它具有输入电阻高与输出电阻低的特点，所以常用作缓冲器或阻抗变换器。由于集成运放优越的性能，所以电压跟随器具有比射极输出器好得多的跟随特性，已成为电子技术中应用非常广泛的单元电路。

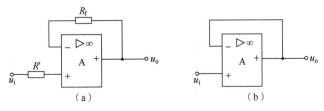

图 6.2.4　电压跟随器

例 6.2.1　在图 6.2.5 的电路中，设 A_1、A_2 均为理想运放，写出 u_o 和 u_i 的关系式。

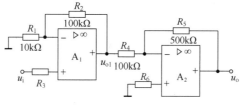

图 6.2.5　例 6.2.1 图

解： A_1 构成同相比例运算电路；A_2 构成反相比例运算电路。对于由两个集成运放组成的多级放大电路，前一级的输出电压 u_{o1} 作为后一级的输入电压，即 $u_{i2}=u_{o1}$。由于理想运放的输出电阻为 0，所以在计算前一级的输出电压时，可以不考虑后一级对前一级的负载效应。因此

$$u_{o1} = (1+\frac{R_2}{R_1})u_i = 11u_i$$

$$u_{o2} = -\frac{R_5}{R_4}u_{o1} = -5u_{o1} = -55u_i$$

加减运算电路视频　　加减运算电路课件

6.2.2　加减运算电路

实现多个输入信号按各自的比例求和或求差的电路统称为加减运算电路。 若所有输入信号均作用于集成运放的同一个输入端，则实现加法运算；若一部分输入信号作用于集成运放的同相输入端，而另一部分输入信号作用于反相输入端，则实现加减运算。

1．反相加法运算电路

多个输入电压同时加到集成运放的反相输入端时，输出电压实现了对多个输入电压按不同比例的反相求和运算，将这种电路称为反相加法运算电路（又称反相加法器），如图 6.2.6 所示，图中 R' 为平衡电阻，且 $R'=R_1//R_2//R_3//R_f$。

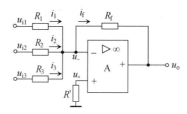

图 6.2.6　反相加法运算电路

根据"虚短"和"虚断"的特点，可得：

$$u_- = u_+ = 0$$

由 KCL 可得：

$$i_f = i_1 + i_2 + i_3$$

即

$$\frac{0 - u_o}{R_f} = \frac{u_{i1}}{R_1} + \frac{u_{i2}}{R_2} + \frac{u_{i3}}{R_3}$$

整理可得

$$u_o = -\left(\frac{R_f}{R_1} u_{i1} + \frac{R_f}{R_2} u_{i2} + \frac{R_f}{R_3} u_{i3}\right) \tag{6.2.7}$$

由式（6.2.7）可以看出，输出电压实现了对多个输入电压按不同比例的反相求和运算，因此该电路又称反相比例求和电路。

反相加法运算电路的主要特点与反相比例运算电路类似。由于"虚地"的特点，当改变其中某一路输入端的电阻时，只会改变该路输入电压与输出电压之间的比例关系，而不会影响其他输入电压和输出电压的比例关系。例如，当调节电阻 R_1 时，只会改变式（6.2.7）中 u_{i1} 前的比例系数，而不会改变 u_{i2} 和 u_{i3} 前的比例系数，因此调节比较灵活方便。在实际应用时可适当增加或减少输入端的个数，以适应不同的需求。

2. 同相加法运算电路

多个输入电压同时加到集成运放的同相输入端时，输出电压实现了对多个输入电压按不同比例的同相求和运算，将这种电路称为同相加法运算电路（又称同相加法器），如图 6.2.7 所示。为了满足两个输入端静态电阻相等的条件，应有 $R//R_f = R_1//R_2//R_3//R_4$。

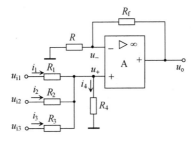

图 6.2.7　同相加法运算电路

因为 $i_+ = 0$，所以 $i_1 + i_2 + i_3 = i_4$，即

$$\frac{u_{i1} - u_+}{R_1} + \frac{u_{i2} - u_+}{R_2} + \frac{u_{i3} - u_+}{R_3} = \frac{u_+}{R_4}$$

可得：

$$u_+ = (R_1 // R_2 // R_3 // R_4)\left(\frac{u_{i1}}{R_1} + \frac{u_{i2}}{R_2} + \frac{u_{i3}}{R_3}\right) = R_P\left(\frac{u_{i1}}{R_1} + \frac{u_{i2}}{R_2} + \frac{u_{i3}}{R_3}\right)$$

式中，$R_P = R_1//R_2//R_3//R_4$；又因为 $u_o = \left(1 + \dfrac{R_f}{R}\right) u_+$，所以输出电压为：

$$u_o = (1 + \frac{R_f}{R}) \, R_P (\frac{u_{i1}}{R_1} + \frac{u_{i2}}{R_2} + \frac{u_{i3}}{R_3}) \qquad (6.2.8)$$

因为 $R_P=R_1//R_2//R_3//R_4= R//R_f$，所以有：

$$u_o = (1 + \frac{R_f}{R}) \, (R//R_f) \, (\frac{u_{i1}}{R_1} + \frac{u_{i2}}{R_2} + \frac{u_{i3}}{R_3})$$

$$= (\frac{R+R_f}{R}) \, (\frac{RR_f}{R+R_f}) \, (\frac{u_{i1}}{R_1} + \frac{u_{i2}}{R_2} + \frac{u_{i3}}{R_3}) \qquad (6.2.9)$$

$$= \frac{R_f}{R_1} u_{i1} + \frac{R_f}{R_2} u_{i2} + \frac{R_f}{R_3} u_{i3}$$

式（6.2.9）与式（6.2.7）只差一个负号，表示输出电压是各输入电压按不同比例的求和，因此如图 6.2.7 所示的电路也称为同相比例求和电路。

必须注意，式（6.2.9）只有在 $R//R_f=R_1//R_2//R_3//R_4$ 的条件下才成立。当需要通过改变某一项的系数改变某一电阻时，必须同时改变其他电阻以满足平衡条件。与反相加法运算电路相比，同相加法运算电路的调试比较麻烦。此外，由于输入端存在共模电压，对集成运放的共模抑制比要求较高。因此，同相加法运算电路不如反相加法运算电路的应用广泛。在实际应用中，若需要进行同相加法运算，可以在反相加法运算电路后加一级反相比例运算电路。

3．减法运算电路

减法运算电路是指能实现输出电压与两个输入电压之差成比例的运算电路，又称减法器，如图 6.2.8 所示。从结构上看，它有两个输入信号，一个加在同相输入端，另一个加在反相输入端，所以减法运算电路是反相输入与同相输入叠加的电路。为了保证两个输入端的静态电阻相等，应有 $R_1//R_f=R_2//R_3$。下面利用叠加定理计算输出电压 u_o。

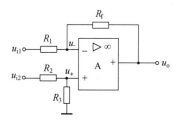

图 6.2.8　减法运算电路

u_{i1} 单独作用（令 $u_{i2}=0$）时为反相比例运算电路，此时输出电压 $u_o' = -\frac{R_f}{R_1} u_{i1}$；$u_{i2}$ 单独作用（令 $u_{i1}=0$）时为同相比例运算电路，此时输出电压 $u_o'' = (1 + \frac{R_f}{R_1}) \, u_+$。

根据"虚断"的特点可知，R_2 和 R_3 相当于串联，u_+ 等于 u_{i2} 在 R_3 上的分压，即

$$u_+ = \frac{R_3}{R_2 + R_3} u_{i2}$$

根据叠加定理，输出电压等于各输入信号单独作用产生的输出电压之和，即

$$u_o = u_o' + u_o'' = -\frac{R_f}{R_1}u_{i1} + (1 + \frac{R_f}{R_1})(\frac{R_3}{R_2 + R_3})u_{i2} \qquad (6.2.10)$$

若取 $R_1 = R_2$，$R_3 = R_f$，则有：

$$u_o = \frac{R_f}{R_1}(u_{i2} - u_{i1}) \qquad (6.2.11)$$

可见，电路对 u_{i2} 和 u_{i1} 的差值实现了比例运算，故又称为差分比例运算电路。

在电子测量、数据采集和工业控制等许多应用领域中，放大电路要处理的信号往往是悬浮的电压信号，且内阻较大。在信号的获取过程中，往往伴有较大的共模干扰信号，这时就要求放大电路应具有较大的输入电阻、较高的共模抑制比和很强的带负载能力，并且具有将双端输入变成单端输出的功能。三运放精密差分放大电路具有以上功能，如图 6.2.9 所示，而且电压增益十分稳定。

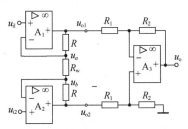

图 6.2.9　三运放精密差分放大电路

在图 6.2.9 中，A_1、A_2 选用相同型号、参数一致的集成运放，且均采取同相输入。对于共模干扰信号，即 $u_{i1} = u_{i2} = u_{ic}$，根据"虚短"特性，有 $u_a = u_b = u_{ic}$，此时 R_W 上的电流为 0，A_1、A_2 均构成电压跟随器，$u_{o1} = u_{o2} = u_{ic}$。A_3 组成差分比例运算电路，在电路参数严格对称的情况下，$u_o = \frac{R_2}{R_1}(u_{o2} - u_{o1}) = 0$，说明该电路对共模干扰信号有很强的抑制能力。

对于差模信号 $u_{id} = u_{i1} - u_{i2}$，根据"虚短"的特点可知，$u_a = u_{i1}$，$u_b = u_{i2}$。

根据"虚断"的特点可知，R、R_W、R 可视为串联。由于串联电阻的电流相等，所以

$$\frac{u_{o1} - u_{o2}}{2R + R_W} = \frac{u_a - u_b}{R_W} = \frac{u_{i1} - u_{i2}}{R_W}$$

可得：

$$u_{o2} - u_{o1} = \frac{2R + R_W}{R_W}(u_{i2} - u_{i1})$$

对 A_3 组成的差分比例运算电路，有：

$$u_o = \frac{R_2}{R_1}(u_{o2} - u_{o1})$$

所以输出电压为：

$$u_o = \frac{R_2}{R_1}(1 + \frac{2R}{R_W})(u_{i2} - u_{i1})$$

电压增益为：

$$A_u = \frac{u_o}{u_{id}} = \frac{u_o}{u_{i1} - u_{i2}} = -\frac{R_2}{R_1}(1 + \frac{2R}{R_W})$$

由以上分析可知，该电路为差分放大电路，即只有当两个输入信号有差值时才有输出电压，而且电压增益可调。在实际应用中，一般 R、R_1、R_2 为固定电阻，R_W 为可变电阻串联一个合适阻值的固定电阻，通过调节可变电阻可以调节电压增益。串联固定电阻的目的是防止将 R_W 调节到零值。

该电路的两个输入均接在同相端，所以输入电阻高。由于电路的对称性，它们的漂移和失调都有相互抵消的作用，所以共模抑制比较大。该电路结构简单，精度较高，目前已经有很多单片的集成电路广泛应用于测量等领域。

4．加减运算电路

能够同时实现加法运算与减法运算的电路称为加减运算电路，又称为加减器，如图 6.2.10 所示。它实际上是反相加法运算电路与同相加法运算电路的组合，可应用叠加定理求得其输出与输入电压之间的关系。

当 u_{i1} 与 u_{i2} 一起作用，u_{i3} 与 u_{i4} 均为零时，电路为反相加法运算电路，此时输出电压为：

$$u_o' = -(\frac{R_f}{R_1}u_{i1} + \frac{R_f}{R_2}u_{i2})$$

当 u_{i3} 与 u_{i4} 一起作用，u_{i1} 与 u_{i2} 均为零时，电路为同相加法运算电路，此时输出电压为：

$$u_o'' = (1 + \frac{R_f}{R_1 /\!/ R_2})u_+$$

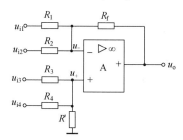

图 6.2.10 加减运算电路

根据"虚断"的特点可得：

$$u_+ = (R_3 /\!/ R_4 /\!/ R')(\frac{u_{i3}}{R_3} + \frac{u_{i4}}{R_4})$$

由叠加定理可得输出电压：

$$u_o = u_o' + u_o'' = -\left(\frac{R_f}{R_1}u_{i1} + \frac{R_f}{R_2}u_{i2}\right) + \left(1 + \frac{R_f}{R_1 /\!/ R_2}\right)(R_3 /\!/ R_4 /\!/ R')\left(\frac{u_{i3}}{R_3} + \frac{u_{i4}}{R_4}\right) \quad (6.2.12)$$

若电阻满足 $R_1 /\!/ R_2 /\!/ R_f = R_3 /\!/ R_4 /\!/ R'$，则式（6.2.12）可整理得：

$$u_o = u_o' + u_o'' = -\frac{R_f}{R_1}u_{i1} - \frac{R_f}{R_2}u_{i2} + \frac{R_f}{R_3}u_{i3} + \frac{R_f}{R_4}u_{i4} \quad (6.2.13)$$

例 6.2.2 在图 6.2.11 的电路中，A_1、A_2 为理想运放，试求 u_o 与 u_{i1}、u_{i2}、u_{i3} 的关系。

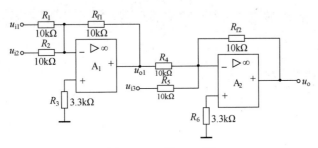

图 6.2.11 例 6.2.2 图

解：该电路是由两个反相加法运算电路级联而成。由反相加法运算电路可知：

$$u_{o1} = -\left(\frac{R_{f1}}{R_1}u_{i1} + \frac{R_{f1}}{R_2}u_{i2}\right); \quad u_o = -\left(\frac{R_{f2}}{R_4}u_{o1} + \frac{R_{f2}}{R_5}u_{i3}\right)$$

代入数据整理得：

$$u_o = \frac{R_{f2}}{R_4}\left(\frac{R_{f1}}{R_1}u_{i1} + \frac{R_{f1}}{R_2}u_{i2}\right) - \frac{R_{f2}}{R_5}u_{i3} = u_{i1} + u_{i2} - u_{i3}$$

这是一种由双运放构成的加减运算电路。与图 6.2.10 相比，此电路虽然多用了一个集成运放，但它的参数容易调整，且共模输入电压为零。

例 6.2.3 试用理想运放设计一个能实现 $u_o = 3u_{i1} + 0.5u_{i2} - 4u_{i3}$ 的运算电路。

解：这是一个加减运算电路，由于没有限制集成运放的个数，所以电路的实现方法有多种。

方法 1：采用单运放构成的加减运算电路。根据相位关系可知，u_{i1}、u_{i2} 应该从集成运放的同相输入端输入，u_{i3} 应该从集成运放的反相输入端输入，其电路结构如图 6.2.12（a）所示。

若电阻满足 $R_1 /\!/ R_2 /\!/ R_4 = R_3 /\!/ R_f$，由式（6.2.13）可得：

$$u_o = \frac{R_f}{R_1}u_{i1} + \frac{R_f}{R_2}u_{i2} - \frac{R_f}{R_3}u_{i3}$$

求得 $R_f = 3R_1 = 0.5R_2 = 4R_3$。

若取 $R_f = 60\ \text{k}\Omega$，则 $R_1 = 20\ \text{k}\Omega$，$R_2 = 120\ \text{k}\Omega$，$R_3 = 15\ \text{k}\Omega$。

由 $R_1//R_2//R_4=R_3//R_f$，可得平衡电阻 $R_4=40$ kΩ。

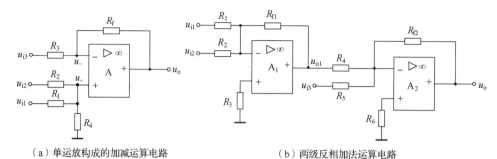

（a）单运放构成的加减运算电路   （b）两级反相加法运算电路

图 6.2.12   例 6.2.3 图

方法 2：采用两级反相加法运算电路。其规律是将系数为负的信号从第二级反相端输入，将系数为正的信号从第一级反相端输入。设第一级要实现的运算为 $u_{o1}=-3u_{i1}-0.5u_{i2}$；第二级要实现的运算为 $u_o=-u_{o1}-4u_{i3}$，则最终实现 $u_o=3u_{i1}+0.5u_{i2}-4u_{i3}$。根据这个思路画出电路图，如图 6.2.12（b）所示。

由 $u_{o1}=-(\dfrac{R_{f1}}{R_1}u_{i1}+\dfrac{R_{f1}}{R_2}u_{i2})=-3u_{i1}-0.5u_{i2}$，可得 $R_{f1}=3R_1$，且 $R_{f1}=0.5R_2$。若取 $R_{f1}=30$ kΩ，则 $R_1=10$ kΩ；$R_2=60$ kΩ，平衡电阻 $R_3=R_1//R_2//R_{f1}=6.7$kΩ。

由 $u_o=-(\dfrac{R_{f2}}{R_4}u_{o1}+\dfrac{R_{f2}}{R_5}u_{i3})=-u_{o1}-4u_{i3}$，可得 $R_{f2}=R_4$；且 $R_{f2}=4R_5$。若取 $R_{f2}=40$ kΩ，则 $R_4=40$ kΩ；$R_5=10$ kΩ，平衡电阻 $R_6=R_4//R_5//R_{f2}=6.7$kΩ。

6.2.3 积分运算电路与微分运算电路

积分运算电路与微分运算电路视频   积分运算电路与微分运算电路课件

电容的电压和电流之间有微分和积分的关系，可以利用它来构成积分运算电路和微分运算电路。

1．积分运算电路

积分运算电路如图 6.2.13 所示，它用电容 C 代替了反相比例运算电路中的反馈电阻 R_f。

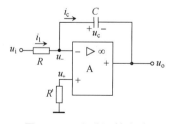

图 6.2.13   积分运算电路

根据"虚断"的特点可得 $i_c=i_1$，$u_+=0$；根据"虚短"的特点可得 $u_-=u_+=0$。所以

$$i_1 = u_i/R$$

$$i_c = C\frac{du_c}{dt} = C\frac{d(0-u_o)}{dt}$$

可得输出电压为：

$$u_o = -\frac{1}{RC}\int u_i dt \qquad\qquad (6.2.14)$$

式中，RC 为积分电路的时间常数，负号表示输出电压随输入电压的积分反向变化。

在求解 $t_1 \sim t_2$ 时间段的积分值时，应考虑 u_o 的初始电压 $u_o(t_1)$，所以输出电压为：

$$u_o = -\frac{1}{RC}\int_{t_1}^{t_2} u_i dt + u_o(t_1) \qquad\qquad (6.2.15)$$

当输入信号为常量 U_I 时，此时输出电压是输入电压的线性积分：

$$u_o = -\frac{U_I}{RC}(t_2 - t_1) + u_o(t_1) \qquad\qquad (6.2.16)$$

例 6.2.4　积分运算电路如图 6.2.13 所示，已知 $u_c(0)=0$，集成运放的最大输出电压 $U_{OM}=12V$。（1）若输入电压 u_i 为负阶跃电压，如图 6.2.14（a）所示，则当 $C=1\mu F$，R 分别为 $1k\Omega$ 和 $2k\Omega$ 时，u_o 的变化规律如何？（2）若 u_i 为矩形脉冲，如图 6.2.14（b）所示，且 $RC=10ms$，画出 u_o 的波形图。

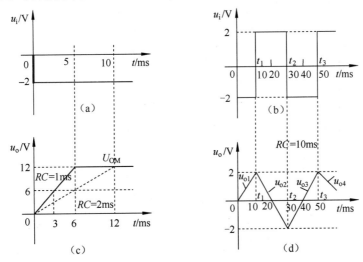

图 6.2.14　例 6.2.4 图

解：（1）当 $R=1k\Omega$ 时，电路的时间常数 $RC=1\times10^3\times1\times10^{-6}=10^{-3}$ s=1ms；

当 $t\geqslant0$ 时，因为 $u_o(0)=-u_c(0)=0$，$u_i=-2V$，所以由式（6.2.16）可得

$$u_o = -\frac{1}{RC}\int_0^t (-2)dt = 2t$$

该式表明，u_o 将随时间线性增长。显然，u_o 不可能无限增大。当 $t=6ms$ 时，$u_o=12V=U_{OM}$，输

出达最大值，此时集成运放饱和，之后电路就失去积分作用。u_o的整个变化规律如图 6.2.14（c）所示。

当 R=2kΩ 时，时间常数增大了一倍，此时有 u_o=t。可见，u_o 随 t 的变化速度比原来减慢了一半，它达到饱和输出的时间为 12ms。因此，时间常数 RC 是影响积分过程快慢的因素。

（2）矩形脉冲在各时间间隔内的幅值均为常数，故可分段进行计算。

当 $0 \leq t \leq 10$ms 时，u_i=-2V，且 $u_c(0)$=0。由式（6.2.16）可得输出电压：

$$u_{o1}=0.2t$$

可见，此阶段 u_{o1} 将从 0 开始随 t 线性增长，当 t=t_1=10ms 时，有 $u_{o1}(t_1)$=2V。

当 10ms $\leq t \leq$ 30ms 时，u_i=2V，又因为 C 上的电压不能突变，所以此阶段 u_o 的初始值必等于上个阶段终止时的 $u_{o1}(t_1)$。由式（6.2.16）可得：

$$u_{o2} = -\frac{1}{RC}u_i(t-t_1) + u_{o1}(t_1) = 4 - 0.2t$$

可见，此阶段 u_{o2} 将从 2V 开始随 t 线性下降，当 t=t_2=30ms 时，有 $u_{o2}(t_2)$= -2V。显然，这个值就是下个阶段的起始值。

当 30ms $\leq t \leq$ 50ms 时，u_i=-2V，同样可得此阶段的输出电压：

$$u_{o3} = -\frac{1}{RC}u_i(t-t_2) + u_{o2}(t_2) = -8 + 0.2t$$

当 t=t_3=50ms 时，有 $u_{o3}(t_3)$=2V。

以此类推，可求出以后各阶段 u_o 的表达式，从而画出 u_o 的波形，如图 6.2.14（d）所示。此积分运算电路实际上起了波形变换的作用，即将方波变成了三角波。

积分运算电路是模拟运算中的重要单元，不仅在模拟计算机中得到了大量使用，而且在各种脉冲电路、振荡电路、有源滤波及自动控制中都有广泛的应用。积分运算电路的主要作用有以下几点。

1）在电子开关中用于延时

当积分运算电路的输入信号 u_i 为阶跃信号时，输出将反相积分，此时电容恒流充电，输出电压随时间线性变化，经过一定时间后输出饱和，积分运算电路的波形如图 6.2.15（a）所示。这就相当于电源接通电子开关的动作被延迟了一段时间。

2）波形变换

积分运算电路可以将输入的方波变为三角波，如图 6.2.15（b）所示，从而实现波形变换。

3）移相

积分运算电路可以将输入的正弦波变换为余弦波，实现相移90°，如图 6.2.15（c）所示。

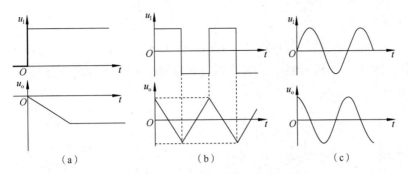

图 6.2.15 积分运算电路的应用

2．微分运算电路

微分是积分的逆运算，因此只要将积分运算电路中的电阻与电容互换位置，就可得到微分运算电路，如图 6.2.16 所示。

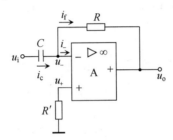

图 6.2.16 微分运算电路

因为 $i_-=0$，所以 $i_f=i_c$；又因为 $u_-=u_+=0$，所以

$$i_f = \frac{-u_o}{R}; \quad i_c = C\frac{du_c}{dt} = C\frac{du_i}{dt}$$

可得输出电压与输入电压间的关系为：

$$u_o = -RC\frac{du_i}{dt} \tag{6.2.17}$$

上式表明，输出电压正比于输入电压对时间的微分。

微分运算电路最显著的特点是输出电压 u_o 只与输入电压 u_i 的变化率有关，与 u_i 本身的数值无关。当输入电压 u_i 为矩形脉冲时，如图 6.2.17 所示，因为输入电压 u_i 只在 t_1 与 t_2 时刻出现跳变，所以微分运算电路的输出端也只有在这两个时刻才产生尖脉冲的电压输出，即微分运算电路可将矩形波变成尖脉冲的电压输出。微分运算电路在自动控制系统中可用于加速环节。例如，电动机出现短路故障时起加速保护作用，迅速降低其供电电压。

由于干扰信号通常都具有突变的性质，而微分运算电路对变化快速的量又十分敏感，所以它的抗干扰能力差（积分运算电路对此则十分迟钝，故抗干扰能力强）。由于微分运算电路对变化缓慢的量反应比较迟钝，所以集成运放的失调与漂移对它的影响不像积分运算电路那么严重，误差不会像积分运算电路那样随时间的增长而积累。此外，基本微分运算电路还易出现自激振荡。所以在实际应用中，常在输入回路接一个小电阻 R_1（$R_1 << 1/\omega C$），以限制输入电流与高频干扰；在电阻 R 与 R' 两端分别并联小值电容 C_2 与 C_1，以消除自激振荡；在 R 两端并联稳压二极管 D_{Z1} 与 D_{Z2}，以限制输出电压，实用的微分运算电路如图 6.2.18 所示。

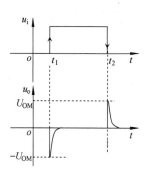
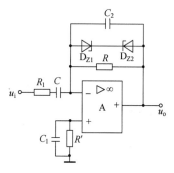

图 6.2.17 微分电路的波形变换作用　　　　图 6.2.18　实用的微分运算电路

6.2.4　对数运算电路与指数运算电路

1．对数运算电路

根据半导体理论，当晶体管的集电极和基极短接或使其电压差为零时（接成二极管形式），则在 u_{be} 与 i_c 之间存在相当精确的对数关系：

$$u_{be} = U_T \ln \frac{i_c}{I_s} \qquad (6.2.18)$$

式（6.2.18）中，U_T 为温度电压当量，常温下（300K）约为 26mV；I_s 为 PN 结的反向饱和电流。利用这一特性组成对数运算电路如图 6.2.19 所示，就可实现对数运算。由"虚断"与"虚地"的特点可知，$i_c = i_1 = u_i/R$，$u_o = -u_{be}$，故

$$u_o = -u_{be} = -U_T \ln \frac{u_i}{I_s R} \qquad (6.2.19)$$

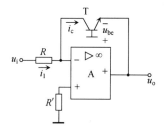

图 6.2.19　对数运算电路

可见，u_o 与 u_i 的对数成正比。此种对数运算电路存在的主要问题是输出电压 u_o 与反向饱和电流 I_s 及温度电压当量 U_T 有关，而 I_s 与 U_T 又是温度的函数，所以该电路的温度特性

较差，零漂较严重。因此，在实际应用中应加入温度补偿。另外，输入电压只能为正值，否则 PN 结就处于反偏而失去对数运算的作用了。此外，输出电压 u_o 的绝对值不会超过晶体管的基射正向导通压降，而这个值是较小的（硅晶体管大约为 0.7V 左右），这些都限制了它的应用范围。

2．指数（反对数）运算电路

将图 6.2.19 中的 R 与 T 对换一下，就得到了指数运算电路，如图 6.2.20 所示。同样，利用晶体管具有的特性，如式（6.2.18）所示，可得：

$$u_o = -i_f R = -I_s R \mathrm{e}^{\frac{u_i}{U_T}} \tag{6.2.20}$$

即输出电压与输入电压成指数关系。

指数运算电路同样也存在零漂较严重等缺点，在实际使用时应采取相应的温度补偿措施。

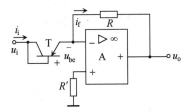

图 6.2.20　指数运算电路

6.2.5　运算电路应用实例

前面介绍的各种运算电路除了可以完成各种数学运算，还可以成为电子技术中重要的单元电路，应用非常广泛，如可以实现电压/电流转换、线性整流和限幅等。

1．电压/电流转换

电压/电流转换是指它们相互之间或者自身性能上的转换，在自动控制与自动测试技术中的应用十分广泛。例如，在信号的远距离传送中，为了避免线路阻抗的影响，常将待传送的电压信号变换为电流信号，这时就需要用到电压-电流转换电路。下面将会看到，这种电路的输出电流与输入电压成正比而与电流流经线路的电阻无关，因而保证了信号传输的质量。又如，在微小电流或线电流测量中，常需要将电流信号变换为电压信号，这就要用到电流-电压转换电路。这些不同形式的变换，都可由结构简单的集成运放电路通过不同的反馈连接方式实现。

1）电压-电流转换电路

两种基本的电压-电流转换电路如图 6.2.21 所示。图 6.2.21（a）实际上是一个同相比例放大电路，只是将反馈电阻换成了负载电阻 R_L。因为 R_L 的任何一端都不能接地，所以只能用于负载不接地的场合。在图 6.2.21（b）的电路中，通过 R_f 引入了负反馈，又通过 R_3、R_2 引入了正反馈，但在选择参数时应保证前者的作用大于后者，即电路在总体上仍工作于负反馈状态，这是电路工作的前提。在该电路中，负载 R_L 可以直接接地。

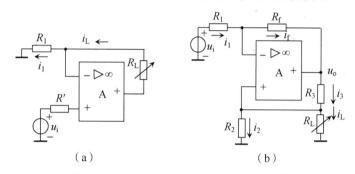

图 6.2.21　两种基本的电压-电流转换电路

根据"虚短""虚断"的特点，不难求得它们的变换关系。

对于图 6.2.21（a），因为 $U_-=U_+=u_i$，$i_L=i_1$，故有：

$$i_L= u_i / R_1 \tag{6.2.21}$$

在图 6.2.21（b）中，因为 $i_-=i_+=0$，R_1、R_f 可视为串联，利用叠加定理可得：

$$U_- =R_f u_i/(R_1+R_f)+R_1 u_o/(R_1+R_f)$$

由 KCL 可得：

$$i_L= i_3-i_2$$

即

$$i_L= (u_o-U_+)/R_3 - U_+/R_2$$

根据"虚短"可得，$U_+= U_-$，若取 $R_f/R_1=R_3/R_2$，整理可得：

$$i_L= -u_i/R_2 \tag{6.2.22}$$

由此可见，当式（6.2.21）中的 R_1 与式（6.2.22）中的 R_2 一定且保证匹配时，负载电流 i_L 将与输入电压成正比，而与负载电阻 R_L 的阻值变化无关。若 u_i 恒定，则它就成为恒流源了。当然，图 6.2.21 中两个电路的 R_L 都不能开路，否则图 6.2.21（a）中的电路将处于开环工作状态，图 6.2.21（b）中的电路将脱离负反馈工作状态（此时 $U_- \neq U_+$，读者可自行证明），最终都将进入非线性工作状态。在使用时必须注意这一点。

这些电路除了用于变换，还可用于测量电压或电阻。在测量电压时，可用一只微安表头代替 R_L，此时它的读数就与被测电压成正比。特别是图 6.2.21（a）中的电路，它的输入电阻很大，被测电源几乎不输出电流，同时表头的读数又不受表头内阻的影响，所以可获得相当高的精度。

2）电流-电压转换电路

图 6.2.22 所示为电流-电压转换电路。根据"虚地"和"虚断"的特点，可以求得：

$$u_o = -R_f i_i \qquad\qquad (6.2.23)$$

当 R_f 一定时，u_o 与 i_i 成正比；若 i_i 也保持不变，则它将是一个十分理想的恒压源。

该电路也可用于电阻测量。此时 i_i 为给定值，R_f 为被测电阻，故 u_o 与 R_f 成正比。此外，还可用于电流放大，如光电池或光电倍增管（因其内阻相当高所以可等效为电流源）的输出电流可用如图 6.2.22 所示的电路进行放大，并转换为电压量。

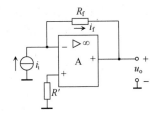

图 6.2.22　电流-电压转换电路

2．线性整流电路

利用二极管的单向导电性可以组成整流电路，将交流电变为直流电。但二极管的特性是非线性的，特别是当信号幅度较小时，这种非线性尤为严重。当信号幅度小于死区电压时（硅二极管约为 0.5V），二极管不再导通，电路将失去整流作用。因此，单纯由二极管构成的整流电路误差较大、精度较低。为了克服这一缺点，可将二极管与集成运放结合起来，就能得到近乎理想的整流特性。这种电路能在输入信号幅度相当宽广的范围内实现线性整流，并获得相当高的精度。即使在非常小的信号作用下，输出与输入之间也可以保持良好的线性关系，所以称为线性整流电路或精密整流电路，在精密测量与模拟运算电路中的应用十分广泛。

1）半波线性整流电路

一种典型的半波线性整流电路如图 6.2.23（a）所示，设输入信号 u_i 为正弦波，下面分析它的整流过程。当输入电压 $u_i>0$ 时，集成运放输出端的电压 u_A 为负，因此 D_1 导通，它将 u_A 钳位在 -0.7V 左右（集成运放反相端为"虚地"），D_2 则因反偏而截止，等效电路如图 6.2.23（b）所示，所以输出电压 $u_o=0$。当输入电压 $u_i<0$ 时，u_A 为正，因此 D_1 截止、D_2 导通，等效电路如图 6.2.23（c）所示，此时集成运放工作于反相比例放大状态，u_o 与 u_i 成反比例放大。综上所述，在信号的整个周期内，u_o 与 u_i 的关系为：

$$u_o = \begin{cases} 0 & (u_i > 0) \\ -\dfrac{R_f}{R_1} u_i & (u_i < 0) \end{cases} \qquad\qquad (6.2.24)$$

可见，它起到了负半周整流的作用。显然，若要实现正半周整流，则要将 D_1、D_2 同时反接。由于集成运放的 A_{od} 很大，所以输入电压 u_i 即使在微伏数量级，也足以使 u_A 产生足够大的电平变化，从而控制 D_1、D_2 的导通与截止。

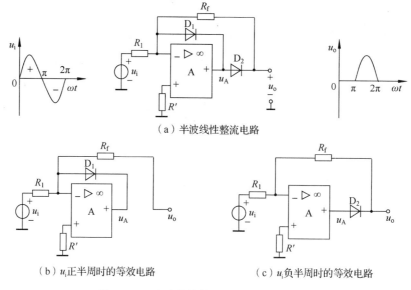

（a）半波线性整流电路

（b）u_i 正半周时的等效电路 　　　　　（c）u_i 负半周时的等效电路

图 6.2.23　半波线性整流电路及其等效电路

2）全波线性整流电路

在半波整流的基础上再加一级反相加法运算电路，就可构成全波线性整流电路，如图 6.2.24 所示。

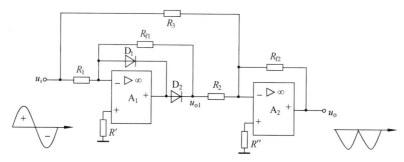

图 6.2.24　全波线性整流电路

当 u_i 处于正半周时，$u_{o1} = 0$，u_i 通过电阻 R_3 直接加于 A_2 的反相输入端，故 $u_o = -R_{f2}u_i / R_3$。若取 $R_{f2}=R_3$，则有：

$$u_o = -u_i$$

当 u_i 处于负半周时，$u_{o1} = -(R_{f1} / R_1)u_i$。此时 A_2 为反相加法运算电路，将 u_{o1} 与 u_i 按比例相加，故输出电压为：

$$u_o = -(R_{f2} / R_3)u_i - (R_{f2} / R_2)u_{o1}$$
$$= -(R_{f2} / R_3)u_i + (R_{f1}R_{f2} / R_1R_2)u_i$$

若取 $R_1=R_{f1}$，$R_3=R_{f2}=2R_2$，则有 $u_o=u_i$。

综合起来，在 u_i 的整个周期内，u_o 与 u_i 的关系为：

$$u_o = \begin{cases} -u_i & (u_i > 0) \\ u_i & (u_i < 0) \end{cases} \tag{6.2.25}$$

写成绝对值形式：

$$u_o = -|u_i| \tag{6.2.26}$$

由此可知，不论 u_i 的极性如何，该电路的输出恒为负值。若将 D_1 与 D_2 均反接，则输出恒为正值。

3．限幅电路

限幅电路又称钳位电路，其作用是当输入信号的幅度在某一范围内变化时，输出将跟随着变化，但是当输入信号的幅度超出这一范围时，输出信号就不再跟随输入信号变化而保持为某一恒定值。因此，它被广泛用于钳位与过压保护中。

限幅电路常用二极管、稳压二极管等非线性元件与集成运放相结合，以获得非线性的限幅特性（传输特性）。下面举例说明。

二极管单向限幅电路及其传输特性如图 6.2.25 所示。其中，U_R 为参考电压，可根据所需限幅电压的值来选定。由图 6.2.25（a）可知，当输入电压 u_i 为负值或当 u_i 虽为正值但仍有 $U_a<U_D+U_R$ 时（U_D 为二极管的正向导通压降），二极管都将因反偏而截止。此时电路为反相比例运算电路，输出电压将跟随 u_i 变化，即 $u_o=-R_f u_i/(R_1+R_2)$，如图 6.2.25（b）所示的斜线部分。

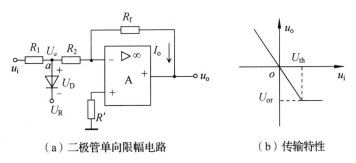

（a）二极管单向限幅电路　　　　　　（b）传输特性

图 6.2.25　二极管单向限幅电路及其传输特性

当 u_i 为正值且增加到使 $U_a=U_D+U_R$ 时，二极管正偏导通，此时 a 点电位就被钳位在 $U_a=U_D+U_R$ 的值上。即使输入信号 u_i 再增大，输出电压 u_o 也不再变化，进入限幅工作状态，限幅电压为：

$$U_{or} = -\frac{R_f}{R_2}(U_D + U_R) \tag{6.2.27}$$

使 u_o 达到限幅值的输入电压称为阈值电压，用 U_{th} 表示，则

$$U_{th} \times \frac{R_2}{R_1 + R_2} = U_D + U_R$$

求得：

$$U_{th} = \frac{R_1 + R_2}{R_2}(U_D + U_R) \qquad (6.2.28)$$

因为该电路只有在 u_i 为正时才能实现限幅，所以为单向限幅电路。

稳压二极管双向限幅电路及其传输特性如图 6.2.26 所示。由图 6.2.26 可知，当 $|u_o|$ 在稳压二极管反向击穿电压的范围内变化时，稳压二极管相当于开路，此时电路为反相比例运算电路，$u_o = -(R_f/R_1)u_i$。当 u_i 正向变化使 u_o 减小到使 D_{Z1} 反向击穿时，或当 u_i 负向变化使 u_o 增大到使 D_{Z2} 反向击穿时，u_o 都将被限幅，其限幅电压：

$$U_{of} = -U_{or} = U_Z + U_D \qquad (6.2.29)$$

式中，U_Z 为稳压二极管的击穿电压（假设两只管子的稳压值相同）；U_D 为稳压二极管的正向导通压降。此时，上阈值电压、下阈值电压为：

$$U_{th1} = -U_{th2} = (U_Z + U_D)R_1/R_f \qquad (6.2.30)$$

因为不论 u_i 的方向如何变化，该电路都有限幅作用，所以为双向限幅电路。

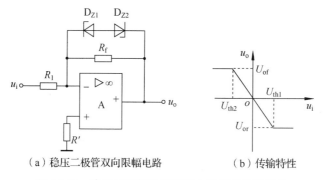

（a）稳压二极管双向限幅电路　　　　（b）传输特性

图 6.2.26　稳压二极管双向限幅电路及其传输特性

6.2 测试题

6.3　有源滤波器

有源滤波器视频

有源滤波器课件

6.3.1　滤波器基础知识

滤波器是指让指定频率范围内的信号能够顺利通过，而对指定频率范围以外的信号起衰减或削弱作用的电路。滤波器常在自动测量、控制系统和无线电通信中用于信号处理，如数据传送、选频及干扰的抑制等。

在滤波器中，通常把能够通过的频率范围或者信号幅度只有允许程度衰减的频率范围称为通频带或通带；反之，信号受到很大衰减或完全被抑制的频率范围称为阻带。通带和阻带之间的分界频率称为截止频率。

理想的滤波器在通带内应具有零衰减的幅频响应和线性的相频响应，而在阻带内应具有无限大的幅度衰减。根据通带和阻带所处的频率区域不同，一般将滤波器分为**低通滤波器、高通滤波器、带通滤波器和带阻滤波器**。

（1）各种理想滤波器的幅频特性如图 6.3.1 所示。

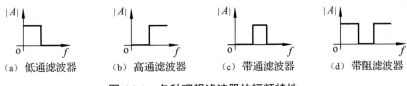

（a）低通滤波器　　（b）高通滤波器　　（c）带通滤波器　　（d）带阻滤波器

图 6.3.1　各种理想滤波器的幅频特性

① 低通滤波器：允许低频信号通过，阻止高频信号通过，其英文缩写为 LPF（Low Pass Filter）。

② 高通滤波器：允许高频信号通过，阻止低频信号通过，其英文缩写为 HPF（High Pass Filter）。

③ 带通滤波器：允许某频段内的信号通过，阻止该频段以外的信号通过，其英文缩写为 BPF（Band Pass Filter）。

④ 带阻滤波器：阻止某频段内的信号通过，允许该频段以外的信号通过，其英文缩写为 BEF（Band Elimination Filter）。

（2）滤波器按照所用元器件的不同，可分为无源滤波器和有源滤波器。

① 无源滤波器：仅由电阻、电容、电感等无源元件构成的滤波器。

一个简单的无源滤波器如图 6.3.2 所示。图 6.3.2（a）中，输出电压取自电容 C，当输入信号 u_i 的频率 $f=0$ 时，电容的容抗 $X_C = \infty$，此时 $u_o = u_i$，信号全部通过。随着频率 f 升高，容抗下降，u_o 随之下降；当 $f=\infty$ 时，容抗 $X_C = 0$，此时 $u_o = 0$，信号完全被衰减。显然，该电路为低通滤波器。图 6.3.2（b）中，输出电压取自电阻 R，由于高频时电容的容抗很小，所以高频信号能顺利通过，而低频信号被抑制，故该电路为高通滤波器。

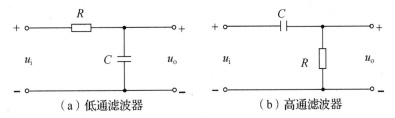

（a）低通滤波器　　　　　　　　　　（b）高通滤波器

图 6.3.2　无源滤波器

无源滤波器的电路结构简单、高频性能好，但是存在许多缺点。例如，通带放大倍数低、带负载能力差，即负载变化时通带的放大倍数和截止频率都会发生变化、幅频特性不理想等。

② 有源滤波器：由电阻、电容和有源器件（如集成运放）构成的滤波器。

有源滤波器由于采用了有源器件，不仅可以补充无源网络中的能量损耗，还可以根据要求提高信号的输出功率，同时还具有体积小、精度高、性能稳定、易于调试等优点。另外，由于集成运放有高输入阻抗、低输出阻抗的特点，所以当多级滤波器相连时它们的相互影响很小，可以用低阶滤波器级联的简单方法构成高阶滤波器，且负载效应不明显。有源滤波器受集成运放固有特性的限制，一般不适用于高压、高频、大功率的场合，而比较适用于低频和超低频的场合。

6.3.2 有源低通滤波器

1．一阶有源低通滤波器

一阶有源低通滤波器电路如图 6.3.3（a）所示。图 6.3.3 中，集成运放和 R_1、R_f 组成同相比例运算电路，RC 为无源低通滤波网络。由于电路引入了深度电压串联负反馈，所以集成运放工作于线性区。

根据"虚断"可得：

$$\dot{U}_+ = \frac{\dfrac{1}{j\omega C}}{R + \dfrac{1}{j\omega C}}\dot{U}_i = \frac{1}{1 + j\omega RC}\dot{U}_i$$

对同相比例运算电路：

$$\dot{U}_o = (1 + \frac{R_f}{R_1})\dot{U}_+$$

可得输出电压：

$$\dot{U}_o = (1 + \frac{R_f}{R_1})\frac{1}{1 + j\omega RC}\dot{U}_i$$

令 $f_0 = \dfrac{1}{2\pi RC}$，则电压放大倍数：

$$A_u = \frac{\dot{U}_o}{\dot{U}_i} = \frac{1 + \dfrac{R_f}{R_1}}{1 + j\dfrac{f}{f_0}} = \frac{A_{up}}{1 + j\dfrac{f}{f_0}} \qquad (6.3.1)$$

其中，$A_{up} = (1 + \dfrac{R_f}{R_1})$。由式（6.3.1）可得，当输入信号频率 $f=0$ 时，电压放大倍数最大，为 A_{up}。一般情况下，$A_{up}>1$，说明有源低通滤波器具有放大功能。由于电路引入了深度电压串

联负反馈，输出电阻近似为零，因此电路带负载后，$\dot{U}_\text{o}$ 与 $\dot{U}_\text{i}$ 的关系不变，即 R_L 不影响电路的频率特性。当 $f=f_0$ 时，$|A_\text{u}|=\dfrac{1}{\sqrt{2}}A_\text{up}$，可得通带截止频率 $f_\text{p}=f_0=\dfrac{1}{2\pi RC}$。

由式（6.3.1）可画出电路的幅频特性，如图 6.3.3（b）所示。可以看出，当 $f>f_\text{p}$ 时，幅频特性仅以-20dB/十倍频程的速度缓慢下降，这是一阶有源低通滤波器的特点。而理想有源低通滤波器则在 $f>f_\text{p}$ 时，放大倍数立即下降为 0。

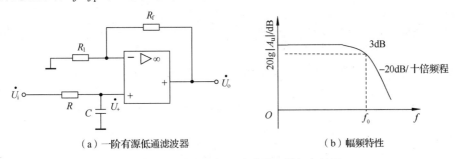

（a）一阶有源低通滤波器　　　　　　　　　（b）幅频特性

图 6.3.3　一阶有源低通滤波器及其幅频特性

2．二阶有源低通滤波器

一阶有源低通滤波器的电路结构简单，但它的幅频特性的最大衰减斜率只有-20dB/十倍频程，与理想滤波器相差甚远。为了改善滤波效果，使之更接近理想情况，可利用多个 RC 环节构成多阶有源低通滤波器。具有两个 RC 环节的电路称为二阶有源低通滤波器，具有 3 个 RC 环节的电路称为三阶有源低通滤波器。阶数越高，滤波器的频率特性越接近理想情况。下面介绍二阶有源低通滤波器及其特性。

在如图 6.3.3（a）所示的一阶有源低通滤波器的基础上，再加一级 RC 环节，便构成了简单的二阶有源低通滤波器，如图 6.3.4 所示。

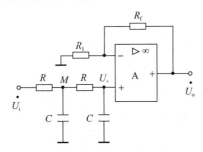

图 6.3.4　简单的二阶有源低通滤波器

由图 6.3.4 可得 M 点对地的电压

$$\dot{U}_M=\frac{\dfrac{1}{\text{j}\omega C}\,/\!/\left(R+\dfrac{1}{\text{j}\omega C}\right)}{R+\left[\dfrac{1}{\text{j}\omega C}\,/\!/\left(R+\dfrac{1}{\text{j}\omega C}\right)\right]}\dot{U}_\text{i}$$

根据串联分压可得：

$$\dot{U}_+ = \frac{\dfrac{1}{j\omega C}}{R + \dfrac{1}{j\omega C}}\dot{U}_M = \frac{1}{1+j\omega RC}\dot{U}_M$$

代入 $\dot{U}_\circ = (1+\dfrac{R_f}{R_1})\dot{U}_+$，即可得输出电压。令 $f_0 = \dfrac{1}{2\pi RC}$，则电压放大倍数：

$$A_u = \frac{\dot{U}_\circ}{\dot{U}_i} = (1+\frac{R_f}{R_1})\frac{1}{1-(f/f_0)^2+j3f/f_0} = \frac{A_{up}}{1-(f/f_0)^2+j3f/f_0} \tag{6.3.2}$$

式中，$A_{up} = (1+\dfrac{R_f}{R_1})$。当输入信号频率 $f=0$ 时，电压放大倍数最大，为 A_{up}。

令式（6.3.2）中分母的模为 $\sqrt{2}$，可得通带截止频率 $f_p \approx 0.37f_0$。

二阶有源低通滤波器在 $f>f_p$ 时，幅频特性以-40dB/十倍频程衰减，优于一阶有源低通滤波器，但由于 f_p 小于 f_0，所以在 $f=f_0$ 附近电压放大倍数下降太多。为了使 $f=f_0$ 附近的电压放大倍数增大，应设法在 f_0 附近引入适当的正反馈，典型电路如图 6.3.5（a）所示，称之为压控电压源型二阶有源低通滤波器。

图 6.3.5 中，C_1 的接地端改接到集成运放的输出端。该电路由 R_f、R_1 引入负反馈，又通过 C_1 引入正反馈。当 $f=0$ 时，C_1 的容抗趋于无穷大，正反馈很弱；当 $f=\infty$ 时，C_2 的容抗近似为零，使 $\dot{U}_+$ 趋于零。只要参数选择合理，使正反馈在 $f=f_0$ 附近有明显作用，就可以增大 f_0 附近的电压放大倍数，但又不至于产生自激振荡。若令 $C_1=C_2=C$，可求得该电路的电压放大倍数：

$$A_u = \frac{\dot{U}_\circ}{\dot{U}_i} = \frac{A_{up}}{1-(f/f_0)^2+j\dfrac{(f/f_0)}{Q}} \tag{6.3.3}$$

式中，$f_0 = \dfrac{1}{2\pi RC}$；$A_{up} = (1+\dfrac{R_f}{R_1})$；$Q = \dfrac{1}{3-A_{up}}$。当 $f=f_0$ 时，$|A_u|=|QA_{up}|$。

由此可知，Q 的物理意义是 $f=f_0$ 时的电压放大倍数和通带放大倍数之比，称为滤波器的品质因数。当 $A_{up}=3$ 时，$Q=\infty$，此时滤波器产生自激振荡。只有当 $A_{up}<3$ 时，电路才能正常工作。只要选取合适的 Q，就能改善频率在 f_0 附近的幅频特性，使幅频特性比图 6.3.4 中的电路更接近理想特性。不同 Q 值下的幅频特性如图 6.3.5（b）所示。由图 6.3.5（b）可知，在 $f=f_0$ 附近，Q 值对放大倍数的影响最大，当 $Q=1$ 时，幅频特性得到较好的补偿。

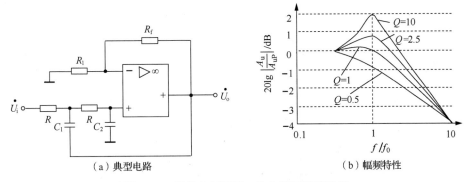

（a）典型电路　　　　　　　　　（b）幅频特性

图 6.3.5　压控电压源型二阶有源低通滤波器

例 6.3.1　在如图 6.3.5 所示的压控电压源型二阶有源低通滤波器中，要求 $f_0=2\text{kHz}$，$Q=0.707$，试选择电路中有关电阻、电容的参数值。

解：（1）根据特征频率 f_0 的值选择电容 C 的值，再求电阻 R 的值。C 的容量应不超过 $1\mu\text{F}$，即尽量避免采用电解电容，R 的值应在几千欧至一兆欧之间。

取 $C=0.01\mu\text{F}$，由 $f_0=\dfrac{1}{2\pi RC}$ 得：

$$R=\frac{1}{2\pi f_0 C}=\frac{1}{2\pi\times 2000\times 0.01\times 10^{-6}}=7961\Omega$$

取 $R=8.1\text{k}\Omega$

（2）根据 Q 值求 R_1、R_f。

由 $Q=\dfrac{1}{3-A_{up}}=0.707$，求得 $A_{up}=1.59$。根据 A_{up} 与 R_1、R_f 的关系及集成运放两个输入端静态电阻相等的条件，可列下列方程组：

$$\begin{cases} 1+\dfrac{R_f}{R_1}=1.59 \\ R_1 // R_f = R+R = 2R = 2\times 8.1\text{k}\Omega \end{cases}$$

解得 $R_1=43.7\text{k}\Omega$，$R_f=25.4\text{k}\Omega$，取 $R_1=43\text{ k}\Omega$，$R_f=25\text{ k}\Omega$。

6.3.3　有源高通滤波器

1．一阶有源高通滤波器

将一阶有源低通滤波器中的电阻 R 和电容 C 互换位置，就得到了一阶有源高通滤波器，如图 6.3.6（a）所示。

由"虚断"可得：

$$\dot{U}_+ = \frac{R}{R + \dfrac{1}{j\omega C}}\dot{U}_i = \frac{1}{1 + \dfrac{1}{j\omega RC}}\dot{U}_i$$

对同相比例运算电路：

$$\dot{U}_o = (1 + \frac{R_f}{R_1})\dot{U}_+$$

可得输出电压：

$$\dot{U}_o = (1 + \frac{R_f}{R_1})\frac{1}{1 + \dfrac{1}{j\omega RC}}\dot{U}_i$$

令 $f_0 = \dfrac{1}{2\pi RC}$，则电压放大倍数：

$$A_u = \frac{\dot{U}_o}{\dot{U}_i} = \frac{1 + \dfrac{R_f}{R_1}}{1 + j\dfrac{f_0}{f}} = \frac{A_{up}}{1 + j\dfrac{f_0}{f}} \tag{6.3.4}$$

式中，$A_{up} = (1 + \dfrac{R_f}{R_1})$。由式（6.3.4）可知，当输入信号频率 $f=\infty$ 时，电压放大倍数最大，

为 A_{up}。当 $f=f_0$ 时，$|A_u| = \dfrac{1}{\sqrt{2}}A_{up}$，可得一阶有源高通滤波器的下限截止频率 $f_p = f_0 = \dfrac{1}{2\pi RC}$。

由式（6.3.4）可画出电路的幅频特性，如图 6.3.6（b）所示。可以看出，它的幅频特性和图 6.3.1（b）的理想特性相差甚远。

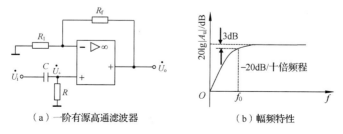

（a）一阶有源高通滤波器　　　　　　　（b）幅频特性

图 6.3.6　一阶有源高通滤波器及其幅频特性

2. 二阶有源高通滤波器

为了改善滤波效果，可以采用二阶有源高通滤波器，如图 6.3.7（a）所示。

可以推导得出该电路的电压放大倍数为：

$$A_u = \frac{\dot{U}_o}{\dot{U}_i} = \frac{A_{up}}{1 + (3 - A_{up})\dfrac{1}{j\omega RC} + (\dfrac{1}{j\omega RC})^2} \tag{6.3.5}$$

式中，$A_{up} = 1 + \dfrac{R_f}{R_1}$。令 $f_0 = \dfrac{1}{2\pi RC}$，$Q = \dfrac{1}{3 - A_{up}}$，代入式（6.3.5）可得：

$$A_u = \cfrac{A_{up}}{1 - \left(\cfrac{f_0}{f}\right)^2 - j\cfrac{1}{Q}\cfrac{f_0}{f}} \qquad (6.3.6)$$

根据式（6.3.6）可画出幅频特性，如图 6.3.7（b）所示。由图 6.3.7（b）可以看出，当 $f \ll f_0$ 时，幅频特性以 40dB/十倍频程的斜率随 f 升高而升高。同样，A_{up} 不能大于 3，否则将引起自激振荡。

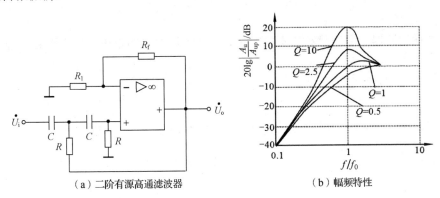

（a）二阶有源高通滤波器　　　　　（b）幅频特性

图 6.3.7　二阶有源高通滤波器及其幅频特性

6.3.4　有源带通滤波器

当低通滤波器的通带截止频率 f_{p2} 高于高通滤波器的通带截止频率 f_{p1} 时，将两种电路串联，即可获得通带为 $f_{p2} - f_{p1}$ 的带通滤波器，带通滤波器组成示意图如图 6.3.8 所示。

有源带通滤波器的实际电路如图 6.3.9 所示，它由一阶无源低通滤波器和一阶无源高通滤波器串联后，再与同相比例运算电路相连，并且在 M 点经电阻 R 与电路的输出端相接（该电阻可改善带通的选择性）。

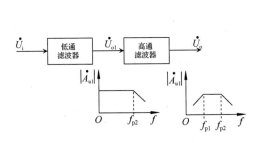

图 6.3.8　带通滤波器组成示意图

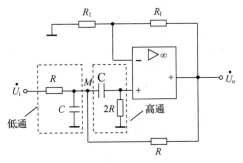

图 6.3.9　有源带通滤波器的实际电路

由图 6.3.9 可得有源带通滤波器的特征频率 f_0、品质因数 Q 和通带宽度 B 分别为：

$$\begin{cases} f_0 = \dfrac{1}{2\pi RC} \\ Q = \dfrac{1}{3 - A_{uf}} \\ B = \dfrac{f_0}{Q} \end{cases} \qquad (6.3.7)$$

式中，$A_{uf} = 1 + \dfrac{R_f}{R_1}$，为同相比例运算电路的比例系数。同样，当 A_{uf} 小于 3 时电路才能正常工作。与低通滤波器、高通滤波器不同的是，带通滤波器的通带电压放大倍数 $A_{up} \neq A_{uf}$，可推导得出：

$$A_{up} = \dfrac{A_{uf}}{3 - A_{uf}} \qquad (6.3.8)$$

一般情况下，上限截止频率 $f_{p2}=f_0+B/2$；下限截止频率 $f_{p1}=f_0-B/2$。

有源带通滤波器的幅频特性如图 6.3.10 所示。

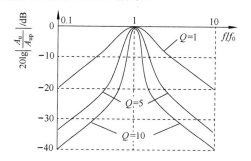

图 6.3.10　有源带通滤波器的幅频特性

例 6.3.2　在如图 6.3.9 所示电路中，已知 $R=7.96\text{k}\Omega$，$C=0.01\mu\text{F}$，$R_1=24.3\text{k}\Omega$，$R_f=46.2\text{k}\Omega$。求该电路的特征频率 f_0、通带电压放大倍数 A_{up}、上限截止频率 f_{p2} 和下限截止频率 f_{p1}。

解：$f_0 = \dfrac{1}{2\pi RC} = \dfrac{1}{2\pi \times 7.96 \times 10^3 \times 0.01 \times 10^{-6}} = 2000\text{Hz}$

$A_{uf} = 1 + \dfrac{R_f}{R_1} = 1 + \dfrac{46.2}{24.3} = 2.9$

$A_{up} = \dfrac{A_{uf}}{3 - A_{uf}} = \dfrac{2.9}{3 - 2.9} = 29$

$Q = \dfrac{1}{3 - A_{uf}} = \dfrac{1}{3 - 2.9} = 10$

$B = f_0/Q = 2000/10 = 200\text{Hz}$

$f_{p1} = f_0 - \dfrac{B}{2} = 2000 - \dfrac{200}{2} = 1900\text{Hz}$

$$f_{p2} = f_0 + \frac{B}{2} = 2000 + \frac{200}{2} = 2100\text{Hz}$$

6.3.5　有源带阻滤波器

若将一个低通滤波器与一个高通滤波器并联，只要使低通滤波器的截止频率 f_{p1} 低于高通滤波器的截止频率 f_{p2}，就可以组成一个带阻滤波器。无源低通滤波器如图 6.3.11（a）所示；无源高通滤波器如图 6.3.11（b）所示；无源带阻滤波器如图 6.3.11（c）所示。将无源带阻滤波器与同相比例运算电路相接，即可构成有源带阻滤波器。

为了改善滤波器的选择性，我们将上述思路构成的电路改成如图 6.3.12（a）所示电路，其幅频特性如图 6.3.12（b）所示。

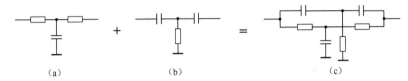

图 6.3.11　无源带阻滤波器的形成

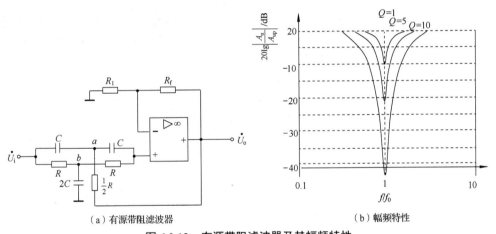

（a）有源带阻滤波器　　　　　　　　（b）幅频特性

图 6.3.12　有源带阻滤波器及其幅频特性

在图 6.3.12 中电路的参数关系下，可得该电路的通带电压放大倍数 A_{up}、特征频率 f_0、品质因数 Q 和阻带宽度 B 分别为：

$$\begin{cases} A_{up} = 1 + \dfrac{R_f}{R_1} \\[2mm] f_0 = \dfrac{1}{2\pi RC} \\[2mm] Q = \dfrac{1}{2(2 - A_{up})} \\[2mm] B = \dfrac{f_0}{Q} \end{cases} \tag{6.3.9}$$

例 6.3.3 在测量、放大等电路中，常存在 50Hz 的电网电压干扰，现在采用如图 6.3.12（a）所示的有源带阻滤波器抑制这种干扰。若希望 $Q=5$，试求电路中各电阻、电容的值。

解： 应选择特征频率 $f_0=50$Hz。若取 $C=68000$pF，则 R 的阻值为：

$$R=\frac{1}{2\pi f_0 C}=\frac{1}{2\pi\times 50\times 68000\times 10^{-12}}=46810\Omega$$

取 $R=47$kΩ，$\frac{1}{2}R$ 为两只 47kΩ 的电阻并联。由 $Q=\frac{1}{2(2-A_{up})}=5$，解得 $A_{up}=1.9$，即

$$1+\frac{R_f}{R_1}=1.9 \tag{1}$$

且有

$$R_1//R_f=2R \tag{2}$$

求解方程（1）、（2），可得 $R_1=198.4$ kΩ，取 $R_1=200$kΩ，则 $R_f=0.9$；$R_1=180$kΩ。

 # 本章小结

6.3 测试题　　　第 6 章小结视频　　　第 6 章小结课件

（1）集成运放在开环工作时，其线性范围很小，为了实现信号运算，必须在运算电路中加一定深度的负反馈，这是运算电路的共同特点。

（2）基本运算电路包括比例运算电路（反相比例运算电路、同相比例运算电路）、加减运算电路（加法运算电路、减法运算电路、加减运算电路）、积分运算电路和微分运算电路、对数运算电路和指数运算电路等，分析这些电路的基本出发点都是基于集成运放线性应用的两个基本特性："虚短"和"虚断"。

（3）有源滤波器实际上是利用无源滤波网络加上集成运放将滤波网络与负载隔离，滤波网络一般为 RC 网络。根据滤波特性的不同，滤波器可分为低通滤波器、高通滤波器、带通滤波器与带阻滤波器。在应用时应根据有用信号、无用信号和干扰信号所占频段合理选择滤波器的类型。

（4）有源滤波器的主要性能指标有通带电压放大倍数 A_{up}、通带截止频率 f_P、特征频率 f_0、通带（阻带）宽度 B 和品质因数 Q 等。

6.1　在题 6.1 图所示的各理想运放的电路中，当 u_i=1V 时，求各电路的 u_o=？

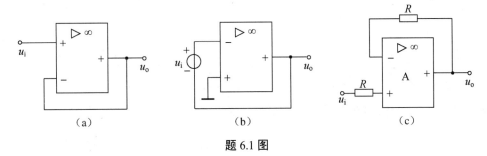

题 6.1 图

6.2　在题 6.2 图所示的电路中，集成运放为理想元件，试写出 u_o 和 u_i 的关系式。

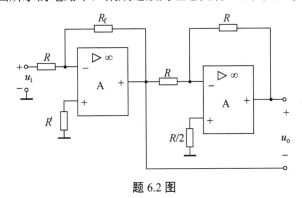

题 6.2 图

6.3　写出题 6.3 图所示的电路中的输出电压和输入电压之间的关系式。

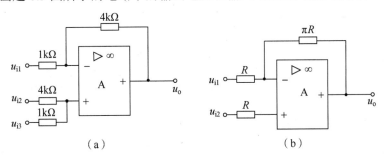

题 6.3 图

6.4　在题 6.4 图所示的电路中，已知 u_i=1V。试计算：（1）开关 S_1、S_2 都合上时 u_o 的值；（2）开关 S_1、S_2 都断开时的 u_o 值；（3）开关 S_1 合上、开关 S_2 断开时的 u_o 值。

6.5　设题 6.5 图所示的电路中的集成运放具有理想特性。已知 R_1=0.5kΩ，R_2=2kΩ，R_3=2kΩ，R_4=4kΩ。求电路的电压放大倍数 A_{uf}。

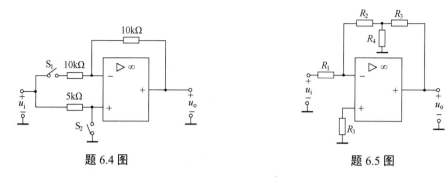

题 6.4 图   题 6.5 图

6.6　在题 6.6 图所示的电路中分别计算开关 S 断开和闭合时的电压放大倍数 A_{uf}。

6.7　在题 6.7 图所示的电路中，若 u_i 为定值，证明 I_L 具有恒流性质，其值与负载电阻 R_L 的大小无关。

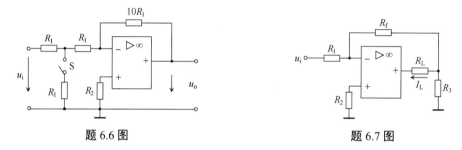

题 6.6 图   题 6.7 图

6.8　在题 6.8 图所示的电路中，设所有集成运放都是理想的。（1）写出 u_{o1}、u_{o2}、u_{o3} 及 u_o 的表达式；（2）求当 $R_1=R_2=R_3$ 时 u_o 的值。

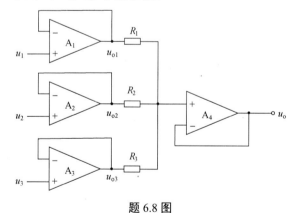

题 6.8 图

6.9　在题 6.9 图所示的电路中，求电压放大倍数 $A_{uf}=u_o/u_i$，并计算平衡电阻 R_2。

6.10　在题 6.10 图所示的电路中，已知 $R_f=2R_1$，$R_2=R_3$。求 u_o 与 u_i 的关系，并计算平衡电阻 R_3。

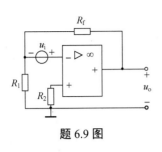

题 6.9 图

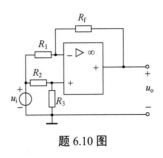

题 6.10 图

6.11 设计一个能实现 $u_o = 2u_{i1} - u_{i2} + 0.1u_{i3}$ 的运算电路，要求选用的电阻的阻值为 $1k\Omega \sim 100k\Omega$。

6.12 由理想运放构成的反相加法运算电路如题 6.12 图所示。（1）试写出输出电压与输入电压之间的关系式；（2）根据 u_{i1}、u_{i2} 的波形，画出 u_o 的波形。

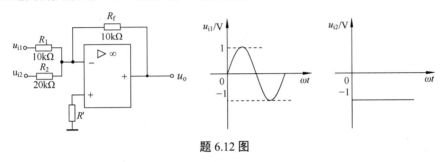

题 6.12 图

6.13 设题 6.13 图所示的电路中的集成运放具有理想特性，电位器阻值比较小，即 $R_W \ll R_1$，$R_W \ll R_2$，由动点位置确定的分压比为 $K = \dfrac{R_{W1}}{R_W}$，R_{W1} 为 R_W 中动点与地之间的电阻。试求该电路输出电压与输入电压之间的关系式。

6.14 由理想运放组成的电路如题 6.14 图所示。试推导输出电压 u_o 与输入电压（$u_{i1} - u_{i2}$）之间的关系式。

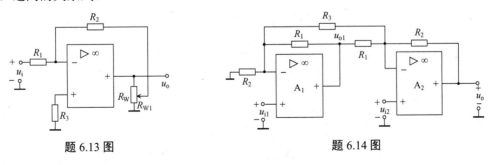

题 6.13 图

题 6.14 图

6.15 设题 6.15 图所示的电路中的集成运放具有理想特性。已知 $u_i = 2\sin\omega t$ （V），试画出电路的输出电压 u_o 的波形，并标明幅度大小。

6.16 由理想运放组成的电路如题 6.16 图所示，$R_1 = R_3 = 100k\Omega$，$R_2 = 2k\Omega$。若要求电压放大倍数 A_u 满足 $60 \le |A_u| \le 100$，求电阻 R 和电位器 R_W 的阻值。

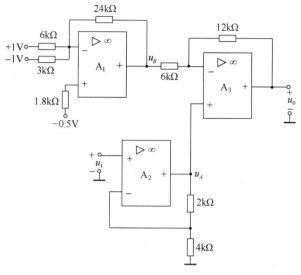

题 6.15 图

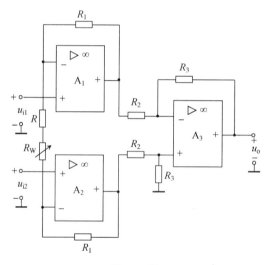

题 6.16 图

6.17 由理想运放组成的积分运算电路如题 6.17 图所示，设输入信号 $u_i=2\sin628t$（V），试求输出电压 u_o 的表达式，并画出波形图。

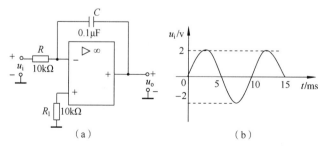

题 6.17 图

6.18　由理想运放构成的积分运算电路如题 6.18 图所示，分别推导它们的输出电压与输入电压之间的关系式。

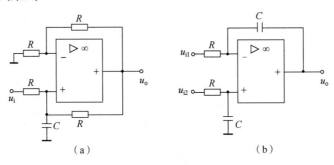

（a）　　　　　　　　　　　　（b）

题 6.18 图

6.19　积分运算电路如题 6.19 图（a）所示，其集成运放具有理想特性。已知 $R=100\text{k}\Omega$，$C=1\mu\text{F}$，电容初始条件 $u_C(0)=0$。（1）试写出输出电压 u_o 和输入电压 u_{i1}、u_{i2}、u_{i3} 之间的关系式；（2）若 3 个输入电压的波形如题 6.19 图（b）所示，试画出输出电压 $u_o(t)$ 的波形。

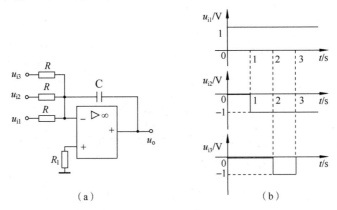

（a）　　　　　　　　　　　　（b）

题 6.19 图

6.20　波形转换电路如题 6.20 图所示，输入信号 u_i 是矩形波，A_1、A_2 为理想运放。在 $t=0$ 时，电容两端的初始电压 $u_C(0)=0$。试进行下列计算，并画出 u_{o1} 和 u_o 的波形图。（1）当 $t=0$ 时，u_{o1} 和 u_o 为多大？（2）当 $t=10\text{s}$ 时，u_{o1} 和 u_o 为多大？（3）当 $t=30\text{s}$ 时，u_{o1} 和 u_o 为多大？将 u_{o1} 和 u_o 的波形画在 u_i 波形的下面，时间要对应并标出幅值。

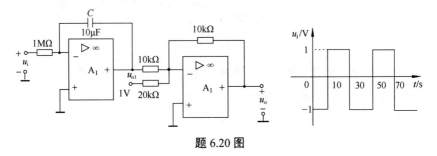

题 6.20 图

6.21　基本微分运算电路如题 6.21 图（a）所示，已知 $C=0.02\mu F$，$R=30k\Omega$。输入电压的波形如题 6.21 图，试画出输出电压 u_o 的波形。

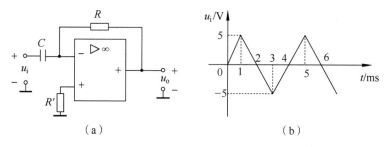

题 6.21 图

6.22　由理想运放组成的电路如题 6.22 图所示，试写出输出电流 I_L 与输入电压 u_i 之间的关系式。

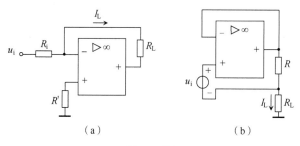

题 6.22 图

6.23　在题 6.23 图所示的电路中，设集成运放与二极管均具有理想特性。已知输入信号 $u_i=U_{im}\sin\omega t$（V），试画出输出电压 u_o 的波形。

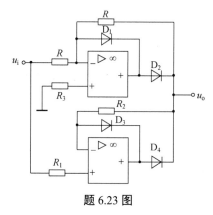

题 6.23 图

6.24　在下列各种情况下，应分别采用哪种类型（低通、高通、带通、带阻）的滤波器。

（1）抑制 50Hz 的干扰；

（2）处理具有 1Hz 固定频率的有用信号；

（3）从输入信号中取出低于 10kHz 的信号；

（4）抑制频率为 50kHz 以上的高频干扰；

（5）从输入信号中取出高于 100kHz 的信号。

6.25　在题 6.25 图所示的电路中，已知 R_1=10kΩ，R_f=20 kΩ，R=5 kΩ，C=0.1μF。试求：

（1）通带电压放大倍数 A_{up}。

（2）通带截止频率 f_p。

（3）当 $f=f_0$ 时电压放大倍数的模。

6.26　设题 6.26 图所示的电路中 R_1=10kΩ，R_f=15 kΩ，R=10 kΩ，C_1=C_2=0.01μF。试求：

（1）通带电压放大倍数 A_{up}。

（2）品质因数 Q。

（3）特征频率 f_0。

（4）当 $f=f_0$ 时电压放大倍数的模。

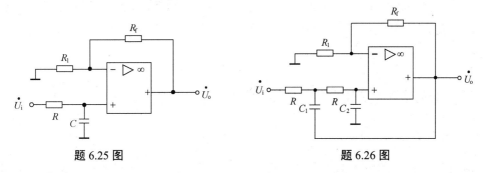

题 6.25 图　　　　　　　　　　　题 6.26 图

6.27　已知题 6.26 图所示的低通滤波器中 R_1=10kΩ，C_1=C_2=0.1μF，若希望它的特征频率 f_0=40Hz，品质因数 Q 等于 0.8，试求电阻 R 和 R_f 的阻值。

6.28　在题 6.28 图所示的高通滤波器中，已知 R_1=10kΩ，C=0.01μF，若希望它的通带电压放大倍数等于 2，特征频率 f_0=1kHz，试求电阻 R 和 R_f 的阻值。

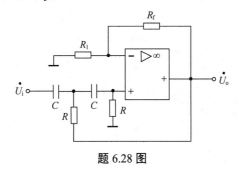

题 6.28 图

6.29　设一个低通滤波器和一个高通滤波器的通带截止频率分别为 2kHz 和 200Hz，通带电压放大倍数都为 2。若将它们串联起来，可以得到什么类型的滤波器？并估算它的通带电压放大倍数和通带宽度。

第 7 章　信号产生电路

在模拟电子系统中，经常需要将各种波形的信号作为测试信号或控制信号，如正弦波、矩形波、三角波和锯齿波等。信号产生电路是指不需要外加输入信号就能够在输出端产生一定频率和幅值波形的电路。本章介绍各种信号产生电路的组成、工作原理及分析方法。

 ## 7.1　正弦波振荡电路

正弦波振荡电路视频　正弦波振荡电路课件

所谓正弦波振荡电路，是指在不外加任何输入信号的情况下，由电路自身产生一定频率、一定幅值的正弦波信号，因此是自激振荡电路。正弦波振荡电路是众多电子设备、仪器必不可少的重要电路。

7.1.1　正弦波振荡电路的基本概念

1. 自激振荡的条件

在如图 7.1.1 所示的电路框图中，先将开关 K 合在 1 端，并且使 $\dot{U}_f = \dot{U}_i$。待电路稳定后将开关 K 合至 2 端，因为 $\dot{U}_f = \dot{U}_i$，所以**即使没有外加信号 $\dot{U}_i$，输出电压 $\dot{U}_o$ 仍可保持不变，此时称电路产生了自激振荡。**由此可知，要实现在无输入信号时产生正弦波输出，必须引入反馈。当开关 K 在 1 端时，由图 7.1.1 可知 $\dot{U}_o = A\dot{U}_i$ 和 $\dot{U}_f = F\dot{U}_o = AF\dot{U}_i$。因为 $\dot{U}_i = \dot{U}_f$，所以

$$AF = 1 \qquad (7.1.1)$$

式（7.1.1）就是产生自激振荡的条件。将式（7.1.1）写成极坐标形式：

$$AF = |A|\angle\varphi_A |F|\angle\varphi_F = |AF|\angle(\varphi_A + \varphi_F) \qquad (7.1.2)$$

式中 φ_A、φ_F 分别为放大电路和反馈网络的相移。由上式可得自激振荡的幅值平衡条件与相位平衡条件：

$$|AF| = 1 \qquad (7.1.3)$$

$$\varphi_A + \varphi_F = 2n\pi \ (n = 0,1,2\cdots) \qquad (7.1.4)$$

式（7.1.3）与式（7.1.4）表明，要维持稳定的等幅振荡，$|AF|$（回路增益）必须等于 1；并且 $\varphi_A + \varphi_F$（闭环相移）必须等于 2π 的整数倍，即电路必须引入正反馈。这是判断电路能否

产生自激振荡的两个基本条件。

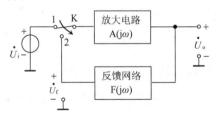

图 7.1.1　产生正弦波的电路框图

2．正弦波振荡电路的组成

由上面的分析可知，正弦波振荡电路一定包括放大电路和反馈网络。此外，为了得到单一频率的正弦波信号，并且使振荡电路的输出幅度维持稳定，电路中还应包括选频网络和稳幅环节。各部分的具体功能如下所示。

1）放大电路

图 7.1.1 中，我们先假设给电路输入一个信号，待其产生一定的反馈信号后再将这个输入信号换掉，使电路最终维持在稳定的振荡中。实际上振荡电路并不需要外加信号，而是利用电路中的扰动电压引起振荡，如电源接通瞬间电流的突变、管子和回路的内部噪声等。但这种扰动信号十分微弱，如果回路增益始终为 1，则电路的输出电压将得不到任何放大从而失去实际应用的意义。因此，**振荡电路必须具有一定的放大作用，以便将微小的扰动信号不断地放大，产生具有一定大小的、实际可用的输出电压，将这个过程称为起振**。显然，实现起振的条件为：

$$|AF| > 1 \qquad\qquad (7.1.5)$$

正弦波振荡电路中常用的放大电路有共发射极放大电路、差分放大电路和集成运放等。

2）反馈网络

反馈网络的作用是使电路满足相位平衡条件，以反馈量作为放大电路的净输入量。

3）选频网络

通常扰动信号并非单一频率的正弦波，它包括许多不同频率的正弦波成分。因此，需要在电路中设置一个选频网络，由它将所需频率的正弦信号挑选出来。常用的选频网络有 RC 选频网络、LC 选频网络和石英晶体选频网络等。

4）稳幅环节

如果放大电路与反馈网络都是线性的，则回路增益将保持恒定，振荡电路的输出电压就会因|AF|>1 而不断增大，最后使放大电路中的放大元件进入非线性工作区，导致输出波形失真。因此，必须采取措施使回路增益随着输出电压幅值的增大自动下降，并逐渐趋近于 1。这样振荡幅值就能稳定下来，使电路处于等幅振荡的状态，所以稳幅环节是振荡电路不可缺少的环节。一般是靠放大电路中的非线性元件实现稳幅的。

综上所述，**一个正弦波振荡电路在结构上应包括放大电路、反馈网络、选频网络与稳幅环节这 4 个部分**。在某些具体电路中，反馈网络与选频网络有可能合二为一，但它仍应具备这 4 个方面的功能。

3．正弦波振荡电路的分析方法

（1）判断一个电路能否产生正弦波振荡，应按以下 4 个步骤进行。

① 分析电路是否包括放大电路、反馈网络、选频网络和稳幅环节。

② 检查放大电路能否正常工作，即判断放大电路的静态工作点是否合适，同时交流信号能否正常流通。

③ 用瞬时极性法判断该电路是否在 $f=f_0$ 时满足相位平衡条件，即是否为正反馈。若满足相位平衡条件，则说明该电路有可能产生正弦波振荡。

④ 判断电路能否满足起振的幅值平衡条件。若既满足相位平衡条件，又满足起振的幅值平衡条件，则该电路一定会产生正弦波振荡。

（2）用瞬时极性法判断电路是否满足相位平衡条件的具体方法如下所示。

① 先断开反馈，假设在断开处给放大电路输入 $f=f_0$ 的正弦波信号 $\dot{U}_i$，并假设其瞬时极性为"+"。

② 根据放大电路的相位关系，从输入沿着正向通路到输出逐级标出电路中各相关节点的瞬时极性，判断输出电压 $\dot{U}_o$ 的极性。

③ 经过信号反向传输的反馈网络，确定从输出回路到输入回路的反馈信号 $\dot{U}_f$ 的极性。

④ 若 $\dot{U}_f$ 和 $\dot{U}_i$ 的极性相同，则说明 $\varphi_A + \varphi_F = 2n\pi$，电路满足相位平衡条件，有可能产生正弦波振荡；反之，电路不满足相位平衡条件，不可能产生正弦波振荡。

4．正弦波振荡电路的分类

正弦波振荡电路按选频网络所用元件的不同，可分为 RC 正弦波振荡电路、LC 正弦波振荡电路和石英晶体正弦波振荡电路三大类。RC 正弦波振荡电路是由电阻 R 和电容 C 组成的选频网络，其振荡频率较低，通常小于 1MHz；LC 正弦波振荡电路则是由电感 L 和电容 C 组成的选频网络，其振荡频率通常大于 1MHz；石英晶体正弦波振荡电路则用石英晶体谐振器代替 LC 振荡电路中的电感 L，其振荡频率十分稳定。

7.1.2 RC 正弦波振荡电路

最常用的 RC 正弦波振荡电路为 RC 串并联式正弦波振荡电路，又称文氏电桥振荡器，其原理图如图 7.1.2 所示，它由一个 RC 串并联网络和一个放大电路组成。这个 RC 串并联网络同时具有反馈网络与选频网络的作用，是该电路的核心。因此在分析总体电路的振荡原理之前，必须先了解 RC 串并联网络的频率特性。

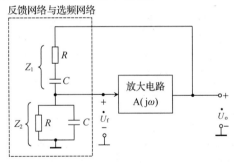

图 7.1.2　RC 串并联振荡电路的原理图

1．RC 串并联网络的频率特性

设 RC 串并联网络中串联部分的阻抗为 Z_1，并联部分的阻抗为 Z_2，输出电压为 $\dot{U}_\circ$，反馈电压为 $\dot{U}_f$，则反馈系数 F 为：

$$F = \frac{\dot{U}_f}{\dot{U}_\circ} = \frac{Z_2}{Z_1 + Z_2} = \frac{R \mathbin{/\mkern-5mu/} \dfrac{1}{j\omega C}}{R + \dfrac{1}{j\omega C} + R \mathbin{/\mkern-5mu/} \dfrac{1}{j\omega C}} = \frac{1}{3 + j\left(\omega RC - \dfrac{1}{\omega RC}\right)} \tag{7.1.6}$$

令 $f_0 = \dfrac{1}{2\pi RC}$，则式（7.1.6）可以写为：

$$F = \frac{\dot{U}_f}{\dot{U}_\circ} = \frac{1}{3 + j\left(\dfrac{f}{f_0} - \dfrac{f_0}{f}\right)} \tag{7.1.7}$$

显然，当 $f = f_0 = \dfrac{1}{2\pi RC}$ 时，相移 φ_F 为零，即 $\dot{U}_f$ 与 $\dot{U}_\circ$ 同相位。此时反馈系数最大，为：

$$|F|_{max} = \frac{1}{3} \tag{7.1.8}$$

这就是 RC 串并联网络体现出来的频率特性，如图 7.1.3 所示。

2．放大电路的选择

因为当 $f = f_0$ 时，RC 串并联网络的 $\varphi_F = 0°$，$|F| = 1/3$，所以对放大电路的要求是输出与输入同相位，且放大倍数不能小于 3。只有这样才能保证自激振荡的相位平衡条件与幅值平衡条件得以满足，并顺利起振。

根据这一原则组成的 RC 串并联式正弦波振荡电路如图 7.1.4 所示。其中，集成运放 A 采用同相比例运

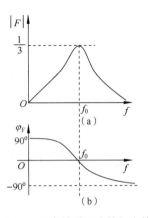

图 7.1.3　RC 串并联网络的频率特性

算电路，保证 $\dot{U}_o$ 与 $\dot{U}_i (\dot{U}_i = \dot{U}_f)$ 同相位，其放大倍数 $A_f = 1 + R_f/(R_1 + R_w)$ 应略大于 3，以保证可靠起振。因此，可利用电位器 R_W 进行调整，使之既容易起振，又能保证输出波形良好。

图 7.1.4 中电路的振荡频率为 $f_0 = \dfrac{1}{2\pi RC} = \dfrac{1}{2\pi \times 10 \times 10^3 \times 0.005 \times 10^{-6}} = 3185\text{Hz}$。

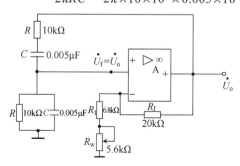

图 7.1.4　RC 串并联式正弦波振荡电路

如前所述，在如图 7.1.4 所示的电路中还必须采取一定的稳幅措施，才能保证它稳定于等幅振荡状态。常用的稳幅方法有热敏电阻稳幅和二极管稳幅。例如，将图 7.1.4 中的电阻 R_1 替换为具有正温度系数的热敏电阻，即可实现稳幅。当输出电压幅值增大时，流经热敏电阻的电流也增大，温度随之升高，热敏电阻的阻值增大，从而使放大倍数减小，输出电压幅值不再增大。反之，当输出电压幅值减小时，热敏电阻中的电流及其阻值减小，放大倍数增大，使输出电压幅值不再减小。同理，将电阻 R_f 替换为具有负温度系数的热敏电阻，也可起到稳幅的作用。

二极管自动稳幅振荡电路如图 7.1.5 所示，D_1、D_2 为稳幅二极管。由图 7.1.5 可知，这两只二极管将在输出电压的正负两个半周内分别导通。导通后其正向伏安特性具有一定的非线性，若正向电压增大，其动态电阻将减小。因此，当输出电压幅值增大时，处于导通状态的二极管的正向电压也增大，动态电阻减小，从而使电压放大倍数减小，可以防止输出电压幅值继续增大。

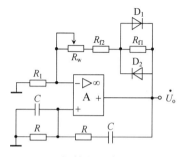

图 7.1.5 二极管自动稳幅振荡电路

例 7.1.1　正弦波振荡电路如图 7.1.6 所示，集成运放的最大输出电压为 ±14V。

（1）分析 D_1、D_2 的稳幅原理；

（2）设已产生稳幅振荡，当 u_o 达最大幅值时，二极管的正向导通压降为 0.6V，估算 u_o 的幅值 U_{om}；

（3）若 R_2 短路，则 u_o 的波形如何？

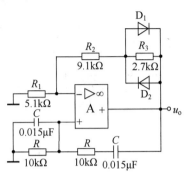

图 7.1.6　例 7.1.1 图

解：（1）当 u_o 幅值较小时，D_1、D_2 截止，则 $A_u = 1 + (R_2 + R_3)/R_1 \approx 3.3 > 3$ 满足起振条件。当 $|u_o|$ 增大到使 D_1 或 D_2 导通时，$R_3' = R_3 // r_d$，其中，r_d 为二极管导通时的等效电阻，使得 $R_3' < R_3$，则 $A_u' = 1 + (R_2 + R_3')/R_1$ 也随之减小，从而使 u_o 的幅值趋于稳定。

（2）稳幅时 $A_u = 3$，可求得对应的 $R_3' \approx 1.1 k\Omega$。

由于 u_o 达最大幅值时，二极管的正向导通压降为 0.6V，根据集成运放的"虚断"特性可知流过反馈支路的最大电流为

$$\frac{0.6}{R_3'} = \frac{U_{om}}{R_1 + R_2 + R_3'}$$

由此求得 $U_{om} \approx 8.35V$。

（3）若 R_2 短路，则 $A_u = 1 + R_3/R_1 = 1.53 < 3$，电路不能起振，无波形输出。

RC 正弦波振荡电路的优点是起振容易，且调节振荡频率十分方便，只要设法改变 R 和 C 的参数即可。当要求振荡频率较高时，R 和 C 的取值均要小，当 C 的取值小到和集成运放的输入电容 C_i 处于同一数量级时，f_0 将不稳定，故 RC 正弦波振荡电路只适用于振荡频率小于 1MHz 的场合，对振荡频率要求较高时，应采用 LC 正弦波振荡电路。

7.1.3　LC 正弦波振荡电路

采用 LC 谐振回路作为反馈网络与选频网络的振荡电路，称为 LC 正弦波振荡电路。它主要用于产生高频正弦信号，振荡频率可大于几百兆赫。这种正弦波振荡电路中的放大电路常由半导体高频晶体管或集成宽带放大电路组成。根据 LC 回路的不同连接方式，LC 正弦波振荡电路又可分为变压器反馈式正弦波振荡电路、电感反馈式正弦波振荡电路与电容

反馈式正弦波振荡电路。后两种又分别称为电感三点式正弦波振荡电路与电容三点式正弦波振荡电路，它们的共同特点是都依靠 LC 谐振回路进行选频。因此，在介绍具体振荡电路之前，有必要先介绍 LC 并联谐振回路的选频特性。

1. LC 并联谐振回路的选频特性

LC 并联谐振回路如图 7.1.7 所示，其中，R 为回路的等效损耗电阻，其阻值一般较小。由图 7.1.7 可知，该回路的等效阻抗为：

$$Z = \frac{(R + j\omega L) / j\omega C}{R + j(\omega L - 1 / \omega C)} \qquad (7.1.9)$$

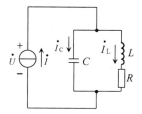

图 7.1.7 LC 并联谐振回路

因为通常有 $R \ll \omega L$，所以式（7.1.9）可简化为：

$$Z \approx \frac{L / C}{R + j(\omega L - 1 / \omega C)} \qquad (7.1.10)$$

由此式可求得它的幅频特性与相频特性分别为：

$$|Z| = \frac{L / C}{\sqrt{R^2 + (\omega L - 1 / \omega C)^2}} \qquad (7.1.11)$$

$$\varphi = -\mathrm{arctg}\, \frac{\omega L - 1 / \omega C}{R} \qquad (7.1.12)$$

LC 并联谐振回路的幅频特性曲线和相频特性曲线如图 7.1.8 所示。

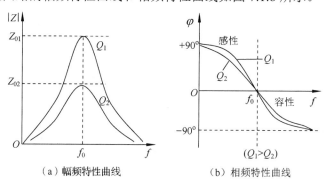

（a）幅频特性曲线   （b）相频特性曲线

图 7.1.8 LC 并联谐振回路的频率特性

由式（7.1.10）~式（7.1.12），以及图 7.1.8 可以得出以下重要结论。

（1）当 $f = f_0$ 时，阻抗达最大值 Z_{01}，相位角 $\varphi = 0°$，电路呈纯阻性，$\dot{U}$ 与 $\dot{I}$ 同相位，电

路发生了并联谐振。此时若用恒流源供电，则电路两端的电压将达最大值。但当 f 偏离 f_0 时，$|Z|$ 将显著减小，φ 不再为零，电路呈现出感性（当 $f<f_0$ 时）或容性（当 $f>f_0$ 时），$\dot{U}$ 与 $\dot{I}$ 不再同相位，且当电流不变时电压将急剧下降。这就是 LC 并联谐振回路的选频特性，利用它可将谐振频率为 f_0 的信号选取出来。

f_0 及 Z_0 的表达式可由上面的公式求得：

$$f_0 \approx \frac{1}{2\pi\sqrt{LC}} \tag{7.1.13}$$

$$Z_0 \approx \frac{L}{RC} \tag{7.1.14}$$

（2）若令谐振时的感抗与电阻之比为回路的品质因数，并以 Q 表示，即

$$Q = \omega_0 L/R = 2\pi f_0 L/R \tag{7.1.15}$$

于是式（7.1.11）及式（7.1.14）可写为：

$$|Z| \approx \frac{Z_0}{\sqrt{1+Q^2(\frac{f}{f_0}-\frac{f_0}{f})^2}} \tag{7.1.16}$$

$$Z_0 \approx \frac{Q}{2\pi f_0 C} \tag{7.1.17}$$

由式（7.1.17）可知，随着回路的品质因数 Q 的增大，谐振时的最大阻抗将增大。然而，我们最关心的是 f 在 f_0 附近时 $|Z|$ 随 f 的变化率与 Q 的关系。设 $f \approx f_0$，$f+f_0=2f_0$，$f-f_0=\Delta f$，对式（7.1.16）求导，可得：

$$\frac{\mathrm{d}|Z|}{\mathrm{d}f} \approx \frac{-Q^2(\frac{f}{f_0}-\frac{f_0}{f})(\frac{1}{f_0}+\frac{f_0}{f^2})}{\sqrt{\left[1+Q^2\left(\frac{f}{f_0}-\frac{f_0}{f}\right)^2\right]^3}} \approx -4Q^2 Z_0 \frac{\Delta f}{f_0} \tag{7.1.18}$$

由此可见，Q 值越大，$|Z|$ 在 f_0 附近的变化率就越大，$|Z|$ 的衰减就越快，幅频特性曲线就越尖锐，表明 LC 并联谐振回路的频率选择性越好。对于相位角来说，也可得出同样的结果。在图 7.1.8 中画出了两种不同 Q 值（$Q_1>Q_2$）时的频率特性曲线，其形象地说明了这一问题。为了提高 Q 值，总希望电感量 L 大一些，回路的等效损耗电阻 R 尽可能小些。通常，品质因数 Q 约为几十到几百。

（3）当回路谐振时，可由图 7.1.7 求得各支路的电流为（设 $Q \gg 1$）：

$$I_L = I_C = QI \tag{7.1.19}$$

此式表明，谐振时电感与电容中的电流比输入电流大 Q 倍。因此，Q 越大，它受外界干扰的影响就越小。从这一角度来看，也希望 Q 值大些。

2. 变压器反馈式正弦波振荡电路

变压器反馈式正弦波振荡电路的典型结构如图 7.1.9 所示。变压器反馈式正弦波振荡电路采用晶体管 T 组成共发射极放大电路，变压器 T_r 中的线圈 N_1（等效电感为 L）与电容 C 组成 LC 并联选频网络，并作为 T 的集电极负载。N_2 为反馈线圈；N_3 为输出线圈，正弦信号从它的两端输出。C_b 为耦合电容，将反馈电压 $\dot{U}_f$ 耦合至 T 的基极。C_e 为发射极旁路电容，使 T 的发射极交流接地。C_b 与 C_e 的电容量都较大，在振荡频率下其容抗可视为零。

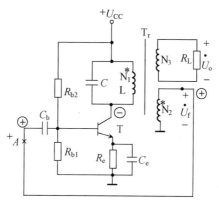

图 7.1.9　变压器反馈式正弦波振荡电路

该电路能否产生自激振荡的关键在于它是否满足相位平衡条件，即能否形成正反馈。可采用瞬时极性法进行判断，具体方法为：在 A 点将电路断开，假设输入端的瞬时极性为"+"，则 T 的集电极极性为"−"。根据变压器线圈同名端的规则，在线圈 N_2 同名端的瞬时极性为"+"，该点反馈至 A 后与原来输入的瞬时极性相同，故将 A 点连接起来后就形成了正反馈。至于幅值平衡条件，只要选取合适的 β，保证恰当的变压器匝比，配置好有关参数，一般都可得到满足，也易实现起振。

该电路的稳幅是依靠晶体管本身的非线性实现的。当集电极电流大到一定程度后，晶体管将进入饱和区与截止区，使放大倍数减小，输出幅值逐渐稳定。不过此时集电极电流的波形将产生较大失真，但是因为 LC 并联谐振回路具有良好的选频作用，所以在 N_3 将得到失真很小的正弦波。

电路的振荡频率仍由式（7.1.13）给出，只是 L 应为从线圈 N_1 两端看进去的整个变压器的等效电感。改变 C 或 L（如调节线圈中铁芯的位置）的值即可实现对频率的调节。为了提高电路的振荡频率，可将图 7.1.9 中的放大电路改成共基极放大电路。

应当指出，在分析这类振荡电路时，必须先把谐振电容 C、耦合电容 C_b 及旁路电容 C_e 严格区分开。因为它们的作用截然不同，数值上也相差甚远；其次要牢记在同一变压器上各线圈同名端的感应电压的瞬时极性均相同这一规则。谐振线圈 N_1 或反馈线圈 N_2 的两个端子对换，就能改变反馈性质，可将负反馈变为正反馈，反之亦然。如果在实验调整中发现电路不起振（其他条件都合适），只要将 N_1 或 N_2 的两端对调过来，电路就会产生振荡。

变压器反馈式正弦波振荡电路由于其输出电压与反馈电压靠磁路耦合，所以耦合不紧密造成的损耗较大，并且振荡频率的稳定性不高。

3. 电感反馈式正弦波振荡电路

为了克服变压器反馈式正弦波振荡电路因耦合不紧密造成的损耗较大的缺点，可将图 7.1.9 中的线圈 N_2 与线圈 N_1 合并成一个线圈，使之成为一个电感参与谐振，就得到了如图 7.1.10 （a）所示的电感三点式正弦波振荡电路。因为此时的反馈电压已不再通过互感取出，而是直接从谐振回路的电感上获得的，所以称之为电感反馈式正弦波振荡电路。又因为谐振回路的电感有 3 个端子，并分别与晶体管的 3 个电极相接 [见图 7.1.10 （b）]，故又称为电感三点式（或称哈特莱式）正弦波振荡电路。这种电路的最大特点是同名端不会搞错，且 N_1 与 N_2 耦合紧密、容易起振，另外制造简单。

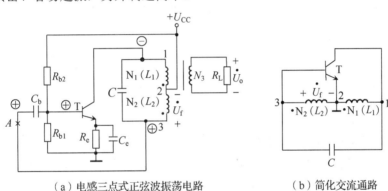

（a）电感三点式正弦波振荡电路　　　　（b）简化交流通路

图 7.1.10　电感三点式正弦波振荡电路和简化交流通路

利用瞬时极性法判断此电路是否满足相位平衡条件，标出电路中各点的瞬时极性，如图 7.1.10 （a）所示，显然此电路满足相位平衡条件。另外还有一种更为简便的判断相位平衡条件的方法：从交流通路看，若与晶体管发射极相连的两个元件的电抗性质相同 [图 7.1.10 （b）中均为感抗]，而与基极相连的两个元件的电抗性质相反（一个为感抗，另一个为容抗），则一定满足自激振荡的相位平衡条件，即电路引入了正反馈；否则就不满足相位平衡条件，电路亦不能产生振荡。这种方法通常简称为"射同基反"判断法。当电路较复杂而且不容易看出电感三点的连接关系时，可先画出如图 7.1.10 （b）所示的简化交流通路（略去偏置元件），然后再根据"射同基反"的原则判断。

这种电路的振荡频率仍可根据式（7.1.13）进行计算，L 由下式确定：

$$L=L_1+L_2+2M \qquad\qquad (7.1.20)$$

式中，M 为线圈 N_1 与 N_2 之间的互感。改变电容即可改变频率，且调节范围宽，故十分适用于需要经常改变频率的场合，如收音机、信号发生器等。

此类电路的缺点是输出波形中的高次谐波较多，波形较差。这是因为反馈电压取自电感 L_2，而 L_2 对高次谐波（相对 f_0 而言）呈现出的阻抗大，$\dot{U}_f$ 中所含的高次谐波成分也因此增大，从而引起振荡回路中的谐波成分增加。所以在对波形要求十分严格的场合，不宜采用此种电路。

4. 电容反馈式正弦波振荡电路

如果将图 7.1.10（a）中的 L_1 与 L_2 换成电容 C_1 与 C_2，将 C 换成电感 L，就得到了电容反馈式正弦波振荡电路，如图 7.1.11（a）所示。由于 C_1、C_2 的 3 个端点分别与晶体管的 3 个电极相连，所以又称为电容三点式正弦波振荡电路，或考毕兹振荡电路。

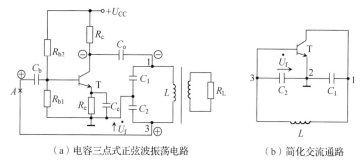

（a）电容三点式正弦波振荡电路　　　（b）简化交流通路

图 7.1.11　电容三点式正弦波振荡电路和简化交流通路

判断电容反馈式正弦波振荡电路是否满足相位平衡条件，同样可采用瞬时极性法或"射同基反"法，其简化交流通路（略去偏置元件）如图 7.1.11（b）所示，显然满足"射同基反"。振荡频率亦由式（7.1.13）决定，只是 C 的值应为 C_1 与 C_2 的串联值，即

$$C = \frac{C_1 C_2}{C_1 + C_2} \tag{7.1.21}$$

这种电路的特点是输出波形好，因为反馈电压是从电容上取出的，而电容对高次谐波的阻抗小，能将高次谐波旁路至地，起到滤波的作用。此外，因为 C_1 与 C_2 的值可以取得较小，所以振荡频率较高，可大于 100MHz，常用于调频、调幅接收机。该电路的缺点之一是调节频率时要求 C_1 与 C_2 同时改变，否则反馈系数就会改变，甚至引起停振。所以在实际应用时，要采用同轴双连电容调节振荡频率，或者采取固定频率输出的方式。另一个缺点是与 C_1、C_2 并联的晶体管的极间电容易受温度的影响而变化，导致振荡频率不稳定。为了克服这个缺点，可在 L 支路中串入一个小电容 C，使谐振频率主要由 L 与 C 决定，而 C_1、C_2 只起分压作用，使晶体管的极间电容的影响显著减小。改进型电容三点式正弦波振荡电路，又称克拉波式振荡电路，如图 7.1.12 所示。当 $C \ll C_1$ 及 $C \ll C_2$ 时，谐振回路的等效电容 $(\frac{1}{C} + \frac{1}{C_1} + \frac{1}{C_2})^{-1} \approx C$，故 f_0 受 C_1、C_2 的影响小，稳定性较高。其缺点是起振较困难，频率调节范围不大。

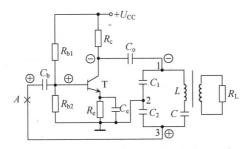

图 7.1.12　改进型电容三点式正弦波振荡电路

7.1.4　石英晶体正弦波振荡电路

振荡电路的频率受到环境温度、电源波动等多种因素的影响会产生偏移，将频率的偏移量 Δf 与谐振频率 f_0 之比定义为频率稳定度。上面介绍的各种正弦波振荡电路，它们的频率稳定度都不高（LC 正弦波振荡电路只能达到 10^{-4} 左右），无法满足某些高稳定要求，如时钟发生器、射频发生器等。采用石英晶体作为选频网络的石英晶体正弦波振荡电路，则具有相当高的频率稳定度（$10^{-6} \sim 10^{-11}$），已广泛应用于对频率稳定性要求高的场合。

1. 石英晶体的特性与等效电路

石英晶体的主要成分是 SiO_2，它是一种各向异性的结晶体。从石英晶体上按一定方位角切下薄片（称为晶片），并在其两面涂敷金属膜，从中引出电极，就构成了石英晶体谐振器，常简称为石英晶体或晶体。

石英晶体最突出的特征是它具有压电效应：在石英晶体的两个电极上加一个电场，它就会产生机械形变；反之，若在晶片两侧施加机械压力，则会在相应的方向上产生电场。如果在晶体的两个电极之间加上交变电压，则晶体将产生机械振动，而这种机械振动又会产生交变电场。值得注意的是，当外加交变电压的频率与晶片本身的固有频率（决定于晶片的尺寸、形状与切割方式等）相等时，其机械振动及交变电场的振幅将比其他频率下的振幅大得多，就像 LC 并联谐振回路中的谐振一样。因此，人们将这种现象称为压电谐振，称该石英晶体为石英晶体谐振器。

石英晶体的电路符号、等效电路及电抗频率特性如图 7.1.13 所示。其中，C_0 为晶体不振动时的静态电容，其值约为几皮法到几十皮法；L 用于模拟机械振动的惯性，其值约为 $10^{-3} \sim 10^2 H$；晶片的弹性用电容 C 等效，其值很小，一般为 $10^{-2} \sim 10^{-1} pF$；R 为振动过程中损耗的等效元件，其值约为 $10^2 \Omega$。由于晶片的 L 大，C 及 R 小，所以它的品质因数 Q 很大，可达 $10^4 \sim 10^6$。因此用它制备的振荡器将具有很高的频率稳定度。

由晶体的等效电路可知，当外加电压的频率等于 L、C、R 串联支路的固有频率时，将发生串联谐振，其谐振频率为：

$$f_s = \frac{1}{2\pi\sqrt{LC}} \qquad\qquad (7.1.22)$$

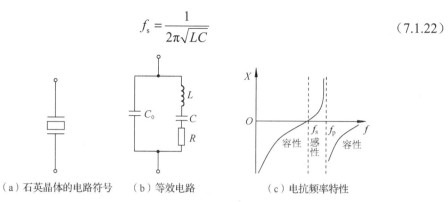

（a）石英晶体的电路符号　　（b）等效电路　　　　（c）电抗频率特性

图 7.1.13　石英晶体的电路符号、等效电路及电抗频率特性

此时因 C_0 的值很小，其容抗比 R 大得多，故石英晶体在 f_s 时呈纯阻性。当 $f>f_s$ 时，L、C、R 串联支路呈感性。因此，它可与 C_0 构成并联谐振回路，其谐振频率：

$$f_p = \frac{1}{2\pi\sqrt{L\dfrac{CC_0}{C+C_0}}} = f_s\sqrt{1+\frac{C}{C_0}} \qquad\qquad (7.1.23)$$

因为 $C_0 >> C$，所以 f_p 与 f_s 十分接近。如果在石英晶体两个电极之间串联或并联一个小电容，则可通过它实现频率微调，这个小电容常称为负载电容。石英晶体产品给出的标称频率是指接入负载电容后的谐振频率，而不是 f_p 或 f_s，但在这两者之间变动。

2．石英晶体正弦波振荡电路

石英晶体正弦波振荡电路的基本形式有两类，即并联晶体振荡电路与串联晶体振荡电路。

并联晶体振荡电路如图 7.1.14（a）所示，其中，晶体起电感作用，故它属于电容三点式正弦波振荡电路，振荡频率由 C_1、C_2、C_L 及石英晶体的等效电感 L 决定。因为 C_1、C_2 的取值比 C_L 大得多，故振荡频率主要取决于负载电容 C_L 与石英晶体的谐振频率。为了使晶体的阻抗呈电感性，电路的振荡频率应在 f_P 与 f_S 之间。

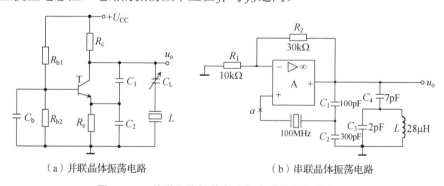

（a）并联晶体振荡电路　　　　　　　（b）串联晶体振荡电路

图 7.1.14　并联晶体振荡电路与串联晶体振荡电路

串联晶体振荡电路如图 7.1.14（b）所示，它是利用 $f=f_s$ 时石英晶体呈纯电阻性的特点工作的。电感 L 与电容 C_1、C_2、C_3、C_4 组成 LC 振荡电路,再由 C_1、C_2 分压并经石英晶体选频送入集成运放的同相输入端,形成正反馈。因为 C_1、C_2 的值比 C_3、C_4 大得多,故振荡频率主要由 L、C_3 和 C_4 决定。为了使石英晶体呈阻性,电路的振荡频率应等于 f_s,即

$$f_0 = \frac{1}{2\pi\sqrt{L(C_3 + C_4)}} = f_s \tag{7.1.24}$$

此外,为了实现稳定振荡,R_1、R_2 与 C_1、C_2 之间还必须满足一定的关系,以保证 $AF=1$。因此,可在 a 点[见图 7.1.14(b)]将反馈支路断开。此时集成运放构成同相比例放大电路,其放大倍数:

$$A = 1 + \frac{R_2}{R_1}$$

C_2 上的电压为反馈电压,故反馈系数:

$$F = \frac{\dfrac{1}{j\omega C_2}}{\dfrac{1}{j\omega C_2} + \dfrac{1}{j\omega C_1}} = \frac{C_1}{C_1 + C_2}$$

由 $AF=1$ 可得

$$\left(1 + \frac{R_2}{R_1}\right)\frac{C_1}{C_1 + C_2} = 1 \tag{7.1.25}$$

当 f_s 已知时,就可根据式(7.1.24)与式(7.1.25)选择各元件的参数。石英晶体振荡电路的具体电路有很多,但分析方法均与上述相似。

7.1 测试题

7.2　电压比较器

7.2.1　电压比较器的基本概念

电压比较器的功能是比较两个电压的大小。例如,将一个连续变化的输入电压 u_i 与另一个不变的参考电压 U_R(又称基准电压)进行比较:当 u_i 大于或小于 U_R 时,电压比较器只输出一个正的或负的恒定电压值(又称高电平或低电平);而当 u_i 变得正好与 U_R 相等时,输出电压将从高电平跳变到低电平或从低电平跳变到高电平。人们从输出电压跳变的情况,就可以判断出输入电压与参考电压的相对大小。给定不同的参考电压,就可以鉴别出不同大小的输入电压,这就是电压比较器的基本功能。

借助于电压比较器可以构成多种非正弦波信号发生器,所以电压比较器在测量、控制、信号处理与发生等电路中的应用十分广泛。由于电压比较器的输入为模拟量,输出只有高

低电平两种情况，可看作数字量，所以可以将电压比较器作为模拟电路和数字电路之间的一种最简单的"接口"电路。

1．电压比较器的特点

在电压比较器中，集成运放通常开环运行或引入正反馈，此时集成运放工作于非线性区，输出电压与输入电压不成线性关系。正如 6.1 节所述，集成运放工作于非线性区时有以下两个重要特点。

（1）输出电压 u_o 只有高电平和低电平两种取值，即

$$u_o = \begin{cases} U_{OH}, & \text{当} u_+ > u_- \text{时} \\ U_{OL}, & \text{当} u_+ < u_- \text{时} \end{cases} \tag{7.2.1}$$

在非线性工作状态下，集成运放的差模输入电压 u_{id} 可能很大，此时 $u_+ \neq u_-$，即"虚短"特点不成立。

（2）由于理想运放的差模输入电阻 $R_{id}=\infty$，所以"虚断"仍成立，即 $i_+ = i_- = 0$。

2．电压比较器的电压传输特性

描述电压比较器功能的重要参数是电压传输特性 $u_o = f(u_i)$。要正确画出电压传输特性曲线，必须求出以下 3 个要素。

（1）输出电压高电平 U_{OH} 和低电平 U_{OL} 的数值。其大小取决于集成运放的最大输出电压或集成运放输出端所接的限幅电路。

（2）阈值电压 U_{th} 的数值。阈值电压是指当集成运放两个输入端的电位相等（$u_+=u_-$），输出电压产生跳变时对应的 u_i。

（3）输入电压 u_i 经过 U_{th} 时输出电压 u_o 的跳变方向，即 u_o 是从高电平跳变到低电平的，还是由低电平跳变到高电平的。

只要正确求解出上述 3 个要素，就能画出电压比较器的电压传输特性曲线，从而得到电压比较器的功能及特点。

3．电压比较器的种类

电压比较器按传输特性的不同，可分为单限电压比较器、滞回电压比较器和窗口电压比较器；按构成方式的不同可分为通用型集成电压比较器、高速型集成电压比较器与精密型集成电压比较器。

（1）单限电压比较器：集成运放工作于开环状态，电路只有一个阈值电压 U_{th}，在输入电压增大或减小的过程中只要经过 U_{th}，输出电压就会产生跳变。

（2）滞回电压比较器：电路引入正反馈，所以有两个阈值电压 U_{th1} 和 U_{th2}。当输入信号由负到正和由正到负来回变化时，使输出产生跳变的阈值电压是不相同的。但是，当输入

信号单向变化时输出电压只跳变一次。

（3）窗口电压比较器：由反相与同相两个单限电压比较器并接而成，因此有两个阈值电压 U_{th1} 和 U_{th2}，输入电压向单一方向变化的过程中，输出电压将发生两次跳变，故又称双门限比较器。

单限电压比较器视频　单限电压比较器课件

7.2.2　单限电压比较器

单限电压比较器如图 7.2.1（a）所示，因为电路无反馈，所以集成运放工作于非线性状态。由图 7.2.1（a）可知：$u_+ = u_i$，$u_- = U_R$，由此可得阈值电压 $U_{th} = U_R$。因为电路只有一个阈值电压，所以在 u_i 进行单向连续变化的过程中，u_o 只发生一次跳变，故称为单限电压比较器。

假设集成运放的最大输出电压为 $\pm U_{OM}$，则当 $u_i > U_R$ 时，$u_o = U_{OM}$；当 $u_i < U_R$ 时，$u_o = -U_{OM}$；当 $u_i = U_R$ 时，u_o 发生跳变，由此作出其电压传输特性曲线，如图 7.2.1（b）所示。

当 $U_R = 0$ 时，阈值电压 $U_{th} = 0$，则 u_i 过零时输出电压发生跳变，故称之为过零电压比较器。过零电压比较器可以将输入的正弦波转换为方波。

如果希望电压比较器能输出负载要求的电压值，可在输出回路加限幅措施，如图 7.2.1（c）所示，在输出端接双向稳压二极管 D_Z 与 R_o，其中，R_o 为限流电阻。假设双向稳压二极管的稳压值为 $\pm U_Z$，此时电压传输特性为

$$u_o = \begin{cases} +U_Z, & \text{当} u_i > U_R \text{时} \\ -U_Z, & \text{当} u_i < U_R \text{时} \end{cases} \tag{7.2.2}$$

由此可见，选取不同稳压值的稳压二极管，就可获得不同电平的输出电压。

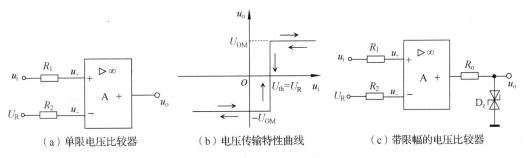

（a）单限电压比较器　　　（b）电压传输特性曲线　　　（c）带限幅的电压比较器

图 7.2.1　单限电压比较器

为了防止输入信号过大损坏集成运放，除了在输入回路中串联电阻 R_1 与 R_2 以限制电流外，还可以在集成运放的两个输入端并接两个反向的二极管以限制输入端的电压，如图 7.2.2 所示。这些措施在实际应用中都是十分必要的。

单限电压比较器的电路结构简单，但是抗干扰能力差。如果 u_i 恰好处于阈值电压附近，电路又存在干扰与零漂时，则输出电压 u_o 就会不断地在高电平、低电平之间跳变，失去了稳定工作状态，这在实际应用中是十分有害的。因此，它不能用于干扰严重的场合。

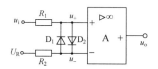

图 7.2.2　输入端加限幅措施的电压比较器

滞回电压比较器视频　滞回电压比较器课件

7.2.3　滞回电压比较器

为了克服单限电压比较器抗干扰能力差的缺点，可进一步引入正反馈，得到了如图 7.2.3（a）所示的滞回电压比较器。对于该电路的分析，可从以下几个步骤入手。

1．阈值电压计算

由于电路中引入了正反馈，所以集成运放工作于非线性状态。此时 $u_-=u_i$，u_+ 可由叠加定理求得：$u_+ = \dfrac{R_2}{R_2 + R_3} u_o + \dfrac{R_3}{R_2 + R_3} U_R$。其中，第一项是输出电压 u_o 单独作用产生的 u_+'；第二项是 U_R 单独作用产生的 u_+''。因为集成运放在非线性状态下的输出电压 u_o 可以为 U_{OM}，也可以为 $-U_{OM}$，这样 u_+ 就有两个相应的值，分别为：

$$u_{+1} = \frac{R_2}{R_2 + R_3} U_{OM} + \frac{R_3}{R_2 + R_3} U_R \qquad (7.2.3)$$

$$u_{+2} = \frac{R_2}{R_2 + R_3} (-U_{OM}) + \frac{R_3}{R_2 + R_3} U_R \qquad (7.2.4)$$

根据 $u_-=u_+$ 的条件计算阈值电压，显然此电路有两个阈值电压，通常数值大的阈值电压用 U_{th1} 表示，数值小的阈值电压用 U_{th2} 表示，所以：

$$U_{th1} = u_{+1} = \frac{R_2}{R_2 + R_3} U_{OM} + \frac{R_3}{R_2 + R_3} U_R \qquad (7.2.5)$$

$$U_{th2} = u_{+2} = \frac{R_2}{R_2 + R_3} (-U_{OM}) + \frac{R_3}{R_2 + R_3} U_R \qquad (7.2.6)$$

尤其要注意阈值电压和输出电压的对应关系，在本电路中输出电压为 U_{OM} 时，对应的阈值电压为 U_{th1}；在输出电压为 $-U_{OM}$ 时，对应的阈值电压为 U_{th2}。

2．跳变过程与传输特性

这里有两个过程：一个是 u_i 由负值向正值连续增大的正向过程；另一个是 u_i 由正值向负值连续减小的负向过程。需要判断的是，在这两个过程中输出电压 u_o 在哪一个阈值电压发生跳变？是如何跳变的？

在正向过程中，当 u_i 足够低且低于两个阈值电压中的最小值时，必有 $u_- < u_+$，此时输出电压 u_o 为 U_{OM}，所对应的阈值电压为 U_{th1}。因此，当 u_i 由负值增大到 U_{th1} 时，$u_-=u_+$，u_o 必将从 U_{OM} 跳变至 $-U_{OM}$。这个跳变一经完成，阈值电压就随之变为 U_{th2}。因为 $U_{th2} < U_{th1}$，

所以 u_i 再增大，输出电压 u_o 也不会再发生跳变。

在负向过程中，当 u_i 高于两个阈值电压中的最大值时，必有 $u_- > u_+$，此时输出电压 u_o 为 $-U_{OM}$，对应的阈值电压为 U_{th2}。因此，当 u_i 由正值减小到 U_{th2} 时，$u_- = u_+$，u_o 必将从 $-U_{OM}$ 跳变至 U_{OM}。同样，当这个跳变完成之后，阈值电压就变为 U_{th1}。因为 $U_{th1} > U_{th2}$，所以 u_i 再减小，u_o 也不会再发生跳变。

根据这两个跳变过程，得出如图 7.2.3（b）所示的电压传输特性曲线。因为 $U_{th1} \neq U_{th2}$，所以该传输特性具有滞回的特点，滞回电压比较器的名称由此而来。

将 U_{th1} 与 U_{th2} 之差定义为回差电压或门限宽度，用 ΔU_{th} 表示，即

$$\Delta U_{th} = U_{th1} - U_{th2} = \frac{R_2}{R_2 + R_3}[U_{OM} - (-U_{OM})] = \frac{R_2}{R_2 + R_3} 2U_{OM} \tag{7.2.7}$$

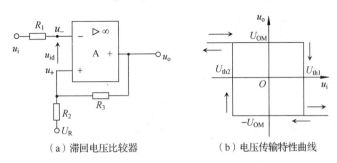

（a）滞回电压比较器　　　　（b）电压传输特性曲线

图 7.2.3　滞回电压比较器及其电压传输特性曲线

3．优点和缺点

滞回电压比较器的最大优点是抗干扰能力强。例如，在正向过程中，当 u_o 由 U_{OM} 跳变为 $-U_{OM}$ 以后，u_i 即使因干扰而减小甚至低于 U_{th1} 时，u_o 也不会因此而跳变，仍保持为低电平（$-U_{OM}$），因为此时的阈值电压已变为 U_{th2} 了。只要出现的负向干扰不超过电压比较器的门限宽度（u_i 不小于 U_{th2}），它的工作完全是稳定的。在负向过程中其工作也如此。显然，回差电压 ΔU_{th} 越大，抗干扰能力就越强。

滞回电压比较器的缺点是灵敏度较低。所谓灵敏度，就是电压比较器对输入电压的分辨能力。例如，在单限电压比较器中，只要输入电压达到阈值电压，输出电压就会产生跳变、作出反应，所以灵敏度很高；而在滞回电压比较器中，当 u_i 处于两个阈值电压之间时，u_o 不会产生跳变，电路不会作出响应，故灵敏度低，而且，回差电压 ΔU_{th} 越大，其灵敏度越低。在实际应用中，可以根据需要适当选择参数以兼顾两者。

例 7.2.1　同相滞回电压比较器如图 7.2.4（a）所示，R_o 与 D_Z 为输出限幅电路。输入电压 u_i 为正弦波，输入波形如图 7.2.4（b）所示，试求其电压传输特性曲线，并画出输出电压 u_o 的波形。

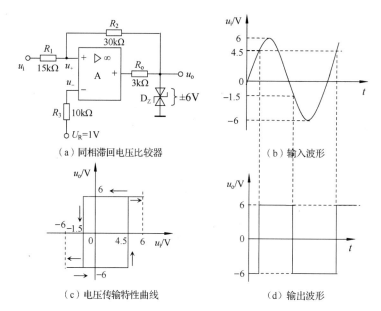

图 7.2.4　例 7.2.1 图

解：（1）阈值电压计算：已知 $U_{OM}=6V$，$u_-=U_R=1V$，故有：

$$u_{+1} = \frac{R_1}{R_1+R_2}U_{OM} + \frac{R_2}{R_1+R_2}u_i$$

$$u_{+2} = \frac{R_1}{R_1+R_2}(-U_{OM}) + \frac{R_2}{R_1+R_2}u_i$$

根据集成运放跳变的临界条件，可求得它的两个阈值电压。设 $u_{+1}=u_-$ 时的阈值电压为 U_{th2}，则有：

$$U_R = \frac{R_1}{R_1+R_2}U_{OM} + \frac{R_2}{R_1+R_2}U_{th2}$$

即

$$1 = \frac{15}{45}\times6 + \frac{30}{45}\times U_{th2}$$

$\therefore$ $U_{th2} = -1.5V$ （对应于 U_{OM}）

设 $u_{+2}=u_-$ 时的阈值电压为 U_{th1}，则有：

$$U_R = \frac{R_1}{R_1+R_2}(-U_{OM}) + \frac{R_2}{R_1+R_2}U_{th1}$$

即

$$1 = \frac{15}{45}\times(-6) + \frac{30}{45}\times U_{th1}$$

$\therefore$ $U_{th1} = 4.5V$ （对应于 $-U_{OM}$）

（2）跳变过程判断。

当 $u_i < U_{th2}= -1.5V$ 时，因为 $u_+<u_-$，所以 $u_o=-U_{OM}=-6V$。因为对应于 $-U_{OM}$ 的阈值电

压为 U_{th1}=4.5V，所以当 u_i 正向增大到 4.5V 时，u_o 将由 $-U_{OM}$ 跳变至 U_{OM}。之后 u_i 再增大，u_o 均将保持 U_{OM} 而不会再变。这是正向跳变过程。

当 $u_i > U_{th1}$=4.5V 时，因为 $u_+ > u_-$，所以 $u_o = U_{OM}$=6V。因为对应于 U_{OM} 的阈值电压为 U_{th2}=-1.5V，所以当 u_i 负向减小到 -1.5V 时，u_o 将由 U_{OM} 跳变至 $-U_{OM}$。之后 u_i 再减小，u_o 也不会变化。这是负向跳变过程。

（3）电压传输特性曲线与输出波形。

根据上述分析画出电路的电压传输特性曲线与输出波形，如图 7.2.4（c）和图 7.2.4（d）所示。由输出波形可知，滞回电压比较器具有将正弦波（或其他非正弦波）变换为矩形波的作用。

7.2.4　窗口电压比较器

滞回电压比较器虽然有两个阈值电压，但它仍属于单限电压比较器。因为无论是在正向过程中还是在负向过程中，当 u_i 单方向变化时 u_o 都只跳变一次。但在实际应用中，当 u_i 单方向变化时，常需要能使 u_o 跳变两次的双限电压比较器，其电压传输特性曲线如图 7.2.5（b）所示。因这种特性形似窗口，故称为窗口电压比较器。窗口电压比较器如图 7.2.5（a）所示。它由反相与同相两个单限电压比较器并接而成，有两个参考电压，且 $U_{RH} > U_{RL}$，这是获得双限的必要条件。在输出端接有两个二极管 D_1、D_2，起隔离作用。这种电压比较器的工作过程可分为以下 3 种情况进行讨论。

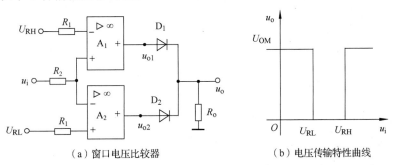

（a）窗口电压比较器　　　　　（b）电压传输特性曲线

图 7.2.5　窗口电压比较器及其电压传输特性曲线

（1）当 $u_i < U_{RL}$ 时，u_{o2} 为高电平，D_2 导通；因为 u_i 也小于 U_{RH}，所以 u_{o1} 为低电平，D_1 截止，所以 $u_o = u_{o2} = U_{OM}$。

（2）当 $u_i > U_{RH}$ 时，u_{o1} 为高电平，D_1 导通；因为 u_i 也大于 U_{RL}，所以 u_{o2} 为低电平，D_2 截止，所以 $u_o = u_{o1} = U_{OM}$。

（3）当 $U_{RL} < u_i < U_{RH}$ 时，u_{o1} 与 u_{o2} 均为低电平，D_1 与 D_2 均截止，所以 u_o=0。

将这 3 种情况综合起来，就得到了如图 7.2.5（b）所示的电压传输特性曲线。这种窗口电压比较器可以用于判断输入信号是否位于两个指定阈值电压之间，在实际生产中很有用。

7.2.5 集成电压比较器

除了上述由集成运放构成的电压比较器外，还专门设计并生产了一系列集成电压比较器。它的内部结构与工作原理与集成运放类似，只是用途不同。集成电压比较器的最大特点是所需外接元件极少，使用十分方便。此外，其输出电平容易与数字集成元件所需的输入电平相配合，常用于模拟电路与数字电路之间的接口电路。

集成电压比较器可分为通用型（如 F311 等）、高速型（如 CJ0710、J261 等）与精密型（如 J0734、ZJ03 等）。在同一集成片内，可以是单个电压比较器，也可以集成互相独立的 2 个或 4 个电压比较器（如 CJO339 为四电压比较器）。

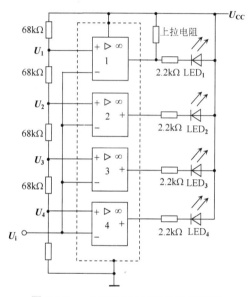

图 7.2.6　LM339 用于电平指示电路

集成电压比较器的应用范围较广，除了直接用于比较鉴别，还可用于波形发生、数字逻辑门电路等。图 7.2.6 所示为 LM339 四电压比较器用作电平指示电路的实例。LM339 的电源电压范围相当宽，为 $\pm(1\sim18)\text{V}$，可用正、负双电源供电，也可用单电源供电，并可以直接与 TTL 或 CMOS 数字电路配接。其输出级是一个集电极开路的 NPN 型晶体管，故使用时需要通过一个上拉电阻接至正电源，使晶体管可以正常工作。在图 7.2.6 中，输出端是通过 $2.2\text{k}\Omega$ 的限流电阻与发光二极管接至正电源的，故可不用再接上拉电阻。假设参考电压 $U_4<U_3<U_2<U_1$，由图 7.2.6 可知，当输入电压 U_i 低于 U_4 时，4 个电压比较器均输出高电平，4 个发光二极管全部熄灭。当 $U_4 \leqslant U_i < U_3$ 时，第 4 个电压比较器输出低电平，发光二极管 LED_4 点亮。依此类推，随着 U_i 的升高，电压比较器自下而上逐级输出低电平，发光二极管逐级点亮，从而可得出输入电平的范围。

7.3 非正弦波产生电路

非正弦波产生电路是指除正弦波以外的其他波形的产生电路，如矩形波、三角波、锯齿波等。它们可以由各种不同的元器件构成，如集成运放、集成定时器及数字集成电路等。本节主要介绍由集成运放构成的各种非正弦波产生电路。因为这些电路中的核心部分多为滞回电压比较器，所以它们也是集成运放非线性应用的一大方面。

7.3.1　方波和矩形波产生电路

矩形波产生电路视频　矩形波产生电路课件

矩形波是指具有高电平和低电平且周期性变化的波形。如果高电平和低电平所占的时间相等，则为方波，显然，方波是矩形波的一种特殊情况。

1．电路组成与工作原理

方波产生电路如图 7.3.1（a）所示，它由一个滞回电压比较器和一个负反馈网络构成。输出端接有双向限幅电路，u_o 的两个输出电压被限定为 U_Z 与 $-U_Z$。此时，电压比较器的两个阈值电压分别为：

$$U_{th1} = u_{+1} = \frac{R_2}{R_2 + R_3} U_Z; \quad U_{th2} = u_{+2} = -\frac{R_2}{R_2 + R_3} U_Z \qquad (7.3.1)$$

设当 $t=0$ 时 $u_c(0)=0$，$u_o=U_Z$（对应的阈值电压为 U_{th1}）。从此时起，u_o 将通过电阻 R_1 向电容 C 充电，$u_-=u_c$ 从零开始按指数规律上升。在 u_c 小于 U_{th1} 之前，$u_o=U_Z$ 不变。当 u_c 增大到 U_{th1} 时，u_o 从 U_Z 跳变至 $-U_Z$。将这段时间设为 t_1，且有 $u_c(t_1)=U_{th1}$。

当 u_o 跳变为 $-U_Z$ 后，相应的阈值电压变为 U_{th2}，同时电容 C 开始放电，u_c 将从 U_{th1} 开始按指数规律下降。在 u_c 大于 U_{th2} 之前，$u_o=-U_Z$ 不变。当 u_c 下降到 U_{th2} 时，u_o 从 $-U_Z$ 跳变至 U_Z。将这段时间设为 t_2-t_1，且有 $u_c(t_2)=U_{th2}$。

从 t_2 开始，电容 C 又开始充电，u_c 将从 U_{th2} 开始逐渐增大。至 t_3 时刻，$u_c=U_{th1}$，u_o 发生跳变，并重复 t_1 至 t_2 的过程，如此周而复始，形成自激振荡，产生一种完全对称的方波输出，波形图如图 7.3.1（b）所示。

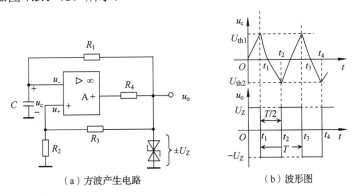

（a）方波产生电路　　　　　　　　（b）波形图

图 7.3.1　方波产生电路及波形图

2．振荡频率与周期

方波产生电路的振荡频率 f 和周期 T 取决于电容 C 的充放电速度，由一阶电路的三要素法不难求得 t_1 至 t_2 期间电容 C 放电时 u_c 的变化规律：

$$u_c = u_- = -U_Z + (U_{th1} + U_Z)e^{\frac{t-t_1}{-R_1C}} \quad (t_1 \leqslant t \leqslant t_2) \tag{7.3.2}$$

当 $t = t_2$ 时，$u_c(t_2) = U_{th2}$。又 $t_2 - t_1 = T/2$，再将式（7.3.1）代入，求得：

$$T = \frac{1}{f} = 2R_1C\ln(1 + \frac{2R_2}{R_3}) \tag{7.3.3}$$

不难看出，电容 C 充电过程中的时间常数、起始值与稳态值在大小上均与放电过程中的相同，故由充电过程也能求得与公式（7.3.3）完全一致的结果。可见，一个周期内正负半周的波形是完全对称的，这是方波输出的特点。

由式（7.3.3）可知，方波的周期与 R_1、R_2、R_3 及 C 有关，改变这些参数就可改变频率。在实际应用中通常用一个电位器代替电阻 R_1，利用它来调节频率。方波的幅值由限幅电路决定，与频率无关。这是用集成运放构成方波产生电路的优点，也是用数字集成电路难以做到的。

只要使图 7.3.1（a）中电路的电容充放电的时间常数不同，就可产生高电平、低电平持续时间不等的矩形波。矩形波产生电路如图 7.3.2（a）所示，只要调节电位器 R_W 上 b 点的位置，就可输出占空比（高电平维持时间与周期之比）可调、而周期不变的矩形波。设 $R_{wa} > R_{wc}$，则电容充电的时间常数大、充电速度慢，所以输出波形中高电平的持续时间长，所对应的波形图如图 7.3.2（b）所示。

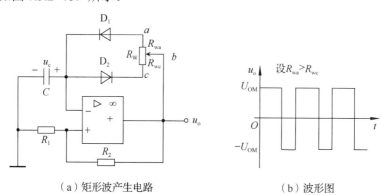

（a）矩形波产生电路　　　　　　　　（b）波形图

图 7.3.2　矩形波产生电路及波形图

三角波产生电路视频　三角波产生电路课件

7.3.2　三角波产生电路

由数学知识可知，方波经过积分可得三角波。因此，只要在上述方波产生电路的输出端再加一级积分运算电路，就形成了三角波产生电路。因为它同时又能输出方波，所以实际上是一种方波与三角波产生电路。

方波与三角波产生电路如图 7.3.3（a）所示，其中，集成运放 A_1 组成滞回电压比较器，A_2 组成反相积分运算电路。与图 7.3.1（a）的方波产生电路相比，此电路将输出电压 u_{o2} 通

过 R_1 反馈至 A_1 的同相输入端，A_1 的反相输入端则接地。由 $u_+ = u_- = 0$ 的条件可求得 A_1 电压比较器的两个阈值电压（见例 7.2.1）：

$$U_{\text{th2}} = -R_1 U_Z / R_3 \text{（对应 } u_{\text{o1}} = U_Z\text{）} \tag{7.3.4}$$

$$U_{\text{th1}} = R_1 U_Z / R_3 \text{（对应 } u_{\text{o1}} = -U_Z\text{）} \tag{7.3.5}$$

若 $u_{\text{o1}} = U_Z$，则电容 C 充电，u_{o2} 将线性减小，当 u_{o2} 下降至阈值电压 U_{th2} 时，$u_+ = u_-$，A_1 发生跳变，u_{o1} 由 U_Z 跳变为 $-U_Z$。之后，C 开始放电（或称反向充电），u_{o2} 将线性上升。当 u_{o2} 增大到 U_{th1} 时，又将出现 $u_+ = u_-$，u_{o1} 又将从 $-U_Z$ 跳变至 U_Z。如此周而复始，形成振荡，A_1 输出方波，A_2 输出三角波，如图 7.3.3（b）所示。

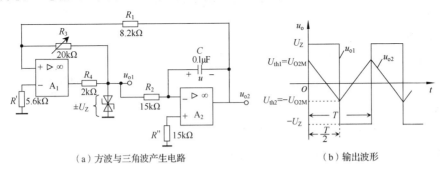

（a）方波与三角波产生电路　　　（b）输出波形

图 7.3.3　方波与三角波产生电路及输出波形

显然，在该电路中三角波的正、负最大值（峰值）就是 U_{th1} 与 U_{th2}，即

$$U_{\text{O2M}} = U_{\text{th1}} = R_1 U_Z / R_3, \quad -U_{\text{O2M}} = U_{\text{th2}} = -R_1 U_Z / R_3 \tag{7.3.6}$$

方波的幅值仍由限幅电路的 U_Z 值决定。

三角波的振荡周期与频率可由积分电路求得。由图 7.3.3 可知，在 $T/2$ 时间内 u_{o2} 由 U_{O2M} 线性变化为 $-U_{\text{O2M}}$，变化量为 $2U_{\text{O2M}}$，它应等于电容 C 上电压的变化量，即

$$\frac{1}{R_2 C} \int_0^{T/2} U_Z \mathrm{d}t = 2U_{\text{O2M}}$$

再将式（7.3.6）代入，可得：

$$T = \frac{1}{f} = \frac{4R_1 R_2 C}{R_3} \tag{7.3.7}$$

由式（7.3.6）及式（7.3.7）可知，三角波的幅值只与 R_1、R_3 及 U_Z 有关；而其周期则与 R_1、R_2、R_3 及 C 有关。所以在实际应用中应先调节电阻 R_1 或 R_3，使三角波的幅值达到所需之值，然后再调节 R_2 或 C，使三角波的周期 T 达到要求值。

锯齿波实际上是上升与下降斜率不等的三角波，故只要将图 7.3.3（a）中的电阻 R_2 改为两个电阻 R_{21}、R_{22} 与两个二极管 D_1、D_2 组成的网络，就可使积分运算电路的充放电时间常数不相等，从而使 u_{o2} 输出为锯齿波，锯齿波产生电路如图 7.3.4（a）所示，同时 u_{o1} 也变成高电平、低电平时间不相等的矩形波了，如图 7.3.4（b）所示。

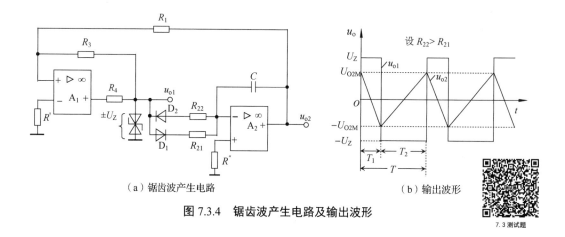

（a）锯齿波产生电路　　　　　　　　　　　　（b）输出波形

图 7.3.4　锯齿波产生电路及输出波形

7.3 测试题

本章小结

第 7 章小结视频　　第 7 章小结课件

1. 信号产生电路

（1）信号产生电路通常称为振荡器，指不需要外加输入信号，就能够在输出端产生一定频率和幅值波形的电路，有正弦波振荡电路和非正弦波振荡电路。正弦波振荡电路根据选频网络所用元件的不同，可分为 RC 正弦波振荡电路、LC 正弦波振荡电路和石英晶体正弦波振荡电路。

（2）反馈型正弦波振荡电路是利用选频网络，通过正反馈产生自激振荡。它的相位平衡条件为 $\varphi_A + \varphi_F = 2n\pi$，幅值平衡条件为 $|AF|=1$。振荡电路的起振条件为 $\varphi_A + \varphi_F = 2n\pi$，且 $|AF|>1$。振荡电路起振时，电路处于小信号工作状态，而振荡处于平衡状态时，电路处于大信号工作状态。为了满足振荡的起振条件并实现稳幅、改善输出波形的目的，要求振荡电路的环路增益应随振荡输出幅值改变。即当输出幅值增大时，环路增益应减小。

（3）RC 正弦波振荡电路利用 RC 串并联网络作为选频网络，用同相比例运算电路作为放大电路，振荡频率 $f_0 = \dfrac{1}{2\pi RC}$，起振条件为 $|A|>3$。RC 正弦波振荡电路适用于低频振荡，一般小于 1MHz。

（4）LC 正弦波振荡电路的选频网络由 LC 并联谐振回路构成，它可以产生较高频率的正弦波振荡信号，可大于 100MHz。LC 正弦波振荡电路有变压器反馈式、电感反馈式和电容反馈式等电路形式，其振荡频率近似等于 LC 并联谐振回路的谐振频率。

（5）石英晶体正弦波振荡电路采用石英晶体谐振器代替 LC 并联谐波回路中的电感 L，其振荡频率的准确性和稳定性很高，频率稳定度一般可达 $10^{-6} \sim 10^{-8}$ 数量级。石英晶体正弦波振荡电路有并联型晶体振荡电路和串联型晶体振荡电路，在并联型晶体振荡电路中，石英晶体的作用相当于电感；而在串联型晶体振荡电路中，利用石英晶体的串联谐振特性，可以低阻抗接入电路。

2．电压比较器

电压比较器可用于对输入电压进行比较，并根据比较结果输出高电平或低电平，它广泛应用于信号产生电路。电压比较器中的集成运放工作于开环状态或正反馈状态，即非线性状态，此时"虚短"不成立，"虚断"仍成立。

电压比较器有单限电压比较器、滞回电压比较器和窗口电压比较器 3 种，通常用电压传输特性曲线描述。

在单限电压比较器中集成运放工作于开环状态，电路只有一个阈值电压，输入电压只要经过阈值电压，输出电压就会发生跳变。在滞回电压比较器中集成运放引入正反馈，电路有两个阈值电压，当输入信号由负到正和由正到负来回变化时，使输出电压发生跳变的阈值电压是不相同的，具有滞回的特性。窗口电压比较器由反相与同相两个单限电压比较器并接而成，电路有两个阈值电压，在输入电压向单一方向的变化过程中，输出电压将发生两次跳变。

3．非正弦波产生电路

非正弦波产生电路包括矩形波产生电路和三角波产生电路。

矩形波产生电路由滞回电压比较器和 RC 正弦波振荡电路组成，改变电容充放电的时间常数就可输出占空比可调的矩形波。方波是矩形波的特殊形式。

三角波产生电路由方波产生电路和积分运算电路构成，锯齿波是三角波的特殊形式，控制积分速度就可构成锯齿波产生电路。

 习题 7

第 7 章综合测试题　　第 7 章测试题讲解视频　　第 7 章测试题讲解课件

7.1　根据相位平衡条件判断如题 7.1 图所示电路是否能产生正弦波振荡，并说明理由。

7.2　在满足相位平衡条件的前提下，正弦波振荡电路的幅值平衡条件为 $|AF|=1$，如果 $|F|$ 为已知，则只要 $|A|=\left|\dfrac{1}{F}\right|$，电路即可起振，你认为这种说法对吗？

7.3　在题 7.3 图所示的电路中，$R=10\text{k}\Omega$，$C=0.01\mu\text{F}$。欲使电路产生正弦波振荡，R_1/R_2 应等于多少？电路的振荡频率 f_0 等于多少？

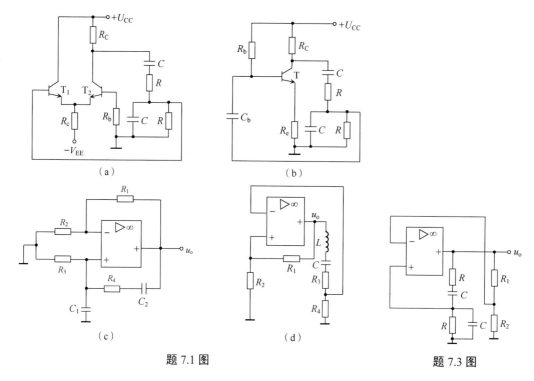

题 7.1 图

题 7.3 图

7.4 试用相位平衡条件判断如题 7.4 图所示的电路能否产生正弦波振荡，并说明理由。

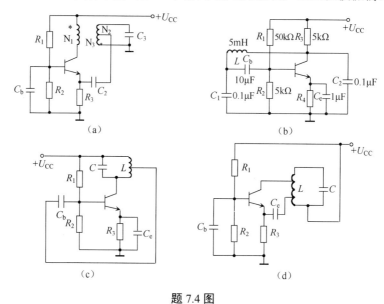

题 7.4 图

7.5 已知题 7.5 图所示的电路中变压器的一端同名端，试标出相对应的另一端同名端，使之满足产生振荡的相位平衡条件。

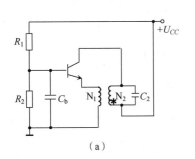 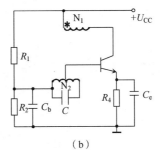

题 7.5 图

7.6　改正如题 7.6 图所示电路中的错误，使之能产生正弦波振荡。

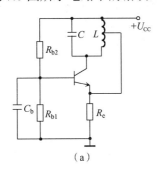 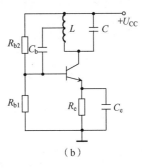

题 7.6 图

7.7　某超外差收音机中的本机振荡电路如题 7.7 图所示，试回答以下问题：（1）在题 7.7 图中标出振荡线圈原边绕组、副边绕组的同名端；（2）若去掉 C_b 对电路有什么影响？（3）试计算当 C_2=10pF，C_3 在可变范围内变化时，其振荡频率的可调范围。

7.8　石英晶体振荡电路如题 7.8 图所示。试画出交流等效电路，并说明石英晶体在电路中的作用及电路属于哪一种类型的振荡电路。设电容 C_b 和 C_e 的容抗很小可以忽略。

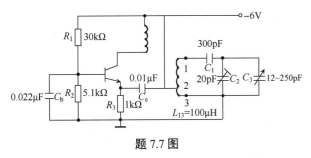 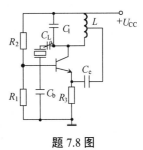

题 7.7 图　　　　　　　　　　　题 7.8 图

7.9　试画出题 7.9 图中电路的电压传输特性曲线。假设题 7.9 图中 A 为理想运放，所有稳压二极管的稳压值均为 5.3V，正向导通压降为 0.7V。

7.10　由理想运放组成的电路如题 7.10 图所示，已知稳压二极管的稳压值为 5.3V，正向导通压降为 0.7V。当 U_i=5V 和 U_i=2V 时，分别求出相应的输出电压 U_o 和稳压二极管中的电流 I。

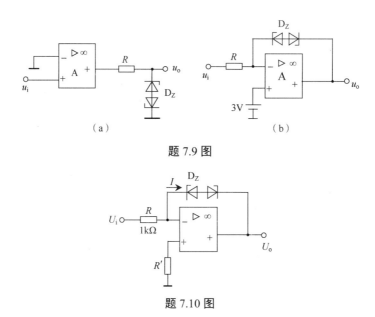

题 7.9 图

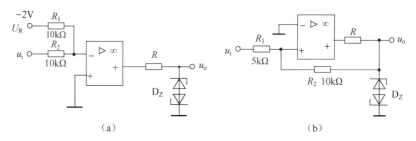

题 7.10 图

7.11　由理想运放组成的电压比较器如题 7.11 图所示。图中稳压二极管的稳压值均为 5.3V，正向导通压降为 0.7V。

（1）画出它们的电压传输特性曲线；

（2）当输入信号 $u_i=5\sin\omega t$（V）时，画出它们输出电压 u_o 的波形（和 u_i 对应起来），并在波形图上标出相关电压值。

题 7.11 图

7.12　在题 7.12 图所示的电路中，$U_{OM}=12V$，试回答下列问题。

（1）该电路由哪些基本单元组成？

（2）设当 $u_{i1}=u_{i2}=0$ 时，$u_c=0$，$u_o=12V$。求当 $u_{i1}=-10V$，$u_{i2}=0$ 时，经过多长时间 u_o 由 12V 变成 $-12V$？

（3）u_o 变成 $-12V$ 后，u_{i2} 由 0 变成 15V，求再经过多长时间 u_o 又由 $-12V$ 变成 12V？

（4）画出 u_{o1} 和 u_o 的波形图。

7.13　试标出如题 7.13 图所示方波产生电路中集成运放的同相输入端和反相输入端，并求方波的振荡频率 f_0。

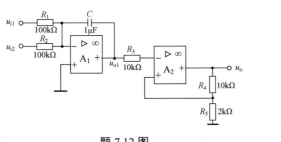

题 7.12 图

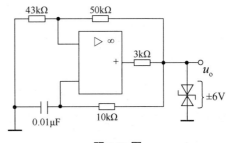

题 7.13 图

7.14　欲使图 7.3.3 产生的方波与三角波的峰值相等，且振荡频率 $f=250$Hz，应怎样选取电路元件的数值？

7.15　在题 7.15 图所示的方波产生电路中，设运算放大电路具有理想的特性，$R_1=R_2=R=100$kΩ，$R_3=1$kΩ，$C=0.01$μF，$\pm U_Z=\pm5$V。

（1）指出电路各组成部分的作用；

（2）写出振荡周期 T 的表达式，并求出具体数值；

（3）画出输出电压 u_o 和电容上的电压 u_C 的波形。

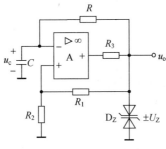

题 7.15 图

7.16　方波产生电路如题 7.15 图所示。设 A 为理想运放，$R=51$kΩ，$R_1=330$kΩ，$R_2=1$MΩ，$C=0.01$μF，$U_Z=6$V。试求：

（1）输出电压峰峰值 U_{opp}；

（2）电容电压峰峰值 U_{cpp}；

（3）方波的周期和频率。

第 8 章　功率放大电路

前面介绍的放大电路是用于信号放大、变换、传递的电子电路。然而，在实际应用时希望放大后的信号具有带负载的能力，需要能进行电能变换与传输。因此信号加到执行机构之前必须通过一种放大电路使其功率得以提高，以便向负载提供足够的功率，这种电路被称为功率放大电路。

功率放大电路通常作为电子设备、系统的输出级电路。与前面章节中介绍的信号放大电路相比，功率放大电路在电路形式、分析方法、性能指标等方面有自己的特点。本章主要介绍功率放大电路的特点、组成、工作原理及主要性能指标的估算方法，最后介绍集成功率放大器的使用方法。

 ## 8.1　功率放大电路概述

功率放大电路概述视频　　功率放大电路概述课件

在一些电子信息系统中，信号经过处理、加工之后，往往要送到负载（执行机构）中去完成某种任务。例如，音响设备中要喇叭发声，控制系统中要继电器动作、仪表指示等。这些负载对电信号的要求不仅仅是要有一定幅值的电压，而且要有一定数值的功率。这些向负载提供一定电功率的放大电路称为功率放大电路。

从能量转换的角度来看，功率放大电路和电压放大电路没有本质的区别，都是依靠放大元件的能量控制作用实现能量转换的，只是研究问题的侧重面不同。电压放大电路的主要任务是使其输出端得到不失真的电压信号，讨论的主要指标是电压放大倍数、输入电阻和输出电阻等，输出的功率不一定大；功率放大电路主要用于向负载提供足够大的不失真（或者失真较小）的输出功率，讨论的主要指标是电路的输出功率、电源供给的能量、能量转换效率和功率器件的散热等。

8.1.1　对功率放大电路的要求

对功率放大电路有以下几个在电压放大电路中没有出现的特殊要求。

1）输出功率要足够大

功率放大电路最重要的技术指标是输出功率 P_o。注意，这里的 P_o 是交流功率。为了使输出功率尽可能大，电路的输出电压和输出电流都应有足够大的幅值。电路通常在大信号状态下工作，此时小信号分析所用的微变等效电路法已不再适用，需要采用图解法。

2）转换效率要高

功率放大电路主要是将直流电源提供的能量转换为交流电能传送给负载，在能量传输的过程中电路器件会消耗一定的能量。转换效率就是输出功率 P_o 与电源供给的直流功率 P_v 之比，通常用字母 η 表示，即

$$\eta = (P_\text{o} / P_\text{v}) \times 100\% \tag{8.1.1}$$

如果转换效率不高，则在输出相同交流功率的情况下，所需的直流功率会大大增加，这是很不经济的。当然，电压放大电路也存在能量转换的效率问题，但由于电路本身消耗的能量就很小，所以一般不予考虑。

3）非线性失真要小

由于功率放大电路的晶体管（又称功率管）在接近极限的状态下工作，输出高电压和大电流，所以电路容易产生非线性失真。输入信号越大，非线性失真越严重。所以在输出大功率时，应将非线性失真限制在允许的范围内。

4）功率管要安全运用

在功率放大电路中工作的功率管承受的电压高、电流大，为了保证其安全可靠地工作，除了合理设计与选用功率管，还需要采取一定的辅助措施，如设置过流保护环节、增加一定面积的散热片等。

8.1.2　工作状态分类

根据功率管的静态工作点 Q 的位置不同，功率放大电路可以分为甲类功率放大电路、乙类功率放大电路和甲乙类功率放大电路 3 种，下面分别进行讨论。

1．甲类功率放大电路

甲类功率放大电路的静态工作点设置较高，功率管在整个信号周期内导通，管子的导通角为 360°，甲类功率放大电路的典型工作状态如图 8.1.1 所示，输出波形没有出现非线性失真。

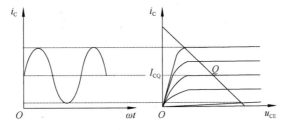

图 8.1.1　甲类功率放大电路的典型工作状态

由图 8.1.1 可知，在甲类功率放大电路中 i_C 始终大于零，即电源始终在输出功率。当交流信号为零（静态）时，$i_C = I_{CQ}$，电源输出的功率全部消耗在功率管和电阻上，称为静态功耗。当有交流信号输入时，电源提供的功率一部分转换为输出功率，另外一部分消耗在功率管上，以热的形式散发出去。由于电路存在较大的静态功耗，所以这类电路的功率转换效率较低。

2．乙类功率放大电路

静态功耗是造成甲类功率放大电路效率低的主要原因，若将静态工作点下移至截止区，即静态时 $I_{CQ} = 0$，此时静态功耗也为零，所以效率将会显著提高。这种静态偏置电流为零，管子只在半个周期导通（管子的导通角为 180°）的功率放大电路为乙类功率放大电路，如图 8.1.2 所示。

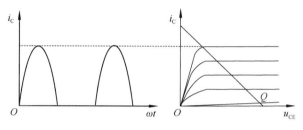

图 8.1.2　乙类功率放大电路

由图 8.1.2 可知，乙类功率放大电路只能放大输入信号的半个周期，其输出波形出现了严重的非线性失真，所以不能直接使用。

3．甲乙类功率放大电路

甲乙类功率放大电路的静态工作点设置在甲类功率放大电路与乙类功率放大电路之间，即略高于截止区。在信号的整个周期内，功率管的导通时间大于半个周期而小于全周，即管子的导通角为 180°~360°，如图 8.1.3 所示。甲乙类功率放大电路的效率也介于甲类功率放大电路与乙类功率放大电路之间，静态工作点越低，电路的效率越高。由图 8.1.3 可知，甲乙类功率放大电路的非线性失真也很严重，所以也不能直接使用。

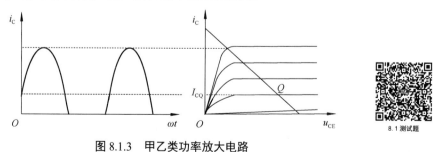

8.1 测试题

图 8.1.3　甲乙类功率放大电路

综上所述，乙类功率放大电路和甲乙类功率放大电路虽然减小了静态功耗，提高了功

率转换效率，但是输出波形都出现了严重的非线性失真。因此功率放大电路必须解决效率
与非线性失真之间的矛盾，这需要在电路结构上采取措施。

8.2 乙类双电源互补对称功率放大电路

乙类互补对称功率放大
电路视频

乙类互补对称功率放大
电路课件

8.2.1 电路的组成与工作原理

为了解决乙类放大电路输出波形严重失真的问题，可以用两个管子组成乙类双电源互
补对称功率放大电路，如图 8.2.1 所示。其中，T_1 与 T_2 是性能完全对称的 NPN 型功率管与
PNP 型功率管，并组成了上下两个完全对称的共集电极放大电路，向同一负载 R_L 输送电压
与电流。

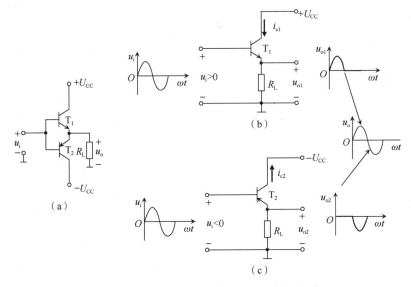

图 8.2.1 乙类双电源互补对称功率放大电路

当输入信号 $u_i=0$ 时，两个管子均无偏置而截止，故 R_L 中无电流，输出 $u_o=0$。可见，
此电路工作于乙类放大状态，电源的静态输出功率为零。

为了便于分析，假设两个功率管的死区电压均为零，即只要 $|u_i|>0$，管子就导通。

当 u_i 处于正半周时，T_1 导通，T_2 截止，电流 i_{c1} 经 T_1 流入 R_L，u_o 将跟随 u_i 变化，负载
R_L 得到正半周的输出波形，如图 8.2.1（b）所示；当 u_i 处于负半周时，T_2 导通，T_1 截止，
i_{c2} 经 T_2 流入 R_L，u_o 也跟随 u_i 改变，负载上得到负半周的输出波形，如图 8.2.1（c）所示。

可见，在输入信号 u_i 的一个周期内，两个管子轮流导通（互相补充），使负载 R_L 上获
得了一个完整的信号波形，减小了非线性失真。因此，该电路称为互补对称功率放大电路。

又因为该功率放大电路不存在耦合电容，故又称为无输出电容的功率放大电路，简称 OCL（Output Capacitor Less）。

注意，无论是正半周还是负半周，信号都是从功率管的基极输入，从发射极输出的，所以电路本质上属于共集电极放大电路（射极输出器），其电压放大倍数 $A_u \approx 1$。

8.2.2 主要指标计算

1. 最大输出功率 P_{om}

在图 8.2.1（a）所示的电路中，负载上获得的功率为：

$$P_o = U_o I_o = \frac{U_{om}}{\sqrt{2}} \frac{I_{om}}{\sqrt{2}} = \frac{U_{om}^2}{2R_L} \qquad (8.2.1)$$

式中，U_o、U_{om} 分别表示正弦输出电压的有效值和幅值；I_o、I_{om} 分别表示正弦输出电流的有效值和幅值。上式表明，负载上获得的功率 P_o 随着输出电压的增大而增大。根据射极跟随器的特点，输出电压 u_o 跟随输入信号 u_i 改变，即可认为 $U_{om} \approx U_{im}$。所以只有当输入信号足够大，使输出电压的幅值达到最大时，负载才能获得最大输出功率。那么输出电压的幅值最大为多少呢？下面通过图解法进行分析。

T_1 在 u_i 正半周时的工作情况，如图 8.2.2 所示。静态时，静态工作点 Q 在横轴上的 U_{CC} 处（截止区）。加入输入信号 u_i 后，交流负载为 R_L，故交流负载线是通过点 Q、斜率为 $-1/R_L$ 的一条直线。由图 8.2.2 可知，u_{CE} 的最大变化范围是 $U_{CES} \sim U_{CC}$，U_{CES} 为管子的饱和压降。T_2 的工作情况与此相同，只是在 u_i 的负半周导通。由此可得输出电压幅值的最大值，即

$$U_{om(max)} = U_{CC} - U_{CES}$$

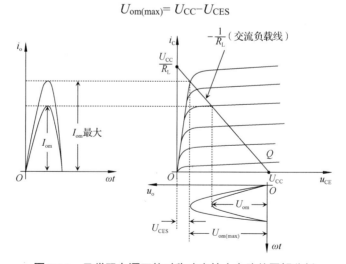

图 8.2.2 乙类双电源互补对称功率放大电路的图解分析

负载 R_L 上获得的正弦输出电流幅值的最大值：

$$I_{om(max)} = (U_{CC} - U_{CES}) / R_L$$

由此可得电路的最大输出功率

$$P_{om} = \frac{U_{om(max)}}{\sqrt{2}} \frac{I_{om(max)}}{\sqrt{2}} = \frac{U_{om(max)}^2}{2R_L} = \frac{(U_{CC} - U_{CES})^2}{2R_L} \qquad (8.2.2)$$

若忽略管子的饱和压降 U_{CES}，则

$$P_{om} = \frac{U_{CC}^2}{2R_L} \qquad (8.2.3)$$

2．直流电源提供的功率 P_V

由上面的分析可知，在乙类双电源互补对称功率放大电路中，正、负电源是对称的，且每个电源只在信号的半个周期内工作，所以直流电源提供的总功率是每个电源提供功率的两倍。

由于流过直流电源的电流与功率管的集电极电流相等，而每个晶体管的集电极电流为半个周期的正弦波，则其电流表达式为：

$$i_c = I_{cm}\sin\omega t = I_{om}\sin\omega t \qquad (8.2.4)$$

因此，在一个周期内两个电源向电路输送的总功率为：

$$P_V = 2\frac{1}{2\pi}\int_0^\pi U_{CC}i_c\mathrm{d}\omega t = \frac{1}{\pi}\int_0^\pi U_{CC}I_{om}\sin\omega t\mathrm{d}\omega t = \frac{2}{\pi}U_{CC}I_{om} = \frac{2}{\pi}\frac{U_{CC}U_{om}}{R_L} \qquad (8.2.5)$$

由上式可知，当输出电压达到最大值时，直流电源提供的功率也达到最大值，即

$$P_{Vmax} = \frac{2}{\pi}\frac{U_{CC}U_{om(max)}}{R_L} = \frac{2}{\pi}\frac{U_{CC}(U_{CC} - U_{CES})}{R_L} \approx \frac{2}{\pi}\frac{U_{CC}^2}{R_L} \qquad (8.2.6)$$

3．转换效率 η

转换效率为输出功率 P_o 和直流电源提供的功率 P_V 之比，即

$$\eta = \frac{P_o}{P_V} = \frac{\dfrac{1}{2}\dfrac{U_{om}^2}{R_L}}{\dfrac{2}{\pi}\dfrac{U_{CC}U_{om}}{R_L}} = \frac{\pi}{4}\frac{U_{om}}{U_{CC}} \qquad (8.2.7)$$

由上式可知，当输出电压达到最大时，功率转换效率也达到最大。若忽略功率管的饱和压降 U_{CES}，则 $U_{om(max)} \approx U_{CC}$，可得理想情况下的最大转换效率为：

$$\eta_{max} = \frac{\pi}{4} = 78.5\% \qquad (8.2.8)$$

由于大功率管的饱和压降一般为 2~3V，所以一般需要考虑功率管的饱和压降，实际上，乙类功率放大电路的效率一般达不到 78.5%。

4．功率管的管耗 P_T

直流电源提供的功率，一部分转换为负载上的输出功率，另外一部分则消耗在功率管上，所以两个功率管消耗的总功率 P_T（管耗）应等于直流电源提供的功率 P_V 减去电路的输出功率 P_o，即

$$P_T = P_V - P_o = \frac{2}{\pi} U_{CC} \frac{U_{om}}{R_L} - \frac{1}{2} \frac{U_{om}^2}{R_L} \qquad （8.2.9）$$

由于 P_V、P_o 都随输出电压 U_{om} 改变，所以 P_T 也将随 U_{om} 改变。可以通过求极值的方法求得最大管耗。

令

$$\frac{dP_T}{dU_{om}} = \frac{1}{R_L}\left(\frac{2U_{CC}}{\pi} - U_{om}\right) = 0$$

可得当 $U_{om} = \frac{2}{\pi} U_{CC} \approx 0.64 U_{CC}$ 时，管耗最大，两个功率管总的最大管耗为：

$$P_{Tm} = \frac{4}{\pi^2} \frac{U_{CC}^2}{2R_L} \approx 0.4 P_{om} \qquad （8.2.10）$$

每个功率管的最大管耗为：

$$P_{T1m} = P_{T2m} = \frac{1}{2} P_{Tm} \approx 0.2 P_{om} \qquad （8.2.11）$$

式（8.2.11）常用作选择功率管的依据。例如，如果要求乙类双电源互补对称功率放大电路的输出功率为 10W，则选用的功率管的额定管耗应大于 2W。

8.2.3　功率管的选择

在乙类互补对称功率放大电路中，功率管选择的基本要求是必须保证其工作在安全区。因此极限参数必须满足功率放大电路可能出现的最极端情况，并留有一定余量。

1．集电极最大允许电流 I_{CM}

由前面的分析可知，当电路的输出功率达到最大时，功率管的集电极电流也将达到最大。若忽略功率管的饱和压降 U_{CES}，则集电极电流的最大值为 U_{CC}/R_L。所以选择功率管时，其允许的集电极最大允许电流 I_{CM} 必须满足：

$$I_{CM} > \frac{U_{CC}}{R_L} \qquad （8.2.12）$$

2．集电极-发射极反向击穿电压 $U_{BR(CEO)}$

在乙类互补对称功率放大电路中，两个功率管轮流导通，当一个功率管导通时，另一个功率管截止。假设 T_1 导通，T_2 截止，若 T_1 的饱和压降 U_{CES} 忽略不计，则负载上获得的

最大输出电压幅值为 U_{CC}，即 T_2 发射极的电位最高为 U_{CC}。而 T_2 的集电极电位始终等于电源电压 $-U_{CC}$，因此 T_2 的发射极和集电极之间承受的最大电压约等于 $2U_{CC}$。

同理，当 T_2 导通，T_1 截止时，T_1 的发射极和集电极之间承受的最大电压也约等于 $2U_{CC}$。

因此，为了保证功率管不被击穿，选择功率管时，其集电极-发射极反向击穿电压 $U_{(BR)CEO}$ 应满足：

$$|U_{(BR)CEO}| > 2U_{CC} \qquad (8.2.13)$$

3. 集电极最大允许耗散功率 P_{CM}

由前面的分析可知，当 $U_{om} = \dfrac{2}{\pi} U_{CC} \approx 0.64 U_{CC}$ 时，每个功率管的管耗达到最大，且最大值为 $0.2P_{om}$。因此，为了保证功率管不会因过热而烧毁，选择功率管时要求其集电极最大允许耗散功率 P_{CM} 要满足：

$$P_{CM} > 0.2P_{om} \qquad (8.2.14)$$

例 8.2.1 乙类双电源互补对称功率放大电路如图 8.2.1（a）所示，已知电源电压 $U_{CC}=24V$，负载电阻 $R_L=8\Omega$。

（1）当输入信号 $u_i = 12\sqrt{2}\sin\omega t(V)$ 时，计算电路的输出功率、直流电源供给的功率、两个功率管的总管耗及功率转换效率。

（2）假设 $U_{CES} \approx 0$，计算电路的最大输出功率，此时输入信号的幅值为多大？并计算此时直流电源供给的功率、两个功率管的总管耗及功率转换效率。

（3）求功率管的极限参数。

解：（1）对每半个周期来说，电路可等效为共集电极放大电路，其电压放大倍数 $A_u \approx 1$，因此输出电压约等于输入电压，即 $U_{om} \approx U_{im} = 12\sqrt{2}\,V$。

由式（8.2.1）可得输出功率：

$$P_o = \frac{1}{2}\frac{U_{om}^2}{R_L} = \frac{1}{2} \times \frac{(12\sqrt{2})^2}{8} = 18W$$

由式（8.2.5）可得直流电源供给的功率：

$$P_V = \frac{2}{\pi}\frac{U_{CC}U_{om}}{R_L} = \frac{2}{\pi} \times \frac{12\sqrt{2}}{8} \times 24 = 32.4W$$

两个功率管的总管耗：

$$P_T = P_V - P_o = 32.4 - 18 = 14.4W$$

功率转换效率：

$$\eta = \frac{P_o}{P_V} = \frac{18}{32.4} = 55.6\%$$

（2）当输出电压幅值 U_{om} 达到最大时，输出功率达到最大。

$\because U_{CES} \approx 0$，$\therefore U_{om(max)} = U_{CC} = 24V$。最大输出功率：

$$P_{om} = \frac{1}{2} \frac{U_{CC}^2}{R_L} = \frac{1}{2} \times \frac{24^2}{8} = 36W$$

由于电路的电压放大倍数 $A_u \approx 1$，此时输入信号的幅值 $U_{im} = 24V$。
直流电源供给的功率：

$$P_V = \frac{2}{\pi} \frac{U_{CC}^2}{R_L} = \frac{2}{\pi} \times \frac{24^2}{8} = 45.8W$$

两个功率管的总管耗：

$$P_T = P_V - P_o = 45.8 - 36 = 9.8W$$

功率转换效率：

$$\eta = \frac{P_{om}}{P_V} = \frac{36}{45.8} = 78.6\%$$

（3）功率管的极限参数主要是指 T_1、T_2 的集电极最大允许耗散功率 P_{CM}、集电极-发射极反向击穿电压 $U_{(BR)CEO}$ 和集电极最大允许电流 I_{CM}。选择功率管时，要同时满足以下 3 个条件：

$$I_{CM} > \frac{U_{CC}}{R_L} = \frac{24}{8} = 3A$$

$$|U_{(BR)CEO}| > 2U_{CC} = 48V$$

$$P_{CM} > 0.2P_{om} = 0.2 \times 36 = 7.2W \quad （每个功率管）$$

8.2 测试题

 # 8.3 甲乙类互补对称功率放大电路

甲乙类互补对称功率放大电路视频

甲乙类互补对称功率放大电路课件

8.3.1 乙类互补对称功率放大电路的交越失真

在前面对乙类互补对称功率放大电路的分析中，忽略了晶体管的死区电压，即认为只要 u_i 不为零，T_1 或 T_2 便导通。而实际上死区电压的存在（硅晶体管约为 0.5V，锗晶体管约为 0.1V）使得当输入信号在数值上小于死区电压时，T_1 和 T_2 都不能导通，i_{c1}、i_{c2} 及 i_o 都近似为零，此时输出电压为零，输出波形出现一段死区，如图 8.3.1 所示。由于这种失真主要出现在信号正负半周的交界处，故称为交越失真。显然，信号的幅值越小，这种失真的影响就越大。

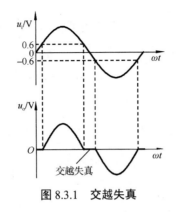

图 8.3.1 交越失真

8.3.2 甲乙类双电源互补对称功率放大电路

为了克服交越失真，通常在 T_1 与 T_2 的基极之间设置一个直流偏置电路，即在 b_1、b_2 之间建立一个适当的直流电压（约为 1.2V），保证每个晶体管上的 U_{BEQ} 均略大于其死区电压，使它们在 $u_i=0$ 时就处于一种微导通状态，从而消除了死区电压的影响。这种**加有直流偏置、静态时功率管处于微导通状态的功率放大电路，称为甲乙类互补对称功率放大电路**。

1．二极管偏置的甲乙类双电源互补对称功率放大电路

二极管偏置的甲乙类双电源互补对称功率放大电路如图 8.3.2 所示。在图 8.3.2 中，T_3 为前置放大级，其偏置电路没有画出。静态时，二极管 D_1、D_2 产生的压降给 T_1、T_2 提供偏置电压，使两个功率管处于微导通状态。由于 T_1、T_2 对称，$I_{C1Q}=I_{C2Q}$，负载电流 $i_o=I_{C1Q}-I_{C2Q}=0$，所以静态时输出电压为零。

当有输入信号时，因二极管 D_1、D_2 的动态电阻很小，可以认为 b_1 与 b_2 的电位几乎相等，从而保证了两个功率管工作的对称性。由于静态时二极管 D_1、D_2 处于微导通状态，所以即使输入信号 u_i 很小，功率管也会随之导通，基本上可以线性地进行放大。此外，当二极管与晶体管具有相同的温度系数时，还可提高静态电流的温度稳定性。

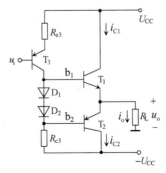

图 8.3.2 二极管偏置的甲乙类双电源互补对称功率放大电路

2．U_{BE} 扩大电路偏置的甲乙类双电源互补对称功率放大电路

在集成电路中，经常采用如图 8.3.3 所示的电路形式。T_4、R_1、R_2 组成 U_{BE} 扩大电路，给 T_1、T_2 提供偏置电压。如果流过 T_4 基极的电流远小于流过电阻 R_1、R_2 的电流，则 R_1、R_2 可近似看作串联，求得 T_1、T_2 的基极偏置电压为

$$U_{BE1} + U_{BE2} = U_{CE4} = \frac{R_1 + R_2}{R_2} U_{BE4} \tag{8.3.1}$$

因为 U_{BE4} 基本为一个固定值，所以只要适当调节 R_1、R_2，就可以改变 T_1、T_2 的偏置电压。

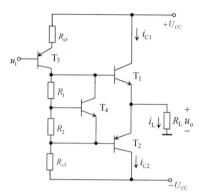

图 8.3.3　U_{BE} 扩大电路偏置的甲乙类双电源互补对称功率放大电路

3．准互补对称功率放大电路

在互补对称功率放大电路中，对两个功率管的基本要求是既互补又对称，而实际上大功率的异型管很难做到特性完全一致，小功率的异型管容易实现特性一致。为了解决这个矛盾，常采用如图 8.3.4 所示的复合管结构。图 8.3.4 中，T_1、T_2 为小功率异型管，T_3、T_4 为大功率同型管，这样性能容易获得匹配。T_1、T_3 复合管与 NPN 型功率管等效，T_2、T_4 复合管与 PNP 型功率管等效，实现了互补作用。电阻 R_e 与 R_c 的接入是为了减小 T_1、T_2 的穿透电流对 T_3、T_4 的影响，使输出功率管的静态功耗减小，温度特性得到改善。因此，当输出功率较大时常用此电路。这种由复合管构成的互补电路称为准互补对称功率放大电路。

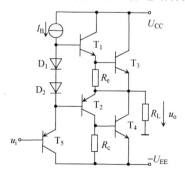

图 8.3.4　准互补对称功率放大电路

例 8.3.1 功率放大电路如图 8.3.5 所示，已知 $U_{CC}=15V$，负载 $R_L=8\Omega$。

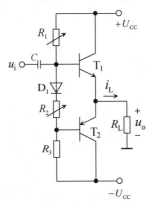

图 8.3.5 例 8.3.1 图

（1）静态时，调整哪个电阻可使 $u_o=0$？

（2）若电路出现交越失真，应调节哪个电阻，增大还是减小？

（3）二极管 D_1 的作用是什么？若二极管反接，会对 T_1 产生什么影响？

（4）若 T_1、T_2 的饱和压降 $U_{CES}=2V$，估算该电路的最大输出功率、直流电源供给的功率、功率转换效率和每个功率管的管耗。

（5）设 $U_{CES}=0$，计算电路对功率管 T_1、T_2 的参数要求。

解：（1）静态时，调整电阻 R_1 可使 $u_o=0$。

（2）若电路出现交越失真，应调节电阻 R_2。适当增大 R_2 的阻值以恰好消除交越失真为限。

（3）正向导通的二极管和电阻 R_2 为功率管提供了一个适当的偏置电压，使静态时两个功率管处于微导通状态，克服交越失真。若二极管反接，则流过电阻 R_1 的电流将全部流向 T_1 的基极，将导致 T_1 的基极电流过大，可能会烧坏功率管。

（4）最大输出功率：

$$P_{om}=\frac{(U_{CC}-U_{CES})^2}{2R_L}=\frac{(15-2)^2}{2\times8}=10.56W$$

直流电源供给的功率：

$$P_V=\frac{2}{\pi}\frac{U_{CC}U_{om}}{R_L}=\frac{2}{\pi}\frac{U_{CC}(U_{CC}-U_{CES})}{R_L}=\frac{2}{\pi}\times\frac{15\times13}{8}=15.52W$$

功率转换效率：

$$\eta=\frac{P_o}{P_V}=\frac{10.56}{15.52}=68\%$$

每个功率管的管耗：

$$P_{T1}=P_{T2}=\frac{1}{2}(P_V-P_{om})=\frac{1}{2}\times(15.52-10.56)=2.48W$$

（5）计算电路对功率管 T_1、T_2 的参数要求，主要是指 T_1、T_2 的集电极最大允许耗散功率 P_{CM}、集电极-发射极反向击穿电压 $U_{(BR)CEO}$ 和集电极最大允许电流 I_{CM}。选择功率管时，要同时满足以下 3 个条件：

$$P_{CM} > 0.2 P_{om} = 0.2 \times \frac{U^2_{CC}}{2R_L} = 0.2 \times \frac{15^2}{2 \times 8} = 2.8\text{W}$$

$$|U_{(BR)CEO}| > 2U_{CC} = 30\text{V}$$

$$I_{CM} > \frac{U_{CC}}{R_L} = \frac{15}{8} = 1.875\text{A}$$

8.3.3　甲乙类单电源互补对称功率放大电路

以上介绍的互补对称功率放大电路都是采用正、负电源供电的，在无双电源供电的情况下，可用单电源功率放大电路，如图 8.3.6 所示，即利用已充电电容 C（假设电容的容量足够大）代替图 8.3.2 中的负电源。图 8.3.6 所示电路是由变压器耦合电路演变而来的，又称为无输出变压器的功率放大电路，简称 OTL（Output Transformer Less）。

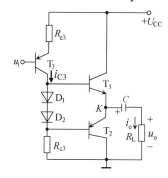

图 8.3.6　甲乙类单电源互补对称功率放大电路

图 8.3.6 中 D_1、D_2 用于消除交越失真，T_1、T_2 构成互补对称电路，两个功率管的发射极通过较大的耦合电容 C 与负载相连。

静态时，T_3 导通，I_{C3} 使导通的 D_1、D_2 给两个功率管提供合适的静态偏置电压，T_1、T_2 处于微导通状态，电源 U_{CC} 对电容 C 充电。由于电路上下对称，改变前一级晶体管的静态工作点，可以使 K 点的电位为 $U_{CC}/2$，即电容电压为 $U_{CC}/2$，极性为左"+"右"-"。

当输入信号为负半周时，T_3 的集电极输出正半周电压信号，此时 T_1 导通，T_2 截止。电流从 U_{CC} 通过 T_1 经电容 C 流向负载 R_L，在负载上形成输出电压的正半周；当输入信号为正半周时，T_3 的集电极输出负半周电压信号，此时 T_2 导通，T_1 截止，电容 C 通过 T_2 向负载 R_L 放电，在负载上形成输出电压的负半周。

由此可见，只要电容放电的时间常数足够大，即 $R_L C >> T/2$（T 为信号周期），则电容的电压在半个周期内基本保持不变，从而可以替代负电源的作用，给 T_2 提供所需的直流偏置电压。

由图 8.3.6 可以看出，只要输入信号足够大，K 点电位的最大值可达 $U_{CC}-U_{CES}$，最小值可达 U_{CES}。经电容滤除直流量后，输出电压的动态范围为 $(U_{CC}/2-U_{CES}) \sim -(U_{CC}/2-U_{CES})$。在计算甲乙类单电源互补对称功率放大电路的各项指标时，仍可沿用双电源互补对称功率放大电路的计算公式，但是要用 $U_{CC}/2$ 代替原公式中的 U_{CC}，即

$$P_{om} = \frac{U^2_{om(max)}}{2R_L} = \frac{(\frac{U_{CC}}{2}-U_{CES})^2}{2R_L} \tag{8.3.2}$$

忽略功率管的饱和压降 U_{CES}，则

$$P_{om} = \frac{U^2_{om(max)}}{2R_L} = \frac{(\frac{U_{CC}}{2})^2}{2R_L} = \frac{U_{CC}^2}{8R_L} \tag{8.3.3}$$

$$P_V = \frac{2}{\pi} \frac{\frac{U_{CC}}{2} U_{om}}{R_L} = \frac{U_{CC} U_{om}}{\pi R_L} \tag{8.3.4}$$

$$P_T = P_V - P_o = \frac{U_{CC} U_{om}}{\pi R_L} - \frac{1}{2} \frac{U^2_{om}}{R_L} \tag{8.3.5}$$

例 8.3.2 功率放大电路如图 8.3.6 所示，已知 $U_{CC}=35V$，$R_L=35\Omega$，流过负载电阻的电流为 $i_o=0.45\sin314t$（A）。求：（1）负载上获得的功率；（2）电源提供的直流功率。

解：（1）图 8.3.6 所示电路为甲乙类单电源互补对称功率放大电路。由已知条件可得负载电压的幅值 $U_{om}=I_{om}R_L$，则负载获得的功率为：

$$P_o = \frac{U^2_{om}}{2R_L} = \frac{(I_{om}R_L)^2}{2R_L} = \frac{(0.45\times35)^2}{2\times35} = 3.5W$$

（2）电源提供的直流功率为：

$$P_V = \frac{U_{CC} U_{om}}{\pi R_L} = \frac{35\times35\times0.45}{\pi\times35} = 5W$$

8.3 测试题

 # 8.4 集成功率放大器

由分立元件组成的各种功率放大电路在实际应用时，需要引入深度负反馈以改善频率特性、减小非线性失真，所以电路趋于复杂。随着集成电路的发展，集成功率放大器（以下正文简称集成功放）的应用也日益广泛。大量的专业及民用设备都采用了集成功放。集成功放的种类有很多，常用的低频集成功放有 LM386、M4860、TDA2003 等。本节以低频集成功放 LM386 为例，介绍集成功放的电路组成、工作原理、主要性能指标及典型应用。

8.4.1 LM386 集成功率放大器简介

LM386 是一种音频集成功放，具有静态功耗低（当 $U_{CC}=6V$ 时静态功耗为 24mW）、电源电压范围大（U_{CC} 为 4～12V）、电压增益可调、外接元件少等优点，因而在便携式电子设备中得到了广泛应用，如录音机、收音机。此外，该芯片也适用于调幅-调频无线电放大器、电视音频系统、线性驱动器、超声波驱动器和功率变换等。

LM386 的内部电路原理图如图 8.4.1 所示，与通用型集成运放相似，它是由输入级、中间级和输出级组成的直接耦合放大电路。

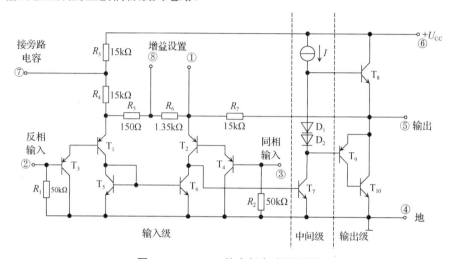

图 8.4.1 LM386 的内部电路原理图

1）输入级

输入级由 T_1~T_6、R_1~R_6 组成，T_1、T_3 和 T_2、T_4 分别构成复合管，作为差分放大电路的放大管；T_5、T_6 组成镜像电流源作为 T_1、T_2 的有源负载。两路输入信号分别从 T_3 和 T_4 的基极输入，从 T_2 的集电极输出。从信号传输通路来看，该差分放大电路是双端输入、单端输出的电路结构。工作原理与 F007 输入级基本相同。

2）中间级

中间级为 T_7 及电流源 I 构成的共发射极放大电路，电流源作为 T_7 的有源负载，为集成功放提供足够大的电压增益。

3）输出级

输出级为准互补对称功率放大电路，T_9 和 T_{10} 组成 PNP 型复合管，它们与 NPN 型的 T_8 构成准互补对称输出级。二极管 D_1 和 D_2 为输出级提供合适的直流偏置，以消除交越失真。本电路属于甲乙类单电源互补对称功率放大电路，从引脚 5 经过一个外接电容与负载相接。

电阻 R_7 从输出端连接到 T_2 的发射极，并与 R_5、R_6 构成反馈网络，引入深度电压串联负反馈，使整个电路具有稳定的电压增益。

当引脚 1 和引脚 8 之间开路时，电压增益为 $A_{uf} \approx 2R_7/(R_5+R_6)=20$；当引脚 1 和引脚 8 之间交流短路时，电压增益为 $A_{uf} \approx 2R_7/R_5=200$；若在引脚 1 和引脚 8 之间接入阻容串联元件，改变阻容值则电压增益可在 20～200 任意选取，而且电阻的阻值越小，电压增益越大。

LM386 引脚图如图 8.4.2 所示，其典型应用电路如图 8.4.3 所示。改变电阻 R_2 的阻值可以改变 LM386 的电压增益。例如，当电阻 $R_2=0.675\text{k}\Omega$ 时，电路的电压增益 $A_{uf}=50$。

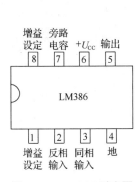

图 8.4.2　LM386 引脚图

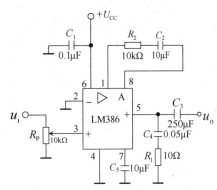

图 8.4.3　LM386 的典型应用电路

8.4.2　DG4100 集成功率放大器简介

DG4100 集成功放内部电路如图 8.4.4 所示。它由三级直接耦合放大电路和一级互补对称放大电路构成，由单电源供电，输入及输出均通过耦合电容与信号源和负载相连，是甲乙类单电源互补对称功率放大电路。

T_1、T_2 组成的差分放大电路为输入级，单入单出型。

T_4 输入与 T_2 输出直接耦合为第一中间放大级，并具有电平位移作用。

T_7 输入与 T_4 输出直接耦合为第二中间放大级，也是集成功放输出级的推动级。

T_5、T_6 组成电流源，作为 T_4 的有源负载，可以提高该级的电压增益，T_1 通过 T_3 取得偏置。

T_{12}、T_{13} 复合管等效为 NPN 型功率管，T_8、T_{14} 复合管等效为 PNP 型功率管。

$T_9 \sim T_{11}$ 为 T_{12}、T_{13}、T_8、T_{14} 设置正向偏置，消除输出波形的交越失真。

集成功放从输出端经 R_{11} 引至 T_2 输入端实现直流电压串联负反馈，使集成功放在静态时引脚 1 的电位稳定在 $\frac{1}{2}U_{cc}$。交流电压负反馈则由 R_{11}、C_f 和 R_f 引入输入端，并通过调节引脚 6 外接的 R_f 改变反馈深度。

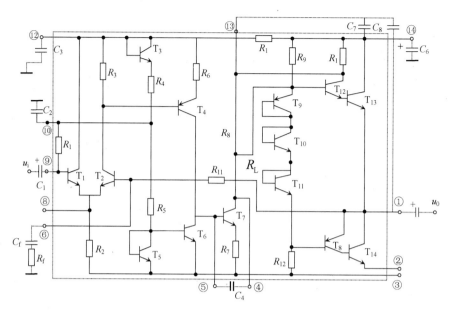

图 8.4.4　DG4100 集成功放内部电路

因为反馈由输出端直接引至输入端，且集成功放的开环增益很高（三级电压放大），整个放大电路为深度负反馈放大电路，所以，集成功放的闭环电压增益为 $\frac{1}{F}$，即

$$A_{uf} \approx \frac{R_f + R_{11}}{R_f}$$

当有信号输入时，u_i 为正半周，T_2 输出也为正半周，经两级放大后，T_7 输出仍为正半周，因此 T_{12}、T_{13} 复合管导通，T_8、T_{14} 截止，在负载 R_L 上获得正半周输出信号；当 u_i 为负半周时，经过相应的放大过程，在 R_L 上取得负半周输出信号。

DG4100 集成功放共有 14 个引脚，其中，引脚 7 和引脚 11 为空引脚，其外部典型接线如图 8.4.5 所示。

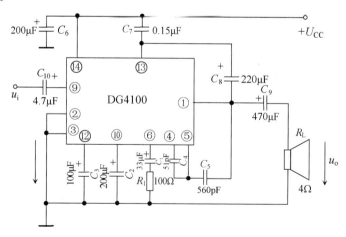

图 8.4.5　DG4100 集成功放的外部典型接线

引脚 14 接电源 U_{CC} 的正极，电源两端接有滤波电容 C_6。

引脚 2、引脚 3 接电源负极，也是整个电路的公共端。

引脚 9 经输入耦合电容 C_{10} 与输入信号相连。

引脚 1 为输出端，经输出耦合电容 C_9 和负载相接。

引脚 4、引脚 5 接 C_4 和 C_5，消除寄生振荡。

引脚 6 接反馈网络，改变 R_1 可以调节交流负反馈深度。

引脚 12 接电源滤波电容 C_3。

引脚 13 接电容 C_8、C_7，通过 C_8、C_9 与输出端负载 R_L 并接，消除高频分量，改善音质。电容 C_8 跨接在引脚 1 和引脚 13 之间，通过 C_8 可以把输出端的信号电位（非静态电位）耦合到引脚 13，使 T_7 的集电极供电电位自动跟随输出端信号电位的变化而变化。如输出幅值增大，则 T_7 的线性动态范围也随之增大，也就进一步提高了功放电路的输出幅度，故常称电容 C_8 为"自举电容"。

引脚 10 接去耦电容 C_2，以保证 T_1 的偏置电流稳定。

8.4.3 集成功率放大器的主要性能指标

集成功放的主要性能指标除了最大输出功率，还有电源电压范围、静态电源电流、电压增益、通频带宽、输入阻抗、总谐波失真等。由于集成功放品种繁多，内部电路各异，所以在购买和使用集成功放时，应查阅相关手册或向厂家、供应商索取相关资料并仔细研究。几种常用的集成功放的主要性能指标如表 8.4.1 所示。

表 8.4.1　几种常用的集成功放的主要性能指标

型　　号	LM386-4	LM2877	TDA1514A	TDA1556
电路类型	OTL	OTL（双通道）	OCL	BTL（双通道）
电源电压范围/V	5.0~18	6.0~24	±10~±30	6.0~18
静态电源电流/mA	4	25	56	80
输入阻抗/kΩ	50	4000	1000	120
最大输出功率/W	1 （U_{CC}=16V，R_L=32Ω）	4.5	48 （U_{CC}=±23V，R_L=4Ω）	22 （U_{CC}=14.4V，R_L=4Ω）
电压增益/dB	26~46	70（开环）	89（开环） 30（闭环）	26（开环）
通频带宽/kHz	300 （1、8 开路）	65	0.02~25	0.02~15
总谐波失真	0.2%	0.07%	0.08%	0.1%

第 8 章小结视频　第 8 章小结课件

本章小结

（1）由于功率放大电路在大信号下工作，所以通常采用图解法进行分析。研究的重点是如何在输出波形不失真的前提下，尽可能提高输出功率和功率转换效率。功率放大电路的主要性能指标有输出功率、电源供给的功率、功率管的管耗和功率转换效率等。

（2）根据静态工作点位置的不同，功率放大电路可分为甲类功率放大电路、乙类功率放大电路和甲乙类功率放大电路。

甲类功率放大电路的静态工作点设置较高，功率管在整个信号周期内导通，输出波形无失真。但电路存在较大的静态功耗，所以效率低，不适合作功率放大电路。

乙类互补对称功率放大电路的静态工作点设置在截止区，所以静态功耗为 0，其主要优点是功率转换效率高（理想状态可达 78.5%），但由于功率管的输入特性存在死区电压，所以电路会产生交越失真。

为了克服交越失真，通常利用二极管或者 U_{BE} 扩大电路给功率管提供合适的直流偏置电压。这种加有直流偏置、静态时功率管处于微导通状态的功率放大电路，称为甲乙类互补对称功率放大电路。

（3）在互补对称功率放大电路的计算中需要分清楚输出功率与最大输出功率、功率转换效率和最大功率转换效率。

（4）为了保证功率放大电路安全工作，在双电源互补对称功率放大电路中，功率管的极限参数必须满足：$I_{CM}>U_{CC}/R_L$；$|U_{BR(CEO)}|>2U_{CC}$；$P_{CM}>0.2P_{om}$。

（5）在单电源互补对称功率放大电路的分析计算中，可以利用双电源互补对称功率放大电路的计算公式，只需要将公式中的电源电压 U_{CC} 用 $U_{CC}/2$ 代替即可。

（6）集成功放具有体积小、效率高及增益可调等优点，在现代电子技术领域得到了广泛应用。

习题 8

第 8 章综合测试题　第 8 章测试题讲解视频　第 8 章测试题讲解课件

8.1　在如题 8.1 图所示的电路中，设两个功率管在输入信号的作用下轮流导通 180°，$U_{CC}=10V$，$R_L=4\Omega$，射极输出器的电压增益约等于 1。当输入信号 u_i 的有效值为 5V 时，试计算电路的输出功率、电源供给的功率、两个功率管的管耗和功率转换效率。

8.2　在如题 8.1 图所示的电路中，若功率管的饱和压降 U_{CES} 为零。试求：

（1）负载上可获得的最大输出功率 P_{om}；

（2）此时电源供给的功率、两个功率管的管耗和功率转换效率；

（3）功率管的极限参数。

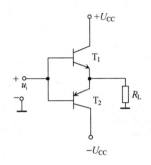

题 8.1 图

8.3　在如题 8.1 图所示的电路中，若功率管的饱和压降 U_{CES}=2V。试求：

（1）电路的最大输出功率 P_{om}；

（2）此时电源供给的功率、两个功率管的管耗和功率转换效率。

8.4　互补对称功率放大电路如题 8.4 图所示，已知 T_1、T_2 的参数为 P_{CM}=400mW，I_{CM}=400mA，$U_{(BR)CEO}$=20V，U_{CES}≤0.5V。若要求负载获得的最大不失真功率 P_{om}=800mW，（1）试求电源电压 U_{CC}；（2）二极管 D_1、D_2 的作用是什么？（3）根据功率管的 P_{CM}、I_{CM} 和 $U_{(BR)CEO}$，验算功率管是否安全。

8.5　甲乙类单电源互补对称功率放大电路如题 8.5 图所示，已知 U_{CC}=24V，R_L=8Ω，T_1、T_2 的饱和压降 U_{CES}=2V，电容的容量足够大。试求：

（1）负载上可获得的最大输出功率 P_{om}；

（2）每个功率管的管耗和功率转换效率。

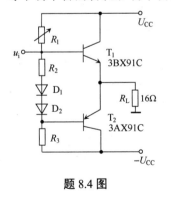

题 8.4 图

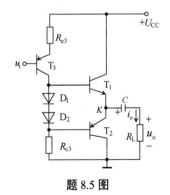

题 8.5 图

8.6　某集成运放输出简化电路如题 8.6 图所示，设功率管的 β 足够大，U_{CES}≈0，U_{BE}=0.6V，当 u_i=0 时 U_o=0。

（1）估算静态时 T_3 的集电极电流 I_{CQ3} 和集电极-发射极之间的电压 U_{CEQ3}；

（2）估算 R_L 上可获得的最大不失真功率 P_{om}。

8.7 甲乙类单电源互补对称功率放大电路如题 8.7 图所示，已知 $U_{CES3}=U_{CES5}=2V$。试求：（1）静态时 K 点的电位应为多少？若不符合要求，应调节哪个元件？（2）电路的最大不失真输出功率 P_{om}。

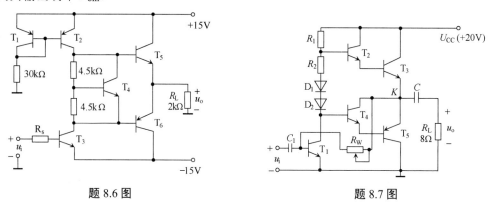

题 8.6 图   题 8.7 图

8.8 在如题 8.8 图所示电路中，R_f 和 C_f 均为反馈元件，设功率管的饱和压降为 0。

（1）为了得到较大的输入电阻和稳定的输出电压 u_o，应该引入哪种类型的负反馈，画出具体连线图。

（2）要使电路的闭环电压增益 $A_{uf} = 10$，问 R_f 应取何值？

（3）在（2）的条件下，计算电路的最大输出功率 P_{om}，此时输入电压的幅值为多少？

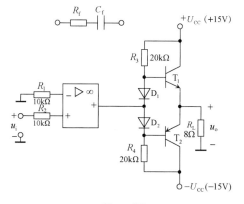

题 8.8 图

8.9 乙类单电源互补对称功率放大电路如题 8.9 图所示，电容 C 的容量足够大。试求：

（1）设 $R_L=8\Omega$，功率管的饱和压降可以忽略不计，若要求最大不失真输出功率为 9W，则电源电压至少为多少？

（2）设 $U_{CC}=20V$，$R_L=8\Omega$，功率管的饱和压降忽略不计，估算电路的最大输出功率，并指出功率管的极限参数 P_{CM}、I_{CM} 和 $U_{(BR)CEO}$ 应满足什么条件？

8.10 甲乙类单电源互补对称功率放大电路如题 8.10 图所示，输入电压 u_i 为正弦波，

电容 C_1、C_2 对于交流信号可视为短路，晶体管 T_2 和 T_3 的饱和压降 $|U_{CES}|=1V$，第一级放大电路的电压增益 $A_{u1}=-50$，输出级的电压增益约为 1。试问：

（1）负载电阻 R_L 上可获得的最大输出功率 P_{om} 约为多少？

（2）当输出功率最大时，输入电压的有效值 U_i 约为多少？

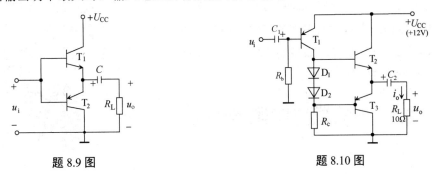

题 8.9 图　　　　　　　　题 8.10 图

8.11　在如题 8.11 图所示的电路中，已知输入电压为正弦波，晶体管的饱和压降 $|U_{CES}|=$ 2V，电容 C_1、C_2 对于交流信号可视为短路。静态时，输入端电位和 A 点电位为 9V。试求：

（1）负载电阻 R_L 上可获得的最大输出功率 P_{om}。

（2）静态时，若测得 A 点的电位大于 9V，则应增大哪个电阻的阻值使 A 点的电位为 9V？

（3）若电路仍产生交越失真，则应增大哪个电阻的阻值？

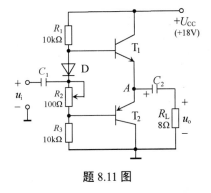

题 8.11 图

第 9 章　直流稳压电源

电子设备一般都需要直流电源供电，这些直流电源除了少数直接利用电池和直流发电机，大多数都采用将交流电转变为直流电的直流稳压电源。本章主要介绍直流稳压电源的组成及各部分的功能、串联型稳压电路的工作原理，以及集成三端稳压器的应用。

 ## 9.1　直流稳压电源的组成

直流稳压电源的组成视频　直流稳压电源的组成课件

电子设备中需要的直流电源可以由干电池（如大多数半导体收音机）或其他直流能源（如太阳能电池等）提供，但是它们的成本高，使用不方便，所以在有交流电网的地方，通常采用将交流电转变为直流电的直流稳压电源。

利用单相交流电获得直流电的直流稳压电源一般由电源变压器、整流电路、滤波电路和稳压电路 4 部分组成，如图 9.1.1（a）所示。图 9.1.1（a）中各部分的功能如下所示。

1. 电源变压器

电子电路所需的直流电压一般为几伏到几十伏，而交流电网提供的正弦交流电压的有效值为 220V，因此需要通过电源变压器降压，得到符合电路需求的交流电压。

2. 整流电路

利用二极管的单向导电性，可将变压器次级交流电压变换成方向不变、大小随时间变化的脉动直流电压。

3. 滤波电路

通过电容、电感等储能元件，滤除单向脉动电压中的交流量，可得到比较平滑的直流电压。

4. 稳压电路

稳压电路使输出的直流电压更加稳定，基本不会随负载变化或交流电网电压的波动而变化。各部分输出电压的波形，如图 9.1.1（b）所示。

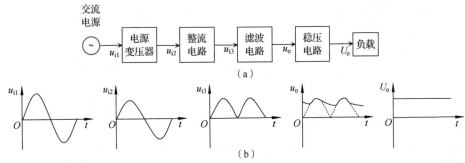

9.1 测试题

图 9.1.1　直流稳压电源方框图及其输出波形

9.2　整流电路

整流电路视频　　整流电路课件

　　整流电路的任务是将交流电压转变为单向脉动直流电压。整流电路可分为单相整流电路和三相整流电路。一般直流稳压电源都采用单相整流电路，它是利用二极管的单向导电性实现整流作用的。

9.2.1　单相桥式整流电路的结构

　　第 1 章的例 1.3.1 是一个半波整流电路，负载上只得到了半个周期的单向脉动直流电压，其电压的直流量小、电源利用率低。为了提高变压器的效率，减小输出电压的脉动，在小功率直流电源中，应用最多的是单相桥式整流电路，如图 9.2.1（a）所示。它由 4 个整流二极管 $D_1 \sim D_4$ 组成，由于 4 个整流二极管被接成电桥形式，故称这种整流电路为桥式整流电路。通常把图 9.2.1（a）简画成图 9.2.1（b）的形式。

　　为了便于分析，假设图 9.2.1（a）中的二极管均为理想器件，即正向导通压降和反向电流都为 0。所以二极管导通时可视为短路；二极管截止时可视为开路。

　　当 u_2 为正半周时，即电压的真实极性为上"+"下"−"。由图 9.2.1（c）可知，二极管 D_1、D_3 因正偏而导通，D_2、D_4 因反偏而截止，所以电流 i_{D1} 沿图 9.2.1（c）中实线方向通过负载电阻 R_L。此时 D_2、D_4 承受的反向电压均为 u_2。

　　当 u_2 为负半周时，即电压的真实极性为下"+"上"−"。由图 9.2.1（d）可知，二极管 D_2、D_4 因正偏而导通，D_1、D_3 因反偏而截止，电流 i_{D2} 沿图 9.2.1（d）中实线方向流经负载电阻 R_L。此时 D_1、D_3 承受的反向电压也为 u_2。

　　显然，在整个周期内，负载电阻 R_L 上均有电流通过，且方向都是由 R_L 的上端流向下端，所以负载电压 u_o 是一个方向不变、大小变化的脉动直流电压。在忽略二极管正向导通压降的情况下，单相桥式整流电路的输出电压 u_o 和输出电流 i_o 的波形如图 9.2.2 所示。

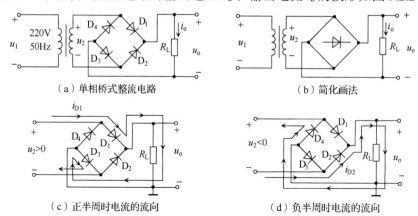

（a）单相桥式整流电路　　　　　　　　　　（b）简化画法

（c）正半周时电流的流向　　　　　　　　　　（d）负半周时电流的流向

图 9.2.1　单相桥式整流电路

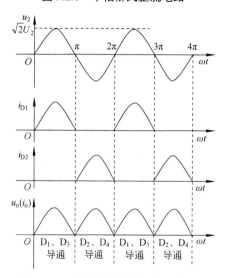

图 9.2.2　单相桥式整流电路的波形图

9.2.2　主要参数

利用傅里叶级数对图 9.2.2 中的输出电压 u_o 的波形进行分解，可得：

$$u_o = \sqrt{2}U_2\left(\frac{2}{\pi} - \frac{4}{3\pi}\cos 2\omega t - \frac{5}{15\pi}\cos 4\omega t - \cdots\right) \tag{9.2.1}$$

由此可求得以下主要参数。

1）输出电压平均值 $U_{o(AV)}$

式（9.2.1）中的恒定分量即输出电压 u_o 的平均值，可得：

$$U_{o(AV)} = \frac{2\sqrt{2}U_2}{\pi} = 0.9U_2 \tag{9.2.2}$$

2）输出电流平均值 $I_{o(AV)}$

$$I_{o(AV)} = \frac{U_{o(AV)}}{R_L} = 0.9\frac{U_2}{R_L} \tag{9.2.3}$$

3）二极管的电流平均值 $I_{D(AV)}$

由于 4 个二极管是成对、交替地导电的，其电流的波形图如图 9.2.2 所示。因此流过每个二极管的平均电流是输出电流的一半，即

$$I_{D(AV)} = \frac{1}{2}I_{o(AV)} = 0.45\frac{U_2}{R_L} \tag{9.2.4}$$

考虑到电网电压的波动范围为±10%，所选整流二极管的最大整流电流 I_F 应大于 $1.1 I_{D(AV)}$。

4）二极管的最高反向电压 U_{RM}

由图 9.2.1（c）可知，当 u_2 为正半周时，D_1、D_3 导通，D_2、D_4 截止，电压 u_2 同时加在 D_2、D_4 两端，因此 D_2、D_4 所承受的最高反向电压就是 u_2 的峰值电压，即

$$U_{RM} = \sqrt{2}U_2 \tag{9.2.5}$$

同理，当 u_2 为负半周时，D_1、D_3 承受的最高反向电压也是 $\sqrt{2}U_2$。

考虑到电网电压的波动范围为±10%，所选整流二极管的最高反向工作电压应大于 $1.1\,U_{RM}$。

5）整流输出电压的脉动系数 S

脉动系数是衡量整流器输出波形平滑程度的一项重要指标。用脉动系数大的整流电压向电子设备供电时，将引起严重的市电干扰。脉动系数的定义为：

$$S = \frac{\text{最低次谐波分量的幅值}}{\text{输出电压的平均值}}$$

对于桥式整流电路而言，根据式（9.2.1）可知，它的最低次谐波是二次谐波（2ω），其幅值为 $\frac{4\sqrt{2}U_2}{3\pi}$，故可求得 S 为：

$$S = \frac{\dfrac{4\sqrt{2}U_2}{3\pi}}{\dfrac{2\sqrt{2}U_2}{\pi}} = \frac{2}{3} \approx 0.67 \tag{9.2.6}$$

可见，在整流输出电压中交流量的比例还是很高的，需要通过滤波电路滤除其交流量。

例 9.2.1　在如图 9.2.1（a）所示的单相桥式整流电路中，要求输出电压平均值 $U_{o(AV)}$=100V，输出电流平均值 $I_{o(AV)}$=4A。（1）试选择整流二极管；（2）若 D_2 因故开路，则输出电压平均值将变为多少？（3）若 D_2 接反，则电路会出现何种现象？

解：（1）变压器次级电压有效值：

$$U_2 = \frac{U_{o(AV)}}{0.9} = \frac{100}{0.9} \approx 111\text{V}$$

流过二极管的电流平均值：

$$I_{D(AV)} = I_{o(AV)}/2 = 4/2 = 2\text{A}$$

二极管承受的最高反向电压：

$$U_{RM} = \sqrt{2}U_2 = 1.41 \times 111 = 157\text{V}$$

考虑到电网电压的波动范围为±10%，所以选择整流二极管时，要求允许通过的最大整流电流应大于 $1.1I_{D(AV)}$=2.2A，允许承受的最高反向工作电压应大于 $1.1U_{RM}$=172.7V。据此可选用 2CZ12C 型二极管，其最大整流电流为 3A，最高反向工作电压为 300V，满足电路的参数要求。

（2）若 D_2 因故开路，则在 u_2 的负半周无法构成电流通路，输出电压为 0。负载电阻上只获得半个周期的电压，电路成为半波整流电路。此时输出电压平均值为正常工作时的一半，即 50V。

（3）若 D_2 接反，则在 u_2 的正半周，变压器次级绕组将被 D_1、D_2 直接短路，二极管和变压器会因电流过大而烧毁。

由于单相桥式整流电路应用普遍，现已生产出集成的硅桥堆，就是将 4 个整流二极管集成在一个硅片上，对外引出 4 根线，硅桥堆如图 9.2.3 所示。注意，使用时引脚不能接错，否则可能会发生短路，烧坏整流桥。

图 9.2.3　硅桥堆

9.2 测试题

9.3　滤波电路

滤波电路视频　滤波电路课件

经整流后的电压仍有较大的脉动成分，为了将其中的交流成分尽可能滤除，使之变为平滑的直流电，必须在其后加上一个低通滤波电路。在直流电源电路中，滤波电路多由无源的电抗元件构成，常用的有电容滤波电路、RC-π 型滤波电路和 LC-π 型滤波电路。

9.3.1　电容滤波电路

1. 工作原理

桥式整流电容滤波电路及其波形如图 9.3.1 所示。设电路接通时，变压器次级电压 u_2 处于正半周，且电容上的电压值位于 a 点。由于此时 $u_2 < u_c$，所以 4 个二极管均截止，滤波电容向负载电阻放电，电容电压 u_c（输出电压 u_o）按指数规律衰减。由于放电时间常数通常较大，所以 u_c 下降很慢。

u_c 下降的同时，变压器次级电压 u_2 按正弦规律上升。在 b 点，$u_2 > u_c$，D_1、D_3 因加了正向电压而导通，电源 u_2 开始向负载 R_L 供电，同时对电容充电。由于二极管的正向导通压降和变压器的等效电阻都很小（在此假设为零），所以可以认为此时 $u_c \approx u_2$，这样 u_c 迅速上升至 U_{2m}（峰值）。此后，u_2 按正弦规律下降，u_2 的下降速度比 u_c 快，所以在 c 点 $u_2 < u_c$，D_1、D_3 因反偏而截止（D_2、D_4 已截止）。电容向负载电阻 R_L 放电，u_c 按指数规律下降。只要 C 足够大，放电时间常数 $\tau = R_L C$ 就很大，u_c 下降的速度就会很慢。在 d 点，u_2 负半周开始出现 $|u_2| > u_c$，使得 D_2、D_4 开始导通，u_2 通过 D_2、D_4 向负载 R_L 供电，同时对电容充电，u_c 迅速上升至 U_{2m}（峰值）。在 e 点，$|u_2| < u_c$，D_2、D_4 截止，电容向负载电阻放电，重复上述过程，输出电压的波形如图 9.3.1（b）所示。由图 9.3.1（b）可知，此时输出电压 u_o 的脉动情况比没有接入滤波电容时要小得多，所以输出电压的平均值得到了提高。

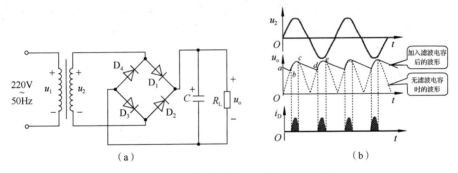

图 9.3.1　桥式整流电容滤波电路及其波形

2. 电容滤波电路的特点

（1）提高了输出电压平均值 $U_{o(AV)}$，且放电的时间常数 $R_L C$ 越大，电容的放电速度越慢，输出电压的脉动越小，其平均值 $U_{o(AV)}$ 就越大。因此，在 R_L 一定的情况下，为了获得足够平滑的输出电压，C 应取得大一些。在实际工作中，经常根据下式选择滤波电容的容量。

对于桥式整流：

$$R_L C \geqslant (3\sim5)T/2 \tag{9.3.1}$$

对于半波整流：

$$R_L C \geqslant (3\sim5)T \tag{9.3.2}$$

式中，T 为电网电压的周期。

一般选择容量为几十至几千微法的电解电容，考虑到电网电压的波动范围为±10%，其耐压值应大于 $1.1\sqrt{2}U_2$，且必须按照电容的正、负极性将其接入电路。

当电容的容量足够大，满足上述条件时，工程上电容滤波电路的输出电压平均值一般按照下列经验公式进行估算。

对于半波整流电容滤波：

$$U_{o(AV)} \approx U_2 \tag{9.3.3}$$

对于桥式整流电容滤波：

$$U_{o(AV)} \approx 1.2U_2 \tag{9.3.4}$$

（2）负载电阻 R_L 的阻值变化对输出电压平均值 $U_{o(AV)}$ 的影响较大，即外特性较差。

输出电压平均值 $U_{o(AV)}$ 随输出电流平均值 $I_{o(AV)}$ 的变化规律称为外特性。对如图 9.3.1（a）所示的电路而言，当 $R_L = \infty$，即负载电流为 0 时，电容无放电回路，其两端电压始终等于电源电压 u_2 的峰值，所以输出电压平均值 $U_{o(AV)} = \sqrt{2}\,U_2$。当 R_L 逐渐减小时，$I_{o(AV)}$ 逐渐增大，电容放电速度加快，u_o 的脉动加大，故 $U_{o(AV)}$ 下降。说明电容滤波电路的输出电压平均值随负载电流的增大（负载电阻的减小）而减小。

另外，当负载电流一定时，输出电压平均值随电容的减小而减小。这是因为电容越小，放电时间常数越小，电容放电速度加快，u_o 的脉动加大，故 $U_{o(AV)}$ 下降。当 $C=0$ 时，相当于无滤波，此时输出电压平均值就等于桥式整流电路的输出电压平均值，为 $0.9U_2$。由此可得电容滤波电路的外特性如图 9.3.2 所示。

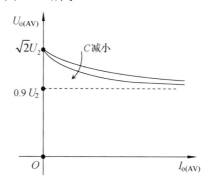

图 9.3.2　电容滤波电路的外特性

（3）二极管中有较大的冲击电流通过。

由图 9.3.1（a）可知，只有当电容的端电压小于电源电压 $|u_2|$ 时，二极管才能导通。显然，二极管的导通时间比没有电容滤波时短很多。所以在二极管导通时会出现较大的电流冲击，二极管的电流波形如图 9.3.1（b）所示。通常时间常数越大，二极管的导通时间越短，冲击电流也越大。尤其是电源刚接通的瞬间，电容端电压为 0，相当于短路，此时会有

一个很大的冲击电流流过二极管，其瞬时值可以是正常工作时的好几倍，容易损坏二极管。因此，在选择整流二极管时，其最大整流电流 I_F 应留有充分的余量，一般选 $I_F=(2\sim3)I_{D(AV)}$。

桥式整流电容滤波电路中流过二极管的平均电流近似等于负载平均电流的一半，即

$$I_{D(AV)} \approx \frac{1}{2}I_{o(AV)} = \frac{1}{2}\frac{U_{o(AV)}}{R_L}$$

在桥式整流电容滤波电路中，二极管承受的最高反向电压和无电容滤波一样，仍为 $\sqrt{2}U_2$。

综上所述，电容滤波电路结构简单、输出电压平均值较高、输出电压脉动较小。但它的输出电压受负载变化影响较大，即外特性较差，且二极管中存在电流冲击，故只适用于负载电流较小或者负载电流变化不大的场合。

例 9.3.1　桥式整流电容滤波电路如图 9.3.1（a）所示。已知交流电源频率为 50Hz，负载电阻 $R_L=120\Omega$，要求输出直流电压为 30V。（1）估算变压器次级电压 U_2；（2）选择整流二极管；（3）确定滤波电容的大小。

解：（1）根据式（9.3.4）可得变压器次级电压的有效值为：

$$U_2 = \frac{U_{o(AV)}}{1.2} = \frac{30}{1.2} = 25V$$

（2）选择整流二极管。

负载平均电流：

$$I_{o(AV)} = \frac{U_{o(AV)}}{R_L} = \frac{30V}{120\Omega} = 250mA$$

整流二极管平均电流：

$$I_{D(AV)} = \frac{1}{2}I_{o(AV)} = 125mA$$

二极管承受的最高反向电压：

$$U_{RM} = \sqrt{2}U_2 \approx 35.36V$$

由以上数据，再结合电网电压±10%的波动范围应选择 2CP21 型二极管，其最大整流电流为 300mA，最高反向工作电压为 100V。

（3）选择滤波电容。

根据式（9.3.1），可取 $C \approx 5\dfrac{T}{2R_L} = 5\times\dfrac{0.02}{2\times120} \approx 417\mu F$。

耐压值应大于 $1.1\sqrt{2}U_2=38.9V$。

所以应选择标准值为 470μF，耐压 50V 的电解电容。

9.3.2 π型滤波电路

以上介绍的电容滤波电路结构简单、使用方便，但是当要求输出电压脉动非常小时，就必须选择容量很大的电容，这样既不经济，安装也不方便。为了进一步滤除纹波，可以采用 π 型滤波电路。常用的 π 型滤波电路有 RC-π 型滤波电路和 LC-π 型滤波电路，如图 9.3.3 所示。

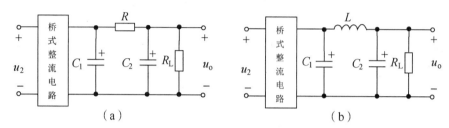

图 9.3.3　π型滤波电路

在如图 9.3.3（a）所示的 RC-π 型滤波电路中，整流电路输出的脉动电压相当于经过了两次电容滤波，因此输出电压更加平滑。R 和 C 越大，滤波效果越好。但 R 过大，其直流压降也要增大，在同样数值的交流输入电压下，负载 R_L 上得到的输出电压会降低，所以只适用于负载电流较小的场合。

用电感线圈 L 代替上述电路中的电阻 R，就构成了 LC-π 型滤波电路，如图 9.3.3（b）所示。由于电感线圈的直流电阻小、交流感抗大，因此可以克服 RC-π 型滤波电路的缺点，取得更好的滤波效果。由于电感线圈的体积大、价格贵，所以一般适用于负载电流较大且对滤波要求较高的场合。

9.3 测试题

9.4　稳压电路

稳压电路视频　　稳压电路课件

经过整流滤波后的直流电压虽然已较为平滑，但是当电网电压波动或者负载发生变化时，输出电压也会随之变化。精密的电子仪器、自动控制、计算装置等都要求由稳定的直流电源供电，因此还必须设计稳压电路，以得到稳定的直流电压。

9.4.1　稳压二极管稳压电路

在第 1 章中我们学习过稳压二极管并且知道，当稳压二极管反向击穿时，流过稳压二极管的电流可以在较大的范围内变化，而其两端的电压几乎不变。利用稳压二极管的这一特性，在负载 R_L 两端并联一个稳压二极管 D_Z，再加上一个与之匹配的限流电阻 R 就可以构成最简单的稳压电路，如图 9.4.1 所示。只要使稳压二极管的工作电流在最小稳定工作电流和最大稳定工作电流之间，稳压二极管两端的电压就始终为 U_Z，这样负载 R_L 上就可得到一个平直的输出电压 U_o，即 $U_o=U_Z$。由于稳压二极管和负载并联，所以这个电路又称为并联式稳压电路。

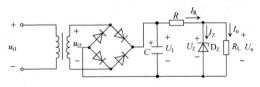

图 9.4.1　稳压二极管稳压电路

1. 稳压原理

我们从以下两个方面讨论电路的稳压原理。

（1）如果输入电压 U_I 不变，而负载电阻 R_L 的阻值减小，此时负载上的电流 I_o 增大，限流电阻 R 上的电流 $I_R=I_o+I_Z$ 也有增大的趋势，这将引起输出电压 U_o（$U_o=U_I-I_RR$）下降。由稳压二极管的反向击穿特性可知，如果 U_Z 略有下降，则稳压二极管的电流 I_Z 将显著减小。I_Z 的减小量将补偿 I_o 所需的增加量，使 I_R 基本不变，这样输出电压保持稳定。

（2）如果负载电阻 R_L 的阻值保持不变，而电网电压的波动引起输入电压 U_I 升高时，电路的传输作用将引起输出电压 U_o（$U_o=U_I-I_RR$）增大。由稳压二极管的反向击穿特性可知，如果 U_Z 略有增大，则稳压二极管的电流 I_Z 将显著增大，这会使电阻 R 上的电流 I_R（$I_R=I_o+I_Z$）也增大，所以电阻 R 上的电压 U_R 也增大，U_R 的增加量可以抵消 U_I 的增加量，使输出电压 U_o 基本不变，从而达到了稳定输出电压的目的。

由此可见，稳压二极管稳压电路是依靠稳压二极管的反向击穿特性，即反向击穿时电压的微小变化引起电流较大变化的特性，并通过限流电阻的电压调节作用实现稳压的。

该电路选择稳压二极管的一般原则是：

$$U_Z=U_o \tag{9.4.1}$$

$$I_{Zmax}=(1.5\sim3)I_{omax} \tag{9.4.2}$$

$$U_I=(2\sim3)U_o \tag{9.4.3}$$

式（9.4.3）中，U_I 为稳压电路的输入电压，也就是整流滤波电路的输出电压平均值。

例 9.4.1　稳压二极管稳压电路如图 9.4.1 所示。交流电压经整流滤波后 $U_I=45$V，负载电阻 R_L 由开路变到阻值为 3kΩ。要求输出直流电压 $U_o=12$V，试选择稳压二极管 D_Z，并确定限流电阻 R 的取值范围。设电网电压的波动范围为±10%。

解：根据输出电压 $U_o=12$V 的要求，可得负载电流的最大值为 $I_{omax}=\dfrac{U_o}{R_L}=\dfrac{12\text{V}}{3\text{k}\Omega}=4$mA。

查阅手册后选择 2CW60 型稳压二极管，其稳定电压 U_Z 为 11.5~12.5V，最大稳定电流 I_{Zmax} 为 19mA，最小稳定电流 I_{Zmin} 为 5mA，即正常工作时稳压二极管的电流要满足 5mA≤ I_Z≤19mA。

当输入电压达到最大值，即 $1.1U_I$，且负载电流最小（负载电阻 R_L 开路）时，流过稳压二极管的电流 I_Z 最大。显然，这个最大电流不能超过 19mA，即

$$I_{Zmax} = I_{Rmax} - I_{omin} = \frac{1.1U_I - U_Z}{R} - 0 = \frac{1.1 \times 45 - 12}{R} \leq 19\text{mA}$$

求得：

$$R \geq 1.98\text{k}\Omega$$

当输入电压达到最小值，即 $0.9U_I$，且负载电流最大（R_L=3kΩ）时，流过稳压二极管的电流 I_Z 最小，这个最小的电流不能小于 5mA，即

$$I_{Zmin} = I_{Rmin} - I_{omax} = \frac{0.9U_I - U_Z}{R} - \frac{U_Z}{R_{Lmin}} = \frac{0.9 \times 45 - 12}{R} - \frac{12}{3} \geq 5\text{mA}$$

求得：

$$R \leq 3.16\text{k}\Omega$$

由此可得限流电阻 R 的阻值取值范围为：

$$1.98\text{k}\Omega \leq R \leq 3.16\text{k}\Omega$$

稳压二极管稳压电路结构简单，但输出电压不可调，且当电网电压波动较大或者负载电流变化范围较大时无法实现稳压，所以只适用于输出电压固定、负载电流较小且变化范围不大的场合。

9.4.2 串联反馈式稳压电路

为了进一步稳定输出电压并且实现输出电压可调，通常采用串联反馈式稳压电路。**串联反馈式稳压电路由调整元件、取样电路、比较放大电路和基准电压 4 部分组成**。串联型稳压电路的典型结构框图如图 9.4.2 所示，U_I 为来自整流滤波电路的直流输出电压。实际的串联型稳压电路如图 9.4.3 所示，晶体管 T_1 为大功率调整管，由于它与负载电阻 R_L 串联，故称该电路为串联型稳压电路。

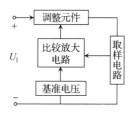

图 9.4.2 串联反馈式稳压电路结构框图

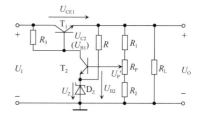

图 9.4.3 实际的串联反馈式稳压电路

1. 电路的组成及各部分的作用

（1）取样电路：由电阻 R_1、R_P 和 R_2 构成的分压电路组成，它将输出电压 U_o 的一部分取出作为取样电压 U_{B2}，送到比较放大电路。

（2）基准电压：稳压二极管 D_Z 和电阻 R 构成的稳压电路为电路提供了一个稳定的基准电压 U_Z，作为调整、比较的标准。

（3）比较放大电路：由 T_2 和 R_3 构成的放大电路组成，其作用是将取样电压 U_{B2} 和基准电压 U_Z 的差值放大后去控制大功率调整管 T_1。

（4）调整元件：由工作在线性放大区的大功率调整管 T_1 组成，T_1 的基极电位 U_{B1} 受比较放大电路的输出电压 U_{C2} 控制，从而调整 T_1 的管压降 U_{CE1}，补偿输出电压 U_o 的变化，达到自动稳定输出电压的目的。

2. 电路的工作原理

图 9.4.3 中串联型稳压电路的自动稳压过程如下：当输入电压 U_I 升高或者负载电阻 R_L 的阻值增大时，输出电压 U_o 会随之升高。从取样电路取出的电压 U_{B2} 也增大，它与基准电压 U_Z 比较后，其差值 U_{BE2}（$U_{BE2}=U_{B2}-U_2$）由比较放大电路进行放大。因为 T_2 的基极电位升高，发射极电位不变，所以 U_{BE2} 增大，引起基极电流 I_{B2} 增大、I_{C2} 也增大，其输出端电压 U_{C2}（U_{B1}）将下降，使大功率调整管 T_1 的基极电流 I_{B1} 减小，则 I_{C1} 也减小，U_{CE1} 增大。因为 $U_o=U_I-U_{CE1}$，所以输出电压 U_o 下降。这样输出电压 U_o 基本不变，从而达到稳压的效果。稳压过程可表述如下：

$$U_o\uparrow \longrightarrow U_{B2}\uparrow \longrightarrow U_{BE2}\uparrow \longrightarrow I_{B2}\uparrow \longrightarrow I_{C2}\uparrow$$
$$U_o\downarrow \longleftarrow U_{CE1}\uparrow \longleftarrow I_{C1}\downarrow \longleftarrow I_{B1}\downarrow \longleftarrow U_{C2}(U_{B1})\downarrow$$

当输入电压 U_I 减小或负载电阻 R_L 的阻值减小时，调整过程与上述过程相反。

3. 输出电压的调节范围

通过取样电路的 R_P 可调节输出电压 U_o 的大小。取样电压：

$$U_{B2} = \frac{R_P' + R_2}{R_1 + R_P + R_2} U_o \tag{9.4.4}$$

比较放大电路输入的偏差信号（U_{B2} 与 U_Z 之差）就是 T_2 的发射极电压 U_{BE}，有 $U_{B2} \approx U_Z + U_{BE}$，这样就可求得输出电压为：

$$U_o = \frac{R_1 + R_P + R_2}{R_P' + R_2}(U_Z + U_{BE}) \tag{9.4.5}$$

当 R_P 的滑动端在最上端时，$R_P'=R_P$，阻值最大，此时输出电压最小，即

$$U_{omin} = \frac{R_1 + R_P + R_2}{R_P + R_2}(U_Z + U_{BE}) \tag{9.4.6}$$

当 R_P 的滑动端在最下端时，$R_P' = 0$，阻值最小，此时输出电压最大，即

$$U_{omax} = \frac{R_1 + R_P + R_2}{R_2}(U_Z + U_{BE}) \qquad (9.4.7)$$

由此可得输出电压的调节范围为：

$$\frac{R_1 + R_P + R_2}{R_P + R_2}(U_Z + U_{BE}) \leqslant U_o \leqslant \frac{R_1 + R_P + R_2}{R_2}(U_Z + U_{BE}) \qquad (9.4.8)$$

由上述稳压过程可以看出，图 9.4.3 中的电路引入了电压串联负反馈。比较放大电路的电压放大倍数越大，反馈越深，稳压效果越好。若将图 9.4.3 中的共发射极放大电路用集成运放代替，可以大为改善稳压效果。由集成运放作比较放大电路的串联型稳压电路如图 9.4.4 所示。图 9.4.4 中，集成运放的反相输入端接 R_P 的活动端，同相输入端接基准电压 D_Z，利用 U_I 为集成运放单电源供电。

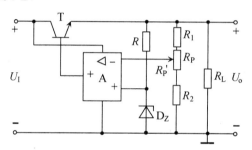

图 9.4.4　由集成运放作比较放大电路的串联型稳压电路

通过调节电阻 R_P 可调节输出电压 U_o 的大小。由取样电路可得：

$$U_- = \frac{R_P' + R_2}{R_1 + R_P + R_2}U_o \qquad (9.4.9)$$

根据"虚短"的特点：$U_- = U_+ = U_Z$，可得：

$$U_o = \frac{R_1 + R_P + R_2}{R_P' + R_2}U_Z \qquad (9.4.10)$$

当 R_P 的滑动端在最上端时，$R_P' = R_P$，阻值最大，此时输出电压最小，即

$$U_{omin} = \frac{R_1 + R_P + R_2}{R_P + R_2}U_Z$$

当 R_P 的滑动端在最下端时，$R_P' = 0$，阻值最小，此时输出电压最大，即

$$U_{omax} = \frac{R_1 + R_P + R_2}{R_2}U_Z$$

由此可得输出电压的调节范围为

$$\frac{R_1 + R_P + R_2}{R_P + R_2}U_Z \leqslant U_o \leqslant \frac{R_1 + R_P + R_2}{R_2}U_Z$$

9.4.3　集成三端稳压器

集成三端稳压器视频　集成三端稳压器课件

1. 外形与分类

集成稳压器是将串联型稳压电路中各种元器件及引线集成在同一片硅片上封装而成的。最简单的集成稳压器对外有 3 个接线端——输入端、输出端、公共端，故称为集成三端稳压器。集成三端稳压器因体积小、可靠性高、稳压性能好、使用灵活等优点，在各种电子仪器与设备中得到了广泛的应用。

按照输出类型的不同，集成三端稳压器可分为固定输出型集成三端稳压器和可调输出型集成三端稳压器。

固定输出型集成三端稳压器包括 W78 和 W79 两个系列。前者输出固定的正电压，后者输出固定的负电压。它们的输出电压有 5V、6V、9V、12V、15V、18V 和 24V，共 7 个等级，分别用末尾两位数字表示。例如，W7805 表示输出电压为 5V；W7912 表示输出电压为-12V。其额定电流通常用 78 或 79 后面所加的字母表示，L 表示 0.1A，M 表示 0.5A，没有字母表示 1.5A。不同型号、不同封装的集成三端稳压器，其三端对应的引脚不同。塑料封装的 W78 系列与 W79 系列集成三端稳压器的外形及引脚排列如图 9.4.5 所示。

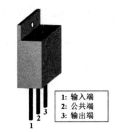

1: 输入端
2: 公共端
3: 输出端

（a）W78系列集成三端稳压器外形

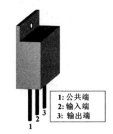

1: 公共端
2: 输入端
3: 输出端

（b）W79系列集成三端稳压器外形

图 9.4.5　塑料封装的 W78 系列与 W79 系列集成三端稳压器的外形及引脚排列

可调输出型集成三端稳压器对外的 3 个引出端分别是输入端、输出端和调整端。通过少数外接元件即可得到在较大范围内连续可调的输出电压。其中，CW117、CW217、CW317 系列为正电压输出，输出端与调整端之间的电压为 1.25V。CW137、CW237、CW337 系列为负电压输出，输出端与调整端之间的电压为-1.25V。

可调输出型集成三端稳压器的输出电压的调节范围为 1.25~37V，输出电流可达 1.5A。使用这种稳压器非常方便，只要在输出端接两个大小合适的电阻，就可以得到所要求的输出电压了。可调输出型集成三端稳压器的应用电路如图 9.4.6 所示，其中，输入端的电容 C_I 用于抵消输入引线带来的电感效应，防止电路产生自激振荡；输出端的电容 C_o 则用于改善输出电压中的纹波。一般取 $C_I=0.1\mu F$，$C_o=1\mu F$。输出端 2 和调整端 1 之间的电压为 1.25V，调整端流出的电流 I_{ADJ} 通常可以忽略不计，所以电阻 R_1 和 R_2 可近似看作是串联的，由此得到输出电压表达式为：

$$U_o = 1.25 \times \left(1 + \frac{R_2}{R_1}\right) \qquad (9.4.11)$$

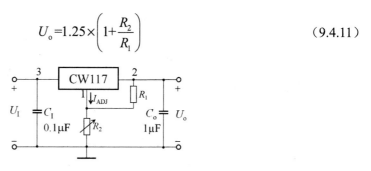

图 9.4.6　可调输出型集成三端稳压器的应用电路

2．固定输出型集成三端稳压器的典型应用

集成稳压器的应用十分广泛，特别是与集成运放结合可以组成不同功能与不同用途的电路，以满足不同使用场合的需要。下面以 W78 与 W79 系列的固定输出型集成三端稳压器为例，介绍几种典型的应用电路。

1）**基本应用电路**

直接使用稳压器进行稳压的电路，称为基本应用电路，如图 9.4.7 所示。

单电源稳压电路如图 9.4.7（a）所示。为了保证稳压器正常工作，输入电压 U_I 通常要比输出电压 U_o 高 3V 以上。当稳压器距离整流滤波电路较远时，必须在输入端并联电容 C_1，以抵消输入引线较长带来的电感效应，防止电路产生自激振荡，C_2 用于减小由负载电流瞬时变化引起的高频干扰。双电源稳压电路如图 9.4.7（b）所示，其中，输入电压 U_I 应为单电压输出时的两倍。为了确保稳压器工作安全可靠，实际负载的最大电流不应超过稳压器的最大输出电流，一般只用其 1/2~2/3。

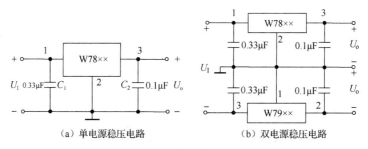

（a）单电源稳压电路　　　　　（b）双电源稳压电路

图 9.4.7　基本应用电路

2）**输出电压与输出电流扩展电路**

当集成三端稳压器自身的输出电压或输出电流不能满足要求时，可通过外接电路进行扩展。

输出电压扩展电路如图 9.4.8（a）所示，输出电压可通过调节 R_2 的阻值进行调节。其中，集成运放组成电压跟随器，R_1、R_2 与 R_3 组成取样电路。设稳压器的 3 端和 2 端之间的输出电压为 $U_{\times\times}$，根据"虚短"的特性可得：

$$U_{\times\times} = \frac{R_1 + R_2{}'}{R_1 + R_2 + R_3} U_{\mathrm{o}} \tag{9.4.12}$$

由此求得：

$$U_{\mathrm{o}} = \frac{R_1 + R_2 + R_3}{R_1 + R_2{}'} U_{\times\times} \tag{9.4.13}$$

可见，当调节电阻使 $R_2'=0$ 时，U_{o} 达到最大值，为：

$$U_{\mathrm{omax}} = \frac{R_1 + R_2 + R_3}{R_1} U_{\times\times}$$

当调节电阻使 $R_2' = R_2$ 时，U_{o} 达到最小值，为：

$$U_{\mathrm{omin}} = \frac{R_1 + R_2 + R_3}{R_1 + R_2} U_{\times\times}$$

适当选取这些电阻就可获得所需的电压值，但 R_1、R_2、R_3 的阻值不宜过小，以免影响输出电流，增大电路损耗。

输出电流扩展电路如图 9.4.8（b）所示。T 为功率管，大部分输出电流 I_{o} 由它提供，即 $I_{\mathrm{o}}=I_{\mathrm{C}}+I_{\mathrm{o1}}$，输出电压 U_{o} 仍等于稳压器本身的输出电压。设 T 的电流放大系数为 β，且 $I_{\mathrm{I1}}\approx I_{\mathrm{o1}}$，则电阻可按下式选取：

$$R = \frac{-U_{\mathrm{BE}}}{I_{\mathrm{R}}} = \frac{-U_{\mathrm{BE}}}{I_{\mathrm{I1}} - I_{\mathrm{B}}} = \frac{-U_{\mathrm{BE}}}{I_{\mathrm{o1}} - I_{\mathrm{C}}/\beta} \tag{9.4.14}$$

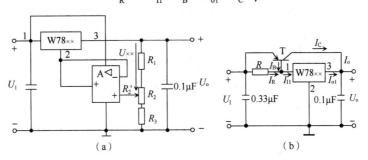

（a）　　　　　　　　　　　（b）

图 9.4.8　输出电压扩展电路和输出电流扩展电路

3）恒流源电路

由稳压器组成的恒流源电路如图 9.4.9 所示。因为 $I_{\mathrm{R}}=U_{\times\times}/R$ 为恒定值，所以负载上的电流 $I_{\mathrm{o}}=I_{\mathrm{R}}+I_{\mathrm{W}}$，也为恒定值，与负载电阻 R_{L} 无关。

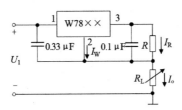

图 9.4.9　恒流源电路

例 9.4.2 小功率直流稳压电源如图 9.4.10 所示。试问：

（1）电路的两个输出端对地的直流电压是多少？

（2）若 W7815、W7915 的输入电压与输出电压的最小电压差为 3V，则 U_2 的有效值至少为多大？

（3）若考虑到电网电压有±10%的波动，则 U_2 的有效值至少为多大？

（4）电路中的电容 C_1、C_2 的作用有何不同？

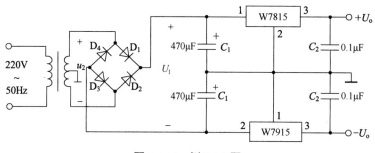

图 9.4.10 例 9.4.2 图

解：（1）图 9.4.10 中的电路采用了集成三端稳压器 W7815 和 W7915，所以两个输出端对地的电压分别为 U_o=15V 和$-U_o$=$-$15V。

（2）W7815、W7915 的输入电压与输出电压的最小电压差为 3V，则集成三端稳压器的输入电压至少为 15+3=18V，所以 $U_I \geqslant$18+18=36V。这个 U_I 就是整流滤波电路的输出电压平均值。根据式（9.3.4）可得 U_I = 1.2U_2，求得 $U_2 \geqslant$30V。

（3）考虑到电网电压有±10%的波动，当变压器次级电压只有原来的 90%时，仍能实现稳压，此时 $U_2 \geqslant$30/0.9≈33V。

（4）电容 C_1 是滤波电容，可以将整流电路输出电压的脉动成分进一步滤除，使得输出电压更加平滑；C_2 用于减小输出的高频干扰。

例 9.4.3 直流稳压电源如图 9.4.11 所示。已知 U_2=15V，R_L=20Ω。

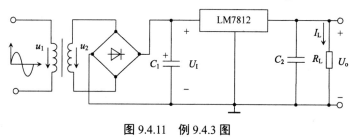

图 9.4.11 例 9.4.3 图

（1）求负载电流 I_L。

（2）求集成三端稳压器的耗散功率。

（3）若测得电容 C_1 两端的电压 U_I 分别为 13.5V、21V 和 6.8V，试分析在这 3 种情况下电路会出现何种故障？

解：（1）图 9.4.11 中的电路采用了集成三端稳压器 LM7812，所以 U_o=12V。

负载电流：

$$I_L = \frac{U_o}{R_L} = 0.6A$$

（2）桥式整流滤波电路的输出电压平均值：

$$U_I=1.2U_2=18V$$

集成三端稳压器的耗散功率：

$$P=(U_I-U_o)I_L=3.6W$$

（3）正常工作时，电容 C_1 两端的电压 $U_I \approx 1.2U_2$=18V。

若测得电容 C_1 两端的电压 U_I 为 13.5V，等于 $0.9U_2$，这应该是桥式整流电路的输出电压平均值，说明滤波电容开路。

若测得电容 C_1 两端的电压 U_I 为 21V，约等于 $\sqrt{2}U_2$，说明负载开路，即稳压器未接上。

若测得电容 C_1 两端的电压 U_I 为 6.8V，约等于 $0.45U_2$，这应该是半波整流电路的输出电压平均值，说明 4 个整流管有一对或者一个损坏，且滤波电容 C_1 开路。

 # 本章小结

9.4 测试题　　第 9 章小结视频　　第 9 章小结课件

1．直流稳压电源概述

直流稳压电源是电子设备中的重要组成部分，它可以将电网交流电压转换为稳定直流电压。直流稳压电源通常由电源变压器、整流电路、滤波电路和稳压电路 4 部分组成。

2．整流电路

整流是指将交流电压转变为单向脉动直流电压，利用二极管的单向导电性可实现整流，目前广泛采用单相桥式整流电路。

在桥式整流电路中，若变压器次级电压的有效值为 U_2，则输出电压平均值 $U_{o(AV)}$=$0.9U_2$，输出电流平均值 $I_{o(AV)}$= $0.9U_2/R_L$。流过二极管的平均电流 $I_{D(AV)}$=$0.45 U_2/R_L$，二极管承受的最高反向电压 U_{RM}=$\sqrt{2}U_2$。这两个参数是选择整流二极管的重要依据。

3．滤波电路

为了将整流电路输出电压的交流成分尽可能滤除，使之变为平滑的直流电压，还需要在其后加上一个低通滤波电路，常用电容滤波电路。滤波电容的选取应满足：$R_LC \geqslant (3\sim5)T/2$；耐压值大于 $\sqrt{2}\,U_2$；电路输出电压平均值 $U_{o(AV)} \approx 1.2U_2$。

4. 稳压电路

为了使输出电压不受电网电压的波动及负载变化的影响，常需要接入稳压电路。

稳压二极管稳压电路的结构简单，但输出电压不可调，且当电网电压波动较大或者负载变化范围较大时无法实现稳压，所以只适用于输出电压固定且负载电流较小的场合。另外还需要注意，限流电阻的选择应使稳压二极管工作于反向击穿区。

常用的稳压电路是串联反馈式稳压电路。它通常由调整元件、取样电路、比较放大电路和基准电压 4 部分组成，其中，调整元件工作于线性放大区，通过控制调整管的管压降 U_{CE} 调整输出电压，是带有电压负反馈的闭环控制系统。

5. 集成三端稳压器

集成三端稳压器分为固定输出型集成三端稳压器和可调输出型集成三端稳压器两大类，W78（W79）系列为正（负）固定输出型集成三端稳压器；W117、W217、W317 系列为可调输出型集成三端稳压器。

 习题 9

第 9 章综合测试题

第 9 章测试题讲解视频　第 9 章测试题讲解课件

9.1　请选择正确的答案。

（1）整流的目的是_____（a.将交流变为直流；b.将高频变为低频；c.将正弦波变为方波），可以用_____（a.二极管；b.电容；c.集成运放）实现。

（2）滤波的目的是_____（a.将交流变为直流；b.将高频变为低频；c.将交直流混合量中的交流成分去掉），可以用_____（a.二极管；　b.高通滤波电路；c.RC 低通滤波电路）实现。

（3）在单相桥式整流电路中，构成整流桥需要 4 个二极管，若有 1 个二极管的阳极与阴极接反了，则输出_____（a.只有半周波；b.全波整流波形；c.无波形，且变压器或整流管可能烧毁）；若有 1 个二极管开路，则输出_____（a.只有半周波；b.全波整流波形；c.无波形，且变压器或整流管可能烧毁）。

（4）稳压电路具有稳定_____（a.输出电流；b.输入电压，c.输出电压）的作用。因此，_____（a.无论输入电压发生多大的变化；b.当输出电流从 0 变到∞时；c.当输入电压和输出电流在一定范围内变化时），仍能保持_____（a.输出电流；b.输入电压；c.输出电压）的稳定。

9.2 桥式整流电路如题 9.2 图所示，已知变压器次级电压 U_2=100V，R_L=3kΩ。试求：

（1）R_L 两端的输出电压平均值 $U_{o(AV)}$；

（2）流过 R_L 的电流平均值 $I_{o(AV)}$；

（3）流过二极管的电流平均值 $I_{D(AV)}$ 及二极管承受的最高反向电压 U_{RM}。

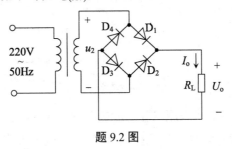

题 9.2 图

9.3 单相整流电路如题 9.3 图所示，图中标出了变压器的副边电压（有效值）和负载电阻的数值。若忽略管子的正向导通压降和变压器内阻。试求：（1）R_{L1}、R_{L2} 两端的输出电压平均值 $U_{o1(AV)}$、$U_{o2(AV)}$ 和输出电流平均值 $I_{o1(AV)}$、$I_{o2(AV)}$；（2）二极管 D_1、D_2 和 D_3 的电流平均值和承受的最高反向电压。

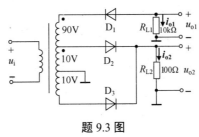

题 9.3 图

9.4 桥式整流电容滤波电路如题 9.4 图所示，要求输出电压平均值 $U_{o(AV)}$=25V，输出电流平均值 $I_{1(AV)}$ 为 200mA。试问：

（1）输出电压为正电压还是负电压，电容 C 的正负极如何连接？

（2）计算电容 C 的电容量，并确定其耐压值。

（3）每个整流管流过的平均电流为多少，所承受的最高反向电压为多少？

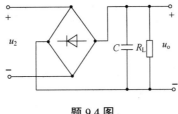

题 9.4 图

9.5 桥式整流电容滤波电路如题 9.5 图所示，滤波电容 C=470μF，R_L=1.5kΩ。

（1）要求输出电压 U_o=12V，问 U_2 为多少？

（2）若电容 C 的值增大，U_o 是否变化？

（3）改变 R_L 的阻值对 U_o 有无影响？若 R_L 的阻值增大，U_o 将如何变化？

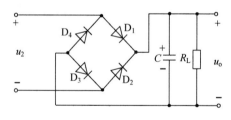

题 9.5 图

9.6　在题 9.5 图所示的桥式整流电容滤波电路中，设 u_2 的有效值 $U_2=20\text{V}$。现在用直流电压表测得输出电压平均值 $U_{o(AV)}$ 分别为下列各值，试分析哪个是合理的？哪些出了故障？并指出故障原因。（1）$U_{o(AV)}=28\text{V}$；（2）$U_{o(AV)}=18\text{V}$；（3）$U_{o(AV)}=24\text{V}$；（4）$U_{o(Av)}=9\text{V}$；（5）$U_{o(AV)}=20\text{V}$。

9.7　比较题 9.7 图中的 3 个电路，哪个滤波效果最好？哪个滤波效果最差？哪个无滤波作用？

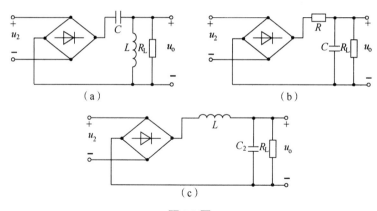

（a）　　　　　　　　　　　　　　（b）

（c）

题 9.7 图

9.8　在如题 9.8 图所示的电路中，已知变压器次级电压的有效值 $U_2=18\text{V}$，$C=100\mu\text{F}$，稳压二极管 D_Z 的稳压值 $U_Z=5\text{V}$，I_o 在 $10\sim30\text{mA}$ 变化。若电网波动使 U_2 变化 $\pm10\%$。试问：（1）要使 I_Z 不小于 5mA，所需 R 值应不大于多少？（2）按以上选定的 R 值（取标称值），计算 I_Z 的最大值 I_{Zmax}。

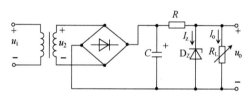

题 9.8 图

9.9　在题 9.9 图所示的电路中，要求改正其中的错误，使电路能正常工作。

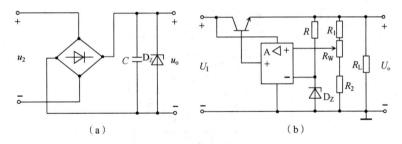

（a）　　　　　　　　　　　　（b）

题 9.9 图

9.10　由理想运放组成的基准电压源如题 9.10 图所示，它的内阻小、带负载能力强，并且稳压二极管由输出电压供电，因此提高了电压稳定度。D_Z 的稳压值 U_Z=6.2V，要求输出电压 U_o=9V，工作电源 I_Z=5mA，取样电路中电流 I_1=1mA，求 R_1、R_2 和 R_3。

9.11　由可调输出型集成三端稳压器 W317 组成的电池充电电路如题 9.11 图所示。W317 的 2 端为输入端，3 端为输出端，1 端为调整端。已知 3 端和 1 端之间的电压为 1.25V，电阻 R=24Ω，试求充电电流 I_o。

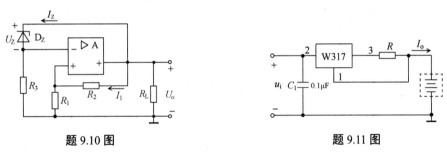

题 9.10 图　　　　　　　　　　　题 9.11 图

9.12　由固定输出型集成三端稳压器 W7805 组成的稳压电源如题 9.12 图所示，试计算输出电压 U_o 的调节范围。

9.13　扩大 W78 系列固定输出型集成三端稳压器输出电流的电路如题 9.13 图所示，假设晶体管 T 的电流放大系数 β、稳压器的输出电压 $U_{××}$、输出电流 I 和 R 的阻值均已知，试求输出电流 I_o 的表达式。

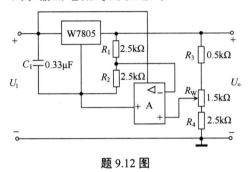
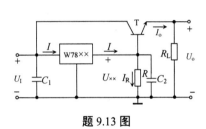

题 9.12 图　　　　　　　　　　　题 9.13 图

9.14 在如题 9.14 图所示的电路中，已知 U_I=30V，稳压二极管的稳压值 U_Z=6V，R_1=3kΩ，R_2=1.5kΩ，求输出电压的调节范围。

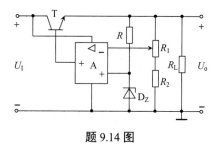

题 9.14 图

9.15 试设计一个直流稳压电源，其输入为 220V、50Hz 的交流电源，输出电压为 15V，最大输出电流为 0.5A，由桥式整流滤波电路和集成三端稳压器构成，设集成三端稳压器的电压差为 5V。

（1）设计电路，并确定集成三端稳压器的型号；

（2）确定电源变压器的变比、整流二极管和滤波电容的参数。

附录 A　电阻和电容的标称值

1．电阻

电阻的标称阻值如表 A.1 所示（或表 A.1 中的数值再乘以 10^n，n 为整数）。

表 A.1　电阻的标称阻值

允 许 偏 置	标 称 阻 值										
±5%	1.0	1.1	1.2	1.3	1.5	1.6	1.8	2.2	2.4	2.7	3.0
	3.3	3.6	3.9	4.3	4.7	5.1	5.6	6.8	7.5	8.2	9.1
±10%	1.0	1.2	1.5	1.8	2.2	2.7	3.3	4.7	5.6	6.8	8.2
±20%	1.0	1.5	2.2	3.3	4.7	6.8					

电阻的阻值常见的表示方法有直标法和色标法等。其中，电阻阻值色标法如图 A.1 所示。色标法中颜色代表的数值如表 A.2 所示。

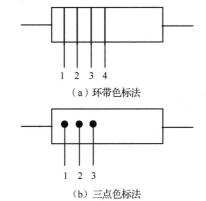

（a）环带色标法

（b）三点色标法

1—有效数字高位；2—有效数字低位；3—乘数；4—允许偏差

图 A.1　电阻阻值色标法

表 A.2　色标法中颜色代表的数值

颜色 位置	银	金	黑	棕	红	橙	黄	绿	蓝	紫	灰	白	无
有效数字	/	/	0	1	2	3	4	5	6	7	8	9	/
乘数	10^{-2}	10^{-1}	10^0	10^1	10^2	10^3	10^4	10^5	10^6	10^7	10^8	10^9	/
允许偏差/%	±10	±5	/	±1	±2	/	/	±0.5	±0.2	±0.1	/	+50 −20	±20

2．电容

固定式电容的标称容量如表 A.3 所示。

表 A.3　固定式电容的标称容量

类　型	容量范围	标 称 容 量							
纸　介 电　容	100~1000pF	100	150	220	330	470	680	1000	1500
		2200	3300	4700	6800				
	0.01~0.1μF	0.01　0.015　0.022　0.033　0.039　0.047　0.056　0.068　0.082							
	0.1~10μF	0.1　0.15　0.22　0.33　0.47　1　2　4　6　8　10							
电　解 电　容	1~5000μF	1	2	5	10	20	50	100	200	500	1000
		2000	5000							

　　无极性有机薄膜介质、瓷介质、云母介质等电容的标称容量与表 A.1 中电阻的阻值标称相同。

附录 B　半导体分立器件型号命名方法

表 B.1　半导体分立器件型号命名方法

（国家标准 GB/T249-2017）

第 1 部分		第 2 部分		第 3 部分		第 4 部分	第 5 部分
用阿拉伯数字表示器件的电极数目		用英文字母表示器件的材料和极性		用英文字母表示器件的类别		用阿拉伯数字表示序号	用英文字母表示规格号
符号	意义	符号	意义	符号	意义		
2 3	二极管 晶体管	A	N 型，锗材料	P	小信号管		
		B	P 型，锗材料	V	混频检波器		
		C	N 型，硅材料	W	电压调整和电压基准管		
		D	P 型，硅材料	C	变容管		
		A	PNP 型，锗材料	Z	整流管		
		B	NPN 型，锗材料	L	整流堆		
		C	PNP 型，硅材料	S	隧道管		
		D	NPN 型，硅材料	K	开关管		
		E	化合材料	X	低频小功率晶体管（截止频率<3MHz 耗散功率<1W）		
				G	高频小功率晶体管（截止频率≥3MHz 耗散功率<1W）		
				D	低频大功率晶体管（截止频率<3MHz 耗散功率≥1W）		
				A	高频率大功率晶体管（截止频率≥3MHz 耗散功率≥1W）		
				T	闸流管		
				……	……		

示例
3 A G 1 B
├─ 规格号
├─ 序号
├─ 高频小功率晶体管
├─ PNP型，锗材料
└─ 晶体管

附录C 半导体分立器件型号和参数

表 C.1 部分二极管的主要参数

类型	型号 \ 参数名称	最大整流电流 I_{FM}/mA	最大正向电流 I_{FM}/mA	最大反向工作电压 U_{RM}/V	反向击穿电压 U/V	最高工作频率 f_M/MHz	反向恢复时间 t_r/ns
普通二极管	2AP1	16		20	40	150	
	2AP7	12		100	150	150	
	2AP11	25		10		40	
	2CP1	500		100		3kHz	
	2CP10	100		25		50kHz	
	2CP20	100		600		50kHz	
整流二极管	2CZ11A	1000		100			
	2CZ11H	1000		800			
	2CZ12A	3000		50			
	2CZ12G	3000		600			
开关二极管	2AK1		150	10	30		≤200
	2AK5		200	40	60		≤150
	2AK14		250	50	70		≤150
	2CK70A~2CK70E		10	A-20 B-30 C-40 D-50	A-30 B-45 C-60 D-75		≤3
	2CK72A~2CK72E		30	E-60	E-90		≤4
	2CK76A~2CK76E		200				≤5

表 C.2 部分稳压二极管的主要参数

型号 \ 参数名称	稳压电压 U_Z/V	稳定电流 I_Z/mA	最大稳定电流 I_{ZM}/mA	动态电阻 r_Z/Ω	电压温度系数 $\alpha_{uZ}/(\%°C)$	最大耗散功率 P_{ZM}/W
2CM51	2.5~3.5	10	71	≤60	≥-0.09	0.25
2CM52	3.2~4.5		55	≤70	≥-0.08	
2CM53	4~5.8		41	≤50	-0.06~0.04	
2CM54	5.5~6.5		38	≤30	-0.03~0.05	
2CM56	7~8.8		27	≤15	≤0.07	
2CM57	8.5~9.5		26	≤20	≤0.08	
2CM59	10~11.8	5	20	≤30	≤0.09	0.25
2CM60	11.5~12.5		19	≤40		

续表

参数名称 型号	稳压电压 U_Z/V	稳定电流 I_Z/mA	最大稳定电流 I_{ZM}/mA	动态电阻 r_Z/Ω	电压温度系数 α_{uZ}/(%℃)	最大耗散功率 P_{ZM}/W
2CM103	4~5.8	50	165	≤20	-0.06~0.04	1
2CM110	11.5~12.5	20	76	≤20	≤0.09	1
2CM113	16~19	10	52	≤40	≤0.11	1
2DM1A	5	30	240	≤20	-0.06~0.04	1
2DM6C	15	30	70	≤8	≤0.1	1
2DM7C	6.1~6.5	10	30	≤10	0.05	0.2

表 C.3 部分晶体管的主要参数

类型	参数名称 型号	电流放大系数 β 或 h_{fe}	穿透电流 I_{CEO}/μA	集电极最大允许电流 I_{CM}/mA	最大允许耗散功率 P_{CM}/mW	集电极-发射极击穿电压 $U_{(BR)CEO}$/V	截止频率 f_t/MHz
低频小功率晶体管	3AX51A	40~150	≤500	100	100	≥12	≥0.5
	3AX55A	30~150	≤1200	500	500	≥20	≥0.2
	3AX81A	30~250	≤1000	200	200	≥10	≥6kHz
	3AX81B	40~200	≤700	200	200	≥15	≥6kHz
	3CX200B	50~450	≤0.5	300	300	≥18	
	3DX200B	55~400	≤2	300	300	≥18	
高频小功率晶体管	3AG54A	≥30	≤300	30	100	≥15	≥30
	3AG80A	≥8	≤50	10	50	≥15	≥300
	3AG87A	≥10	≤50	50	300	≥15	≥500
	3CG100B	≥25	≤0.1	30	100	≥25	≥100
	3CG110B	≥25	≤0.1	50	300	≥30	≥100
	3CG120A	≥25	≤0.2	100	500	≥15	≥200
	3DG81A	≥30	≤0.1	50	300	≥12	≥1000
	3DG110A	≥30	≤0.1	50	300	≥20	≥150
	3DG120A	≥30	≤0.01	100	500	≥30	≥150
开关晶体管	3DK8A	≥20		200	500	≥15	≥80
	3DK10A	≥20		1500	1500	≥20	≥100
	3DK28A	≥25		50	300	≥25	≥500
大功率晶体管	3DD11A	≥10	≤3000	30A	300W	≥30	
	3DD15A	≥30	≤2000	5A	50W	≥60	

附录 D　半导体集成电路型号命名方法

表 D.1　半导体集成电路型号命名方法

（国家标准 GB/T3430-1989）

第0部分		第1部分		第2部分	第3部分		第4部分	
用英文字母表示器件符合国家标准		用英文字母表示器件的类型		用数字表示器件的系列和品种代号	用英文字母表示器件的工作温度		用英文字母表示器件的封装	
符号	意义	符号	意义		符号	意义	符号	意义
C	符合国家标准	T	TTL				F	多层陶瓷扁平
		H	HTL				B	塑料扁平
		E	ECL				H	黑瓷扁平
		C	CMOS				D	多层陶瓷双列直插
		M	存储器				J	黑瓷双列直插
		μ	微型机电路		C	0~70℃	P	塑料双列直插
		F	线性放大器		G	−25~70℃	S	塑料单列直插
		W	稳压器		L	−25~85℃	K	金属菱形
		B	非线性电路		E	−40~85℃	T	金属圆形
		J	接口电路		R	−55~85℃	C	陶瓷片状载体
		AD	A/D 转换器		M	−55~125℃	E	塑料片状载体
		DA	D/A 转换器				G	网络阵列
		D	音响电视电路					
		SC	通讯专用电路					
		SS	敏感电路					
		SW	钟表电路					

示例　C F 741 C T
├── 金属圆形封装（第4部分）
├── 工作温度为0~70℃（第3部分）
├── 通用型运算放大电路（第2部分）
├── 线性放大电路（第1部分）
└── 符合国家标准（第0部分）

习题答案

第1章习题解析

习题 1

1.1 不可以

1.2 将万用表置于电阻挡的×k 挡，分别测量二极管的正向电阻和反向电阻。如果阻值较小（1.5~4kΩ），则黑表笔接的是二极管的阳极；如果阻值接近∞，则红表笔接的是二极管的阳极；如果测得二极管的正向电阻和反向电阻都很大，则说明二极管已损坏。

1.3 （a）截止，-12V；（b）导通，-6.7V

1.4 （a）D_1 导通，D_2 截止，0；（b）D_1 截止，D_2 导通，5V

1.5 （a）当 $u_i>0$ 时，二极管导通，$u_o=u_i$；当 $u_i<0$ 时，二极管截止，$u_o=0$。

（b）当 $u_i>3V$ 时，二极管导通，$u_o=u_i$；当 $u_i<3V$ 时，二极管截止，$u_o=3V$。

1.6 当 $u_i>1.7V$ 时，D_1 导通，D_2 截止，$u_o=1.7V$；

当 $u_i<-1.7V$ 时，D_2 导通，D_1 截止，$u_o=-1.7V$；

当 $-1.7V<u_i<1.7V$ 时，D_1、D_2 均截止，$u_o=u_i$。

1.7 当 $u_{i1}=0.3V$，$u_{i2}=0.3V$ 时，D_1、D_2 均导通，$u_o=1V$；

当 $u_{i1}=0.3V$，$u_{i2}=3V$ 时，D_1 导通，D_2 截止，$u_o=1V$；

当 $u_{i1}=3V$，$u_{i2}=0.3V$ 时，D_1 截止，D_2 导通，$u_o=1V$；

当 $u_{i1}=3V$，$u_{i2}=3V$ 时，D_1、D_2 均导通，$u_o=3.7V$。

1.8 （a）二极管导通，5mA；（b）D_1 导通，D_2 截止，0.1μA；（c）D_1 导通，D_2 反向击穿，2.5mA；（d）D_1 截止，D_2 导通，5mA

1.9 $257\Omega \leqslant R \leqslant 600\Omega$

1.10 （1）6V；（2）10/3V；（3）能；（4）不能

1.11 串联有 4 种连接方式，可得 4 种稳压值：15V、9.7V、6.7V、1.4V。

并联有 4 种连接方式，可得 2 种稳压值：6V、0.7V。

1.12 （a）D_{Z1} 稳压、D_{Z2} 截止，7V；（b）D_{Z1} 截止、D_{Z2} 导通，0.7V；（c）D_{Z1}、D_{Z2} 稳压，20V；（d）D_{Z1} 导通、D_{Z2} 稳压，13.7V。

第2章习题解析

习题 2

2.1 （a）工作于饱和区；（b）工作于截止区；（c）工作于放大区

2.2 -9V 为集电极，-6.2V 为基极，-6V 为发射极；锗晶体管；PNP 型晶体管

2.3　选用 $\beta=60$ 的晶体管，因为 β 过大晶体管性能不稳定，而且 I_{CEO} 较小的晶体管温度稳定性较好。

2.4　（a）不能正常工作，少了电源 U_{CC}；（b）不能正常工作，发射结零偏，晶体管截止；

　　（c）不能正常工作，电源极性接反，且少了基极电阻 R_b；

　　（d）能正常工作，为共集电极放大电路，但没有电压放大作用；

　　（e）能正常工作，为共发射极放大电路，有电压放大作用；

　　（f）不能正常工作，电源极性接反，且 C_b 会将交流信号短路。

2.5　（a）有错误，发射结零偏，晶体管截止，应将 R_b 接在基极和地之间；

　　（b）有错误，C_e 会将交流输出短路，应将 C_e 移除。

2.6　（1）3.08mA ，5.84V；（2）452 kΩ

2.7　（1）C_1 右边为正，C_2 左边为正；（2）Q（−130.8μA，−5.23mA，−8.16V）；（3）不能

2.8　（1）Q（40μA，2.5mA，7V）；

　　（2）直流负载线的斜率改变，静态工作点沿着输出特性曲线向左移动；

　　（3）直流负载线不变，静态工作点沿着直流负载线向上移动；

　　（4）Q（30μA，2mA，5.5V）。

2.9　（1）Q（25.15μA，1.26mA，5.22V）；（2）−74.6，1.34 kΩ，3 kΩ

2.10　（1）（a）无失真，（b）存在截止失真，（c）存在饱和失真，（d）同时存在截止失真和饱和失真；

　　（2）（b）减小 R_b 增大 I_{BQ} 从而提高 Q 点，（c）增大 R_b 减小 I_{BQ} 从而降低 Q 点，（d）减小输入信号。

2.11　（1）Q（20μA，2mA，1.7V）；（2）−125；（3）饱和失真，增大 R_b 降低 Q 点。

2.12　（1）饱和区；（2）R_{b1} 开路

2.13　（1）$-\beta R_c/\left[r_{be}+(1+\beta)R_e\right]$，1；（2）不相等

2.14　（a）2.93 kΩ；（b）2.93 kΩ；（c）13 kΩ；（d）3.03 kΩ

2.15　11.57kΩ

2.16　（1）中间的那一条；（2）Q_2

2.17　（1）直流负载线过(15,0)和(0,5)；

　　（2）Q（0.55mA，2.6mA，7V）；（3）$i_c-I_{CQ}=-\left(u_{CE}-U_{CEQ}\right)/\left(R_c \parallel R_L\right)$；（4）2.6V

2.18　−62.5；0.8kΩ；2kΩ

2.19　（1）Q（15.1μA，1.51mA，4.28V）；（2）略；（3）−11.48；（4）−8.56；（5）11.72 kΩ，5.1kΩ

2.20　（1）C_1 断路，使输入信号为0；（2）C_2 断路，所以 U_c 正常，而输出电压为0；

　　（3）负载开路，此时输出电压为空载时的电压值；（4）R_{b2} 断路，使静态工作点过

高，管子饱和；（5）正确；（6）R_s 短路，使得 $U_i = U_s$。

2.21 （1）Q（36.1μA，1.81mA，6.48V）；（2）0.98；（3）44.8kΩ，19.9Ω

2.23 略

2.22 （1）Q（20μA，1mA，3.1V）；（2）31.1Ω，5.6 kΩ；（3）87.5，相位相同

2.24 T_1 工作于饱和区，为共基极放大电路；T_2 工作于放大区，为共发射极放大电路。

2.25 （1）Q_1（9μA，0.45mA，4.3V），Q_2（31.1μA，1.56mA，4.8V）；（2）630；

（3）2.8 kΩ，1 kΩ

2.26 （1）4.1kΩ，0.122kΩ；（2）−210

2.27 625

2.28 不会产生波形失真

习题 3

第 3 章习题解析

3.1 （1）C ；（2）B ；（3）A；（4）D

3.2 场效应管包括结型场效应管（JFET）和绝缘栅场效应管（MOS 管），每一类又有 N 沟道和 P 沟道之分。结型场效应管只有耗尽型，而 MOS 管根据原始沟道是否存在，可分为增强型和耗尽型两种，所以结型场效应管有 2 种类型，MOS 管有 4 种类型。

3.3 场效应管导电沟道出现预夹断后，若 u_{DS} 继续增大，则 $u_{GD} < U_{GS(off)}$，耗尽层闭合部分将沿导电沟道方向延伸，即夹断区变长。此时，自由电子从源极向漏极定向移动所受的阻力增大（只能从夹断区的窄缝以较高速度通过），导电沟道电阻的增大抵消了电压 u_{DS} 的增加量，使 i_D 几乎不再随 u_{DS} 的增大而改变。即 u_{DS} 的增加量几乎全部用于克服夹断区对 i_D 形成的阻力。

3.4 开启电压 $U_{GS(th)}$ 是增强型 MOS 管产生导电沟道所需的栅-源电压，夹断电压 $U_{GS(off)}$ 是指耗尽型场效应管夹断导电沟道所需的栅-源电压。两者都是决定导电沟道是否存在的"门槛电压"。在转移特性曲线上，特性曲线与横轴 u_{GS} 的交点就是开启电压 $U_{GS(th)}$ 或夹断电压 $U_{GS(off)}$。

3.5 场效应管的放大能力用跨导 g_m 表示，它是管子在保持 U_{DS} 一定时，漏极电流微变量与栅-源电压微变量的比值，即 $g_m = \dfrac{\Delta i_D}{\Delta u_{GS}}\bigg|_{u_{DS}=常数}$。

3.6 场效应管的输入电阻是指栅极与源极之间的等效电阻。对于结型场效应管，栅极与源极之间的 PN 结反偏，反偏电流极小，因此输入电阻很大；对于 MOS 管，栅极与源极之间有绝缘层，栅极电流为零，因此输入电阻趋于无穷大。MOS 管的输入电阻比结型场效应管的输入电阻还要大。

3.7 （1）截止区；（2）恒流区（放大区）；（3）可变电阻区

3.8 N 沟道结型场效应管；$U_{GS(off)} = -5V$；$I_{DSS} = 4mA$

3.9 N 沟道结型场效应管或 N 沟道耗尽型 MOS 管

3.10 Q（$-1.98V$，3.96mA，14.16V）

3.11 （1）略；（2）$-10/3$；（3）R_i=2075 kΩ；R_o=10 kΩ

3.12 0.9；R_i=1.1MΩ；R_o=1 kΩ

第 4 章习题解析

习题 4

4.1 （1）B，A；（2）B；（3）C；（4）D；（5）D

4.2 u_{id}=2+4 sinωt（V），u_{ic}=4+sinωt（V）

4.3 （1）相同；（2）不相同

4.4 （1）I_{C1}=I_{C2}=0.26mA，U_{C1}=U_{C2}=5.64V；（2）-55；（3）26kΩ，72kΩ

4.5 （1）I_{B1}= I_{B2}=0.01mA， I_{C1}=I_{C2}=0.5mA；（2）0.062

4.6 （1）Q（0.01mA，1mA，6.7V）；（2）-152.7，7.86kΩ，12kΩ

4.7 （1）I_{C1}=I_{C2}=0.1mA，U_{C1}=U_{C2}=10V；（2）-14；（3）不变

4.8 T_3 的作用是提高电流源的精度，如果没有 T_3，则 I_R=I_{C1}+2I_B，而有 T_3 的话，I_{C1} 更接近 I_R。

4.9 R_2=R_1=1kΩ，I_{C3}=0.25 mA

4.10 （1）两级放大电路，输出电压 ΔU_o 和输入电压 ΔU_{i1} 同相，和输入电压 ΔU_{i2} 反相；
（2）4.74V；（3）可以用一个 1kΩ 的固定电阻和 1 个 1kΩ 的可调电阻串联代替电阻 R_{e4}，调节可调电阻，就可以实现零输入时零输出。

4.11 （1）I_{C1}=I_{C2}=0.5mA；（2）833.3。

第 5 章习题解析

习题 5

5.1 （1）C，D，E，C，A，B；（2）B，A，B，B，A

5.2 （a）R_e 引入交直流负反馈，组态为电流串联型；R_{f1}、R_{f2} 引入直流负反馈。
（b）R_{e1} 引入本级交直流负反馈，组态为电流串联型；R_{e2} 引入本级交直流负反馈，组态为电压串联型；R_f、C_2 引入级间交流正反馈；R'_{e1} 引入本级直流负反馈。

5.3 （a）R'_{e1} 引入本级交直流负反馈，组态为电流串联型；R_{e1} 引入本级直流负反馈；R_1 引入级间交直流负反馈，组态为电流并联型。
（b）R_{f1}、R_{f2} 引入直流负反馈；T_3 发射极与 T_1 发射极之间的连接导线引入交直流负反馈，组态为电流串联型。

5.4　（a）R_2 引入直流负反馈；（b）理想导线引入交直流负反馈；

（c）R_L 引入交直流负反馈；（d）R_3 引入直流正反馈，R_2、R_3 引入交流正反馈。

5.5　（a）R_1 引入电流并联负反馈，稳定输出电流、增大输出电阻、减小输入电阻；

（b）T_3 发射极到 T_1 发射极的导线引入电流串联负反馈，稳定输出电流，增大输出电阻，增大输入电阻。

5.6　（a）R_2 引入交直流负反馈，组态为电压串联型。

（b）R_{f1} 引入直流负反馈；R_{f2} 引入交直流负反馈，组态为电压串联型。

（c）R_f 引入交直流负反馈，组态为电压并联型。

（d）R_L 与 R_6 引入交直流负反馈，组态为电流串联型。

5.7　（1）电流反馈；（2）电压反馈

5.8　R_{f1}、R_{f2} 引入级间交直流负反馈，R_{f1} 组态为电流并联型，R_{f2} 组态为电压串联型；如果希望 R_{f1} 只起直流反馈作用，而 R_{f2} 只起交流反馈作用，则可在 R_4 两端并联电容 C_3，而 R_{f2} 的反馈从 C_2 的右端引入。

5.9　$A \geqslant 2500$，取 $A=2500$，求得 $F=0.0096$

5.10　（b）的输入电阻最大，（c）的输入电阻最小

5.11　电流并联负反馈

5.12　（a）R_2 引入交直流负反馈，组态为电压并联型，稳定输出电压 u_o；

（b）R_L 与导线引入交直流正反馈；

（c）R_L 引入交直流负反馈，组态为电流并联型，稳定输出电流 i_o；

（d）R_1、R_2、R_3、R_4 引入交直流正反馈。

5.13　（1）直流负反馈；e_3，b_1 或 c_3，e_1

（2）串联负反馈；c_3，e_1

（3）电流负反馈；e_3，b_1

（4）电压负反馈；c_3，e_1

（5）串联负反馈；c_3，e_1

5.14　（1）电压串联负反馈；（2）19kΩ

5.15　（1）R_f 引入了负反馈，组态为电压串联型；（2）10

习题 6

第 6 章习题解析

6.1　（a）1V；（b）−1V；（c）1V

6.2　$u_o = (2R_f/R)u_i$

6.3　（a）$u_o = -4u_i + u_{i2} + 4u_{i3}$；（b）$u_o = -\pi u_{i1} + (1+\pi)u_{i2}$

6.4　（1）-1V；（2）1V；（3）1V

6.5　-10

6.6　S 断开时 $A_{uf}=-5$；S 闭合时 $A_{uf}=-10/3$

6.7　$I_L=u_i(R_3+R_f)/(R_1R_3)$

6.8　（1）$u_{o1}=u_1$，$u_{o2}=u_2$，$u_{o3}=u_3$，$u_o=(R_1 /\!/ R_2 /\!/ R_3)\left(\dfrac{u_1}{R_1}+\dfrac{u_2}{R_2}+\dfrac{u_3}{R_3}\right)$

　　（2）$u_o=(u_1+u_2+u_3)/3$

6.9　$A_{uf}=-(1+R_f/R_1)$；$R_2=R_1/\!/R_f$

6.10　$u_o=-0.5\,u_i$，$R_3=4R_1/3$

6.11　略

6.12　（1）$u_o=-u_{i1}-0.5u_{i2}$；（2）略

6.13　$u_o=(1-2K)\dfrac{R_2}{R_1}u_i$

6.14　$u_o=-(\dfrac{2R_2}{R_3}+\dfrac{R_2}{R_1}+1)(u_{i1}-u_{i2})$

6.15　$u_o=5+9\sin\omega t$（V）

6.16　$200\ \text{k}\Omega \leqslant R+R_W \leqslant 1000\ \text{k}\Omega$

6.17　$u_o=-\dfrac{1}{RC}\int u_i\mathrm{d}t=3.2\cos 628t$

6.18　（a）$u_o=\dfrac{2}{RC}\int u_i\mathrm{d}t$；（b）$u_o=-\dfrac{1}{RC}\int(u_{i1}-u_{i2})\mathrm{d}t$

6.19　$u_o=-10\int(u_{i1}+u_{i2}+u_{i3})\mathrm{d}t$

6.20　（1）$u_{o1}=0$，$u_o=-0.5\text{V}$；（2）$u_{o1}=1\text{V}$，$u_o=-1.5\text{V}$；（3）$u_{o1}=-1\text{V}$，$u_o=0.5\text{V}$

6.21　$u_o=-0.6\dfrac{\mathrm{d}u_i}{\mathrm{d}t}$

6.22　（a）$I_L=u_i/R_i$；（b）$I_L=u_i/R$

6.23　当 $u_i>0$ 时，D_1、D_4 导通，D_2、D_3 截止，$u_o=u_i$；

　　　当 $u_i<0$ 时，D_2、D_3 导通，D_1、D_4 截止，$u_o=-u_i$。

6.24　（1）带阻滤波器；（2）带通滤波器；（3）低通滤波器；（4）低通滤波器；（5）高通滤波器

6.25　（1）3；（2）318 Hz；（3）2.12

6.26　（1）2.5；（2）2；（3）1.59kHz；（4）5

6.27　39.8kΩ；7.5kΩ

6.28　15.9kΩ；10kΩ

6.29　带通滤波器；2；1800Hz

习题 7

第7章习题解析

7.1　（a）能；（b）不能；（c）能；（d）能

7.2　不对

7.3　$R_1/R_2=2$；1.59kHz

7.4　（a）能；（b）能；（c）不能；（d）能

7.5　（a）N_2 下端；（b）N_1 左端

7.6　（a）在 L 和射极之间的反馈线上加电容；

　　（b）C_b 的一端由接 L 换为接地，C_e 的一端由接地换为接 L。

7.7　（1）原边绕组的下端与副边绕组的 1 端为同名端；

　　（2）会影响正反馈作用，可能导致不能产生振荡；（3）1.34~2.96 MHz。

7.8　并联晶体振荡电路，晶体的作用相当于电感，电路属于电感三点式正弦波振荡电路。

7.9　（a）当 $u_i>0$ 时，$u_o=6V$；当 $u_i<0$ 时，$u_o=-6V$

　　（b）当 $u_i>3V$ 时，$u_o=-3V$；当 $u_i<3V$ 时，$u_o=9V$

7.10　当 $U_i=5V$ 时，$U_o=-6V$，$I=5mA$；当 $U_i=-2V$ 时，$U_o=6V$，$I=-2mA$。

7.11　（1）略

　　（2）（a）当 $u_i>2V$ 时，$u_o=-6V$；当 $u_i<2V$ 时，$u_o=6V$；

　　（b）当 u_i 由 $-\infty$ 增大到 $U_{th1}=3V$ 时，u_o 从 $-6V$ 跳变到 $6V$，u_i 继续增大，u_o 不再跳变；

　　当 u_i 由 $+\infty$ 减小到 $U_{th2}=-3V$ 时，u_o 从 $6V$ 跳变到 $-6V$，u_i 继续减小，u_o 不再跳变。

7.12　（1）由积分运算电路和滞回电压比较器组成；（2）0.02s；（3）0.08s；（4）略

7.13　上+下−；5kHz

7.14　$R_1=R_3$；$R_2C=0.001s$

7.15　（1）电路由一个滞回电压比较器和一个 RC 负反馈网络构成，滞回电压比较器起开关作用，可以实现高低电平的转换，RC 负反馈网络起反馈和延迟作用，使信号获得一定的频率；（2）$T=2RC\ln(1+2R_2/R_1)=0.22ms$；（3）略。

7.16　（1）12V；（2）9V；（3）0.37ms，2.7kHz

习题 8

第8章习题解析

8.1　6.25W；11.26W；5W；55.5%

8.2　（1）12.5W；（2）15.92W，3.42W，78.5%；（3）$I_{CM}>2.5A$，$|U_{(BR)CEO}|>20V$，$P_{CM}>2.5W$（每个管子）

8.3　（1）8W；（2）12.74W，4.74W，62.79%

8.4 （1）6V；（2）消除交越失真；（3）安全

8.5 （1）6.25W；（2）1.65W；65.45%

8.6 （1）0.48mA，14.4V；（2）56.25mW

8.7 （1）K 点的电位为10V，若不符合要求，应调节电阻 R_W；（2）4W

8.8 （1）电压串联负反馈，R_f 左端接集成运放的反相输入端，C_f 右端接 $u_o(+)$端；（2）90 kΩ；
    （3）14.06W，1.5V

8.9 （1）24V；（2）6.25W，$I_{CM} > 625\,\mathrm{mA}$，$|U_{(BR)CEO}| > 20V$，$P_{CM} > 1.25W$（每个管子）

8.10 （1）1.25W；（2）70.7mV

8.11 （1）3.1W；（2）R_1；（3）R_2

习题 9

第9章习题解析

9.1 （1）a，a；（2）c，c；（3）c，a；（4）c，c，c

9.2 （1）90V；（2）30mA；（3）15mA，141V

9.3 （1）−40.5V，9V，−4.05mA，0.09A
    （2）4.05mA，45mA，45mA，$90\sqrt{2}\mathrm{V}$，$20\sqrt{2}\mathrm{V}$，$20\sqrt{2}\mathrm{V}$

9.4 （1）负，C 下 "+" 上 "−"；（2）C 取 470μF，耐压 35V；（3）100mA，29.5V

9.5 （1）10V；（2）增大；（3）改变 R_L 的阻值对 U_o 有影响，R_L 的阻值增大，U_o 将增大

9.6 （1）R_L 开路；（2）C 开路；（3）正确；（4）一个二极管断开，且 C 开路；
    （5）一个二极管断开

9.7 （c）滤波效果最好，（a）无滤波作用。

9.8 （1）0.41 kΩ；（2）选 $R=390Ω$，$I_{Zmax}=38.1\mathrm{mA}$

9.9 （a）缺少限流电阻 R；（b）集成运放的 "+" 端和 "−" 端接反。

9.10 $R_1=2.8\mathrm{kΩ}$，$R_2=6.2\mathrm{kΩ}$，$R_3=560Ω$

9.11 52mA

9.12 5.625~22.5V

9.13 $I_o = (1+\beta)(I - \dfrac{U_{\mathrm{xx}}}{R})$

9.14 6~18V

9.15 略

参考文献

[1] 赵进全. 模拟电子技术基础[M]. 北京：高等教育出版社，2019.

[2] 张林. 模拟电子技术基础[M]. 北京：高等教育出版社，2014.

[3] 李国丽. 模拟电子技术基础[M]. 北京：高等教育出版社，2012.

[4] 李青. 模拟电子技术基础[M]. 杭州：浙江科学技术出版社，2005.

[5] 杨毅德. 模拟电路[M]. 重庆：重庆大学出版社，2004.

[6] 程勇. 实例讲解 Multisim10 电路仿真[M]. 北京：人民邮电出版社，2010.

[7] 王连英. 基于 Multisim10 的电子仿真实验与设计[M]. 北京：北京邮电大学出版社，2009.

[8] 李宁. 模拟电路[M]. 北京：清华大学出版社，2011.

[9] 从宏寿. 电子设计自动化——Multisim 在电子电路与单片机中的应用[M]. 北京：清华大学出版社，2008.

[10] 华成英，童诗白. 模拟电子技术基础[M]. 5 版. 北京：高等教育出版社，2015.

[11] 康华光. 电子技术基础（模拟部分）[M]. 6 版. 北京：高等教育出版社，2013.

[12] 王淑娟. 模拟电子技术基础[M]. 北京：高等教育出版社，2009.

[13] 杨拴科. 模拟电子技术基础[M]. 北京：高等教育出版社，2010.

[14] 杨建国. 新概念模拟电路[M]. ADI 公司，2018.

反侵权盗版声明

电子工业出版社依法对本作品享有专有出版权。任何未经权利人书面许可，复制、销售或通过信息网络传播本作品的行为；歪曲、篡改、剽窃本作品的行为，均违反《中华人民共和国著作权法》，其行为人应承担相应的民事责任和行政责任，构成犯罪的，将被依法追究刑事责任。

为了维护市场秩序，保护权利人的合法权益，我社将依法查处和打击侵权盗版的单位和个人。欢迎社会各界人士积极举报侵权盗版行为，本社将奖励举报有功人员，并保证举报人的信息不被泄露。

举报电话：（010）88254396；（010）88258888

传　　真：（010）88254397

E-mail：dbqq@phei.com.cn

通信地址：北京市万寿路 173 信箱
　　　　　电子工业出版社总编办公室

邮　　编：100036